中国科协学科发展研究系列报告

中国科学技术协会／主编

2016—2017

农学
学科发展报告
（基础农学）

中国农学会 ｜ 编著

REPORT ON ADVANCES IN
BASIC AGRONOMY

中国科学技术出版社
·北京·

图书在版编目（CIP）数据

2016—2017农学学科发展报告（基础农学）/ 中国科学
技术协会主编；中国农学会编著 . —北京：中国科学技术
出版社，2018.3

（中国科协学科发展研究系列报告）

ISBN 978-7-5046-7933-8

Ⅰ.①2… Ⅱ.①中… ②中… Ⅲ.①农业科学—学科发展—
研究报告—中国— 2016-2017 Ⅳ.① S-12

中国版本图书馆 CIP 数据核字（2018）第 027559 号

策划编辑	吕建华 许 慧	
责任编辑	韩 颖	
装帧设计	中文天地	
责任校对	焦 宁	
责任印制	马宁晨	

出 版	中国科学技术出版社	
发 行	中国科学技术出版社发行部	
地 址	北京市海淀区中关村南大街16号	
邮 编	100081	
发行电话	010-62173865	
传 真	010-62173081	
网 址	http://www.cspbooks.com.cn	

开 本	787mm×1092mm 1/16	
字 数	313千字	
印 张	12.75	
版 次	2018年3月第1版	
印 次	2018年3月第1次印刷	
印 刷	北京盛通印刷股份有限公司	
书 号	ISBN 978-7-5046-7933-8 / S·714	
定 价	65.00元	

2016—2017

农学学科发展报告
（基础农学）

首席科学家　　刘　旭

组　　　长　　梅旭荣　邹瑞苍

副　组　长　　（按专题顺序排序）

张燕卿　戴小枫　陈　阜

组　　　员　　（按姓氏笔画排序）

王志东	王　艳	王　锋	毕金峰
吕国华	朱昌雄	刘布春	刘　伟
刘兴训	刘　阳	刘　园	刘佳萌
关文强	许吟隆	严昌荣	杜　勇
李从锋	李　争	李　隆	杨其长
杨建军	宋振伟	张　义	张　洁
张卫建	张国良	张春江	张春晖
张海林	张德权	陈敏鹏	武永峰

武　桐　　范　蓓　　林　琼　　周素梅

周雪松　　郑金铠　　单吉浩　　赵　明

胡国铮　　钟　葵　　秦晓波　　耿　兵

顾丰颖　　高清竹　　郭波莉　　麻泽宇

韩　雪　　曾希柏　　魏　帅　　魏佳妮

学 术 秘 书　李　争　　杜　勇

序

FOREWORD

党的十八大以来，以习近平同志为核心的党中央把科技创新摆在国家发展全局的核心位置，高度重视科技事业发展，我国科技事业取得举世瞩目的成就，科技创新水平加速迈向国际第一方阵。我国科技创新正在由跟跑为主转向更多领域并跑、领跑，成为全球瞩目的创新创业热土，新时代新征程对科技创新的战略需求前所未有。掌握学科发展态势和规律，明确学科发展的重点领域和方向，进一步优化科技资源分配，培育具有竞争新优势的战略支点和突破口，筹划学科布局，对我国创新体系建设具有重要意义。

2016年，中国科协组织了化学、昆虫学、心理学等30个全国学会，分别就其学科或领域的发展现状、国内外发展趋势、最新动态等进行了系统梳理，编写了30卷《学科发展报告（2016—2017）》，以及1卷《学科发展报告综合卷（2016—2017）》。从本次出版的学科发展报告可以看出，近两年来我国学科发展取得了长足的进步：我国在量子通信、天文学、超级计算机等领域处于并跑甚至领跑态势，生命科学、脑科学、物理学、数学、先进核能等诸多学科领域研究取得了丰硕成果，面向深海、深地、深空、深蓝领域的重大研究以"顶天立地"之态服务国家重大需求，医学、农业、计算机、电子信息、材料等诸多学科领域也取得长足的进步。

在这些喜人成绩的背后，仍然存在一些制约科技发展的问题，如学科发展前瞻性不强，学科在区域、机构、学科之间发展不平衡，学科平台建设重复、缺少统筹规划与监管，科技创新仍然面临体制机制障碍，学术和人才评价体系不够完善等。因此，迫切需要破除体制机制障碍、突出重大需求和问题导向、完善学科发展布局、加强人才队伍建设，以推动学科持续良性发展。

近年来，中国科协组织所属全国学会发挥各自优势，聚集全国高质量学术资源和优秀人才队伍，持续开展学科发展研究。从 2006 年开始，通过每两年对不同的学科（领域）分批次地开展学科发展研究，形成了具有重要学术价值和持久学术影响力的《中国科协学科发展研究系列报告》。截至 2015 年，中国科协已经先后组织 110 个全国学会，开展了 220 次学科发展研究，编辑出版系列学科发展报告 220 卷，有 600 余位中国科学院和中国工程院院士、约 2 万位专家学者参与学科发展研讨，8000 余位专家执笔撰写学科发展报告，通过对学科整体发展态势、学术影响、国际合作、人才队伍建设、成果与动态等方面最新进展的梳理和分析，以及子学科领域国内外研究进展、子学科发展趋势与展望等的综述，提出了学科发展趋势和发展策略。因涉及学科众多、内容丰富、信息权威，不仅吸引了国内外科学界的广泛关注，更得到了国家有关决策部门的高度重视，为国家规划科技创新战略布局、制定学科发展路线图提供了重要参考。

十余年来，中国科协学科发展研究及发布已形成规模和特色，逐步形成了稳定的研究、编撰和服务管理团队。2016—2017 学科发展报告凝聚了 2000 位专家的潜心研究成果。在此我衷心感谢各相关学会的大力支持！衷心感谢各学科专家的积极参与！衷心感谢编写组、出版社、秘书处等全体人员的努力与付出！同时希望中国科协及其所属全国学会进一步加强学科发展研究，建立我国学科发展研究支撑体系，为我国科技创新提供有效的决策依据与智力支持！

当今全球科技环境正处于发展、变革和调整的关键时期，科学技术事业从来没有像今天这样肩负着如此重大的社会使命，科学家也从来没有像今天这样肩负着如此重大的社会责任。我们要准确把握世界科技发展新趋势，树立创新自信，把握世界新一轮科技革命和产业变革大势，深入实施创新驱动发展战略，不断增强经济创新力和竞争力，加快建设创新型国家，为实现中华民族伟大复兴的中国梦提供强有力的科技支撑，为建成全面小康社会和创新型国家做出更大的贡献，交出一份无愧于新时代新使命、无愧于党和广大科技工作者的合格答卷！

2018 年 3 月

基础农学是基础研究在农业科学领域中的应用和体现，在农业科学中具有基础性、前瞻性和主导性作用。基础农学及相关学科的新概念、新理论、新方法是推动农业科技进步和创新的动力，是衡量农业科研水平的重要标志。随着现代科学技术的迅猛发展，特别是数、理、化、天、地、生等基础科学对农业科学的渗透日趋明显，不断产生新的边缘学科、交叉学科和综合学科，基础农学与农业科技和生产结合越来越密切，逐步走向一体化、集成化和综合化。持续开展基础农学学科发展研究，总结、发布基础农学领域最新研究进展，是一项推动农业科技进步的基础性工作，能够为国家农业科技和农村经济社会发展提供重要依据，对农业科研工作者和管理工作者跟踪基础农学学科发展动态、指导农业科学研究具有非常重要的意义。

2016 年，中国农学会申请并承担了"2016—2017 基础农学学科发展研究"课题，这是学会继 2006 年起第 6 次承担基础农学学科发展研究工作。根据基础农学学科及其分支学科领域进展，按照引领未来发展需要，此次课题以农业环境保护、农产品加工和农业耕作制度为重点开展研究。在专题设置方面，农业环境保护方面设置了四个专题，分别是产地环境质量控制与修复、农业应对气候变化、农业气象与减灾和设施栽培农业；农产品加工方面也设置了四个专题，分别是食品加工、农产品加工质量安全、食品营养与功能和农产品贮藏保鲜；农业耕作制度设置了两个专题，分别是作物栽培与生理和作物生态与耕作。

按照中国科协统一部署和要求，我会成立了以刘旭院士为首席科学家，梅旭荣、邹瑞苍为组长，张燕卿、戴小枫、陈阜为副组长，55 位专家组成的课题组，针对基础农学 3 个重点领域 10 个分支学科开展专题研究。在此基础上，课题主持人同步组织有关专家深入开展了基础农学综合研究。在研究过程中，课题组得到了中国科协学会学术部以及中国农业科学院、中国农业大学等单位的大力支持，专家们倾注了大量心血，高质量地完成了专题报告和综合报告。在此，一并致以衷心的感谢。

限于时间和水平，本报告对某些问题研究和探索还有待进一步深化，敬请读者不吝赐教。

中国农学会

2017 年 12 月

ABSTRACTS

Comprehensive Report

Reports on Special Topics

综合报告

基础农学学科发展报告

一、引言

基础农学学科是农业科学的基础，基础农学的发展促进了农业科技的进步和创新，推动了农业和农村经济持续稳定协调发展，在我国农业科技中具有基础性、前瞻性、战略性的重要作用。

当前，全球农业发展变革与升级加速，世界各国抢占农业科技发展制高点的竞争加剧，农业基础研究与农业科学技术研究将成为基础农学学科科技进步的核心竞争要素。顺应科学与技术、经济的加速融合的新常态，必须抢占原始创新的科技制高点，要创新农业科研方法、揭示农业科学原理，力争突破一批重大基础理论和方法，要协同优势力量攻关，突破技术瓶颈，解决一批核心关键技术，为农业科技进步提供源头活力，驱动本领域创新水平整体跃升，促进解决基础农学学科一些长期悬而未决的重大关键技术问题。

从 2006 年起，中国农学会在中国科协的长期支持下，组织多位院士和专家牵头全国农业科研机构、高等院校的顶级专家和教授参与基础农学学科的发展研究。从各年度选择基础农学一、二级学科的分支领域，深入开展基础农学学科的研究进展、重大成果、国内外研究比较、发展趋势和展望的研究。

"2006—2007 基础农学学科发展报告"选择了农业植物学、植物营养学、昆虫病理学、农业微生物学、农业分子生物学与生物技术、农业数学、农业生物物理学、农业气象学、农业生态学、农业信息科学 10 大分支领域开展专题研究；"2008—2009 基础农学学科发展报告"选择了作物种质资源学、作物遗传学、作物生物信息学、作物生理学、作物生态学、农业资源学、农业环境学 7 大分支领域开展专题研究；"2010—2011 基础农学学科发展报告"选择了农业生物技术、植物营养学、灌溉排水技术、耕作学与农作制度、农业环境学、农业信息学、农产品贮藏与加工技术、农产品质量安全技术、农业资源与区划学 9 大分支领域开展专题研究；"2012—2013 基础农学学科发展报告"确定了作物遗传育种、植物营养学、作物栽培、耕作学与农作制度、农业土壤学、农产品贮藏与加工技术、植物病虫害、农产品质量安全技术、农业资源与区划学、农业信息学、农业环境学、灌溉排水技术 12 个分支领域进行专题研究；"2014—2015 基础农学学科发展报告"确定了动物生物技术、植物生物技术、微生物生物技术、农业信息技术、农业信息分析、农业信息管理 6 个分支领域进行专题研究。

当前，我国正处于深入贯彻落实创新驱动发展战略、加快建设创新型国家的关键时期，事业单位分类改革、科技体制改革、中央财政科技计划改革等不断深化，农业科技创新的进步持续加快，对基础农学学科的研究显现出更加重要的地位和影响。《2016—2017 基础农学学科发展报告》是在前期五次基础农学学科发展研究的基础上进行的，首席科学家为刘旭，主持人为梅旭荣、邹瑞苍，确定了农业环境保护、农产品加工、农业耕作制度 3 个分支领域进行专题研究，其中农业环境保护领域、农产品加工领域作为农业科技中的热点、难点和焦点问题，直接影响城乡居民生活和民生质量，引起社会的普遍关注；农业耕作制度领域是传统的研究领域，在新的历史时期被赋予了新的内容和使命。

在研究过程中，各专题和综合组召开了多次研讨会，广泛征求各个领域专家的意见与建议，在多位专家的共同执笔下，经反复研讨和修改，几易其稿，形成各专题学科发展报告。在各专题学科发展报告基础上，综合组形成了《2016—2017 基础农学学科发展报告》。该报告的成稿包含了农业领域广大科技人员的集体智慧。由于研究时间短、资料数据收集有限，对部分领域的前沿研究和国内外对比研究等还不够充分，不妥之处在所难免，恳请读者批评指正。

二、近年来的重要研究进展

2016—2017 年，围绕国际科技前沿、国家重大需求、"三农"主战场，坚持需求导向和问题导向，我国在农业环境保护、农产品加工和农业耕作制度等基础农学研究领域均取得了理论、方法、技术以及技术集成模式等方面的重要进展，科技创新能力快速提升，涌现出一批农业生产急需、科学意义重大、社会经济效益显著的科技成果，缩小了与国际先进水平的差距，为我国农业可持续发展保驾护航。

（一）农业环境保护

近年来，我国农业按照"五位一体"总体布局，大力加强生态文明建设和农业环境保护工作，治理农业突出环境问题，推进农业绿色发展，提高农业适应气候变化能力，实施了"一控两减三基本"农业污染治理和农业绿色发展"五大行动"，不断开拓生产发展、生活富裕、生态良好的文明发展道路。与此相对应，农业环境保护作为新兴交叉学科领域，紧跟国际科技前沿和国内重大需求，聚焦面源污染治理、产地环境保护、农业应对气候变化、环境控制等重点学科方向和科学问题，加强应用基础研究和技术研发，探索农业绿色低碳循环发展模式，不断丰富学科内涵和推动学科发展，引领和支撑了农业领域的生态文明建设。

1. 研究进展

（1）产地环境质量控制与修复。产地环境质量控制与修复重点研究农业投入品、大气沉降、灌溉等带入的外源污染物和农业生产自身产生的内源污染物对农产品产地土壤、水、大气和农田生态等污染的控制以及退化产地环境的修复。近年来，随着人民生活水平的不断提高，农产品的增长由数量型转向质量型，人们对农产品和食品的质量提出更高要求，农产品产地环境质量问题受到政府和社会的高度重视，全面改善和控制农产品产地环境质量势在必行，相关科研工作也日益受到各方面关注，取得了明显进展。

1）平原河网区农田面源污染系统控制 4R 技术，即源头减量（reduce）、过程阻断（retain）、养分回用（reuse）和生态修复（restore）。以源头减量为根本，以减少排放和过程拦截为重点，以养分回用为抓手，以生态修复和水质改善为目标，沿着氮磷在农田系统内的运移过程，实现农田面源污染的全过程防控和全空间覆盖。

2）山地丘陵区种植业氮磷流失综合控制技术。研发了适合山地丘陵区种植业保护性耕作、增效环保肥研发与减量施用、节水灌溉与养分管理联合调控、径流收集再利用等技术，构建以农业清洁生产为基础，以养分全程调控、水田湿地消纳为核心的山地丘陵种植业氮磷减排技术体系。

3）北方灌区农田面源污染流域控制与管理技术。以农田化肥氮磷合理减量作为源控突破点，以农田排水安全循环利用为流域末端控制突破口，实施全过程多个节点的联控联防，并结合区域水质目标管理要求，实现农田面源污染的流域防控，切实改善灌区水体环境质量。

4）复合污染土壤的联合修复技术。克服了单一的生物、物理、化学等修复手段对复合污染的修复效果的局限，很大程度上提高了复合污染土壤的修复效率、降低了修复成本。

5）地膜回收机具的关键技术。开发了滚筒式、弹齿式、齿链式、滚轮缠绕式和气力式等残膜回收机具，提高残膜的回收和利用，并在光—生物全降解膜研制方面取得了进展，但仍需要在降解的可控性和稳定性方面提高技术的就绪度。

6）畜禽养殖污染防治新技术模式。发展了微生物发酵床污染源头控制模式，利用植物废弃物如谷壳、秸秆、锯糠、椰糠等材料制作发酵床垫层，接种微生物，猪养殖在垫层上，排出的粪便由微生物分解消纳，原位发酵成有机肥。随着实践的发展，异位发酵床养殖模式改变了原位发酵床的畜禽养殖模式，将畜禽养殖与发酵床分离，可以解决畜禽通过垫料携带病原菌发生病害的隐患和便于机械化翻堆的问题，同时也避免了由于体温度过高不利于畜禽生长的问题。

7）畜禽养殖废水碳氮磷协同处理技术。基于废水生物处理碳氮转化与碳源碱度耦联机制，通过系统集成微动力曝气、碳源配置、反硝化除磷等技术和"厌氧－微好氧"SBR运行模式，构建养殖废水"UASB－原水分步控制－厌氧/微好氧 SBR"碳源碱度自平衡技术体系，显著降低了畜禽养殖废水处理工程投资和处理成本，实现了养殖废水处理的高效低耗稳定运行与达标排放。

（2）农业应对气候变化。"十二五"以来，党中央国务院高度重视应对气候变化工作，把推进绿色低碳循环发展作为生态文明建设的重要内容，作为加快转变经济发展方式、调整经济结构的重大机遇，有效控制温室气体排放，增强适应气候变化能力。与此相对应，应对气候变化的各项科技工作均取得了重大进展。

1）气候变化对农业影响及其适应。历史气候变化对农业影响研究取得新认识，我国四种主要作物——水稻、小麦、玉米、大豆对主要气候变量（气温、降雨、辐射以及气候总体）的变化趋势敏感性正负并存。未来气候变化及适应措施评价转向多模式、多模型比较方式。

2）农业减缓气候变化。近年来，国家提出了"一控两减三基本"的政策方针，对化肥减施增效和有机废弃物利用等提出了新要求，这为农业固碳减排研究提出了新挑战、带来了新机遇。农业固碳减排的机理研究从单一的土壤学机制向生物信息学、农学、植物学和地理学等多学科交叉的领域扩展。今后的趋势是点面结合、试验与模型结合、试验与集成化数据分析结合。

3）气候智慧型农业。近年来，我国气候智慧型农业在向多目标与集成化的方向发展，形成了一批适应不同区域特点和农作制发展方向的新型模式，如南方水稻主产区的稻田多熟高效农作制模式、麦－稻两熟区高产高效及环保农作制模式、麦－玉两熟区节本高效农作制模式、东北平原地力培育与持续高产农作制模式以及西北地区水土资源高效利用农作制模式等。

（3）农业气象与减灾。农业气象灾害风险管理研究成为国家重大自然灾害风险综合防范研究领域的重要内容，在农业气象灾害成灾机理、农业气象灾害指标体系建立、监测预警、风险评估、风险转移等方面取得重要进展。

1）农业气象监测预警。随着现代信息技术在农业气象领域的深入渗透和快速发展，农业气象监测预警展现出创新性发展势头。农业气象观测服务已经从单一指标、单一技术和单一平台提升至目前的空－天－地一体化集成创新式立体监测预警体系，农业气象监测预警平台的信息化程度向更广泛、更深入的方向发展，从简单技术向综合性信息集成、智慧化方面发展，监测预警服务内容涵盖从作物种植、生产、管理到农业投入产出等各个环节。

2）作物生长模拟模型。作物模型的研究与应用是传统农业从粗放经验管理向数字化、模式化、信息化管理转变的必由之路。随着计算机模拟能力的提高，作物系统相关学科的发展以及环境信息获取技术的进步等成果相继被应用于模型研究中，作物模拟模型资料获取方法日益成熟，模拟的准确性日益提高，模型与计算机技术、地理信息系统技术、遥感技术等的结合应用更加紧密，模型的应用领域更加广泛。

3）农业气候资源利用。研究气候变化背景下的农业气候资源利用问题成为全球热点。我国利用气候和地理信息资料建立了农业气候资源的空间分析模型，综合应用"3S"技术进行精细网格气候资源推算与分析，使县级区划工作的精度达到村一级水平；与此同时，农业气候区划的内涵与范畴、理论与方法在实践中也相应地被延伸与扩展、突破与更新，为农业气候资源的高效利用提供了方法。

4）农业气象灾害评估与减灾技术。作物模拟模型、数值模式、数学仿真技术以及数理统计新技术、新方法等的引入、融合和创新发展，成为灾害风险评估技术方法发展的重点；在灾害风险形成机制、致险机理等基础理论研究、风险量化、评估模型构建等技术方法研究方面取得重要突破。基于农业气象灾害监测预警、风险评估的结果，农业气象减灾技术更加有针对性，将逐步形成减损、保产、节本、增效农业减灾技术体系。

5）农业气象灾害风险管理。目前，我国农业气象灾害风险管理从单灾种向多灾种和复合灾种的风险研究转变、从关键灾变过程到灾变全过程转变、从区域影响向全球影响转变，风险处置手段从单一手段向综合手段转变。农业气象灾害风险管理逐步从单一的风险防范手段转向建设综合防范体系，逐步建立综合性灾害风险管理体系，进一步完善农业气象灾害预警机制，建立和完善农业气象灾害保险制度，建立科学合理的生态环境补偿机制。

（4）设施栽培农业。20世纪80年代以来，随着现代工业向农业的渗透，设施栽培农业发展迅速，并成功突破了气候、资源限制，实现了果蔬、花卉等产品的周年供给。截至2016年年底，我国设施栽培面积已达4.63万 Km^2，总产值9800多亿元，并创造了4300多万个就业岗位。相关领域的科学研究在近几年取得明显进展，引领和支撑了设施农业的发展。

1）设施结构改进与创新。在设施结构工程方面，开发出多个系列的新型温室结构，制定出设施区域标准，形成了独具特色的结构体系。目前，日光温室已经成为中国北方最为重要的温室类型，其结构优化也成为研究热点。

2）节能型设施环境调控技术。设施环境调控与智能化管理技术取得重大进展，温室节能与新能源应用研究受到普遍重视。通过技术引进、自主创新，我国大型连栋温室的通风、降温、加温、补光、CO_2 施肥等环境调控技术得到全面提升，显著提高了日光温室环境控制性能、降低了能耗与运行成本。

3）设施无土栽培模式与配套技术。设施蔬菜优质高产高效轻便起垄内嵌式基质栽培技术提高了根区蓄热保温能力，可有效应对冬季低温。有机生态型无土栽培技术在生产过程中应施用有机肥，用清水进行灌溉，从而达到低耗能、无污染的目的。立体多层栽培充分利用温室空间和太阳能，提高土地利用率 3~5 倍，同时提高单位面积产量 2~3 倍。

2. 重大成果

（1）养殖废弃物微生物发酵床处理与资源化利用技术。该成果主要通过微生物发酵模式控制养殖废弃物外排，以源头控制理念，采用多途径的协同处理，将养殖场废弃物全部收集并资源化为有机肥等产品。其中，原位发酵床联合固体一体化发酵技术主要是利用发酵床内的微生物将养殖粪尿进行原位分解，之后通过一体化发酵技术将发酵床垫料资源转化成有机肥产品；异位发酵床联合固体一体化发酵技术主要是利用异位发酵床内的微生物将养殖粪尿进行分解，之后通过一体化发酵技术将发酵床填料资源转化成有机肥产品，从而降低污染物的外排。一体化发酵技术采用一体化发酵装置，一方面实现对养殖废弃物的大规模连续发酵，另一方面通过添加筛选的高效腐熟菌剂和调理剂等产品，最终将养殖废弃物转化为无臭无味、富含有机质和植物营养元素的优质有机肥。该技术实现了养殖废弃物的全循环，获得了一定的社会和生态效益。

（2）气候变化农业影响及其应对。

1）建立了气候变化影响评估技术体系。国家科技支撑计划"全球环境变化应对技术研究与示范"项目完成了主要农业种植区域适应气候变化的能力和障碍因素，在宁夏、黑龙江、甘肃、新疆和西藏建立适应气候变化示范基地，形成一套完整的适应框架，对全国各省市制定气候变化适应框架和适应行动具有指导意义。适应气候能力得到提升，制定并实施了《国家适应气候变化战略》。在生产力布局、基础设施、重大项目规划设计和建设中考虑气候变化因素，适应气候变化特别是应对极端气候事件的能力逐步加强。

2）开展适应气候变化技术的研发和应用示范。发展适应方法学与工具模型、实用适应技术清单，开展适应政策制定与实施机制的方法学研究，研发适应政策的动态监控与评估关键技术，构建适应决策支持系统，探索增强适应能力技术的途径。

3）定量评价农田有机碳动态演变及固碳潜力。在建成中国农田土壤有机碳（2000 个数据）及温室气体排放（350 个实测数据）数据库的基础上，定量评价了农田土壤有机质对作物生产力的控制作用，定量评估了农田土壤有机碳固定及其自然与农业技术潜力，延伸发展了农业固碳减排计量方法学并应用于中国农业碳足迹分析评价。

4）突破反刍动物饲养及粪便废弃物管理温室气体监测和减排技术。建立了从畜禽饲养到其粪便管理全链条饲养效率提升、温室气体减排的技术体系；探寻粗精料搭配的最佳比例，达到保证动物健康又减少温室气体排放的目的。

5）2015 年"全球环境基金——中国气候智慧型主要粮食作物生产项目"正式实施，这是在我国实施的首个气候智慧型农业项目。项目围绕水稻、小麦、玉米三大作物生产系统，在主产区安徽和河南建立 10 万亩示范区，开展小麦 - 水稻和小麦 - 玉米生产减排增碳的关键技术集成与示范、配套政策的创新与应用、公众知识的拓展与提升等活动，探索建立气候智慧型作物生产体系的技术模式与政策创新，增强作物生产对气候变化的适应能力，推动中国农业生产的节能减排，为世界作物生产应对气候变化提供成功经验和典范。

（3）农业气象灾害监测预警、风险评估与防控关键技术。"十二五"以来，实施了"重大突发性自然灾害预警与防控技术研究与应用"和"农林气象灾害监测预警与防控关键技术研究"两个国家科技支撑计划项目，以及针对季节性干旱、涝渍、高温等主要农业气象灾害防御关键技术的3个农业行业专项，在重大农业气象灾害农田尺度地面监测技术、立体监测与动态评估技术、预测预警技术、风险评估与管理技术以及防控技术方面取得一系列突破性的研究成果。灾害监测的时效性和准确率得到进一步提高，灾害影响动态评估水平得到明显提升，形成了迄今有关农业气象灾害风险领域最全面和系统的研究成果；同时，建立了分区域、分作物、分灾种、分季节的适合当地农业特点的干旱与低温防控技术体系，为各地区重大农业气象灾害应急和防控提供科技支撑。开展了基于天气指数的农业气象灾害保险研究，通过天气指数量化农业灾害损失，研发保险产品，作为农业气象灾害风险转移的重要手段，创新性的研究成果已经得到比较广泛的应用。在2016年"中央一号"文件中，提出探索开展天气指数保险试点。

（4）作物生长模拟模型集成应用。近年来，农业气象模拟模型主要以广泛而深入的应用为目的，评价和预测不同环境条件下的作物生长发育与产量形成过程，评价作物气候年景、农业对气候敏感性、作物生长的动态预测等。"作物生长模拟模型资源构建机制与集成模式"提高了作物生长模型的共享与集成能力；"基于墒情和苗情结合的麦田旱情预警与高效节灌技术"实现了麦田旱情的多尺度图示化实时评价与预报，以及节灌技术指导方案的可视化发布；"设施作物生产智慧决策与集群控制关键技术研究应用"研制了集智慧决策、智能管控于一体的软硬件系统。

（5）中国农业气候资源图集。在国家科技基础性专项的支持下，开展了气候变化背景下农业气候资源分析与利用的研究，利用信息技术手段，按照农业气候资源统一的规范标准，整合农业气候资源数据，规范农业气候资源指标生成方法，完成了中国农业气候资源数字化图集的编制工作。在此基础上，精选1000余幅图，编辑出版了《中国农业气候资源图集》四卷（包括综合卷、光温资源卷、作物水分资源卷和农业气象灾害卷）以及《中国主要农作物生育期图集》一卷。该系列图集系统反映了气候变化引起的农作物种植区域、作物生育期和各作物生育期气候资源变化的特征，并首次编制了作物水分资源和农业气象灾害卷，为合理利用农业气候资源、优化农业布局、加强农业风险管理提供了科学依据，在我国农业气象研究领域具有里程碑意义。

（6）设施蔬菜连作障碍防控关键技术及其应用。该成果获得2016年度国家科技进步奖二等奖，创建"除障因、增抗性、减盐渍"三位一体连作障碍防控系统解决方案，为设施蔬菜安全可持续生产提供了技术保障。近三年，该成果在鲁、豫、冀、浙和闽等省推广1346.6万亩，亩增效益550～2722元，经济效益达220.64亿元，农药化肥节支27.9亿元，辐射近二十个省 70% 设施蔬菜连作障碍高发区，实现了蔬菜稳产高效、安全和生态环保多赢。

（7）智能植物工厂能效提升与营养品质调控关键技术。中国农业科学院农业环境与可持续发展研究所杨其长研究员等牵头完成的"智能植物工厂能效提升与营养品质调控关键技术"获得 2016 年北京市科技进步奖二等奖。该成果实现了植物工厂核心技术的重大突破，使我国成为国际上少数掌握植物工厂高技术的国家，率先在国际上提出了植物"光配方"思想，发明了多光质组合 (R/G/B/FR) 植物 LED 节能光源、基于室外冷源与空调协同调温的植物工厂节能环境控制技术及配套装备以及基于物联网的植物工厂智能化管控技术，实现了对植物工厂温度、湿度、CO_2 浓度以及营养液 EC、pH、DO 等要素的在线检测、远端访问、程序更新及基于网络的远程智能化管控。项目成果已在北京等 20 多个省、市、自治区和部队系统的 200 多个园区和农业企事业单位推广应用，经济、社会效益显著。

（二）农产品加工

1. 研究进展

（1）食品加工。

1）粮油加工。快速无损检测技术发展迅速，以近红外光谱技术为代表的粮油品质快速检测技术和装备较好地解决了原粮质量快速检测及分等分级问题。在油脂加工领域，一批前沿技术已经得到应用。新型低碳链烷烃浸出技术已获得生产企业认可，在连续进料、逆流浸出、低温脱溶等技术方面取得突破。

2）肉类加工。生鲜肉加工技术方面，形成了羊胴体分割分级技术、肉牛胴体分级技术、高阻隔真空热收缩包装新型技术、冷冻畜禽肉高湿变频解冻技术，大大降低了宰后的损失率。

3）果蔬加工。"十二五"期间，科研机构集中力量研究果蔬干燥的前沿技术，对果蔬变温压差膨化干燥技术、中短波红外干燥技术、玻态干燥技术、热泵干燥技术、真空微波干燥技术、滚筒干燥技术等进行了系统研究。在果蔬制汁方面，以超高压技术为代表的非热加工技术的发展使果蔬汁低温灭菌成为可能。在制粉方面，喷雾干燥仍然在果蔬制粉产业上占据优势地位。

（2）农产品加工质量安全。

1）农产品加工质量安全风险评估。风险评估技术在我国呈现迅速发展的态势，目前已经建立和开发了基于中国居民膳食消费习惯的暴露概率评估模型与软件，实现了与 CAC 食品编码协调桥梁数据库的有效衔接，使我国成为继美国、欧盟之后第 3 个实现概率性评估的国家 / 地区，提高了我国食品安全风险评估的精度。研究建立的食物消费量高端暴露中国人群参数，成为联合国粮农组织、世界卫生组织短期膳食暴露国际评估软件中的重要参数，结束了过去依赖欧盟和美、加、日、澳等少数发达国家和地区的历史。

2）农产品加工质量安全检测与标准化。检测与危害识别技术开始由定向检测到非定向检测初步转变，精度和广度得到一定提升。快速检测试剂和装备产业化水平明显提升，市场监管和应对突发事件能力显著增强。在标准方面，我国共牵头和参与制定了 11 项国际标准；主导并参与了二噁英、氯丙醇、丙烯酰胺、真菌毒素等国际控制操作规范的制定，提升了我国农产品加工质量安全地位，保护了我国经济利益。

3）农产品加工质量安全溯源。初步构建了牛、羊产地溯源的同位素指纹、矿物元素指纹、虹膜识别技术以及猪个体 DNA 指纹溯源技术。

4）农产品加工质量安全过程控制。在加工过程危害物控制方面，近年来，我国对加工过程中的危害因子的形成机理、检测方法、风险评估以及有效的抑制措施等展开了大量研究，突破了粮油、蔬果、畜禽及其制品、水产、茶叶等生产、加工和运输过程中的控制技术，形成了操作规范。在加工过程营养品质保持方面，油脂加工领域的新型低碳链烷烃浸出技术已获得生产企业认可；酶法制油领域开展了膨化预处理 – 水酶法提油技术在大豆加工中的应用；以超高压技术为代表的非热加工技术的发展使果蔬汁低温灭菌成为可能。

（3）食物营养与功能。

1）营养功能成分活性保持与递送。随着营养功能食品在食品领域中受到越来越广泛的关注，设计构建运载体系结构、实现食品中功能活性物质体内靶向释放及定向分布、促进其体内生物活性的发挥，是近年来营养功能成分活性稳态化保持与有效递送技术研究的重要进展。

2）营养功能成分分析检验技术。当前，检测技术灵敏度、准确度不断提高，快速检测技术实时化、现场化、仪器小型化趋势不断加强，量子化学、光谱学、质谱学、分子生物学、纳米科学、高分子材料学等学科中的新理论新技术不断应用其中。大数据分析、新数学模型的建立与引入、新兴信息技术对风险分析、风险评价、风险预警、风险信息交流等风险评估阶段的影响日益深远。

3）基于大数据的个性化营养功能性食品设计。通过应用大数据的相关理论，结合我国营养健康领域的实际情况，探讨了大数据对慢性病防控、疾病预测、个性化健康管理、食品风险评估等方面的影响，为营养健康领域的研究提供了新的视角。

4）营养功能食品功效评价技术。近年来，国内开展食物及其营养组分、活性功能因子活性评价，研究食品中营养成分、功能因子对于人体健康及疾病特征指标的影响的技术手段与方法已然逐渐成熟；开展多组学功效评价与精准化营养干预效果验证研究也不乏其例，有关膳食—肠道菌群—人体健康关系的研究成果凸显出广阔的发展前景。

（4）农产品贮藏与保鲜。

1）MCP 技术在果蔬贮藏保鲜中的应用，可显著减缓香蕉、苹果、番木瓜、梨、猕猴桃和壶瓶枣等呼吸跃变型果实的后熟和软化进程，抑制跃变型果实乙烯的合成，阻止或延缓乙烯作用的发挥，从而延缓果实的成熟衰老，大大地提高贮藏品质。

2）短波紫外线在鲜切果蔬保鲜中的应用。采用适宜剂量的 UV-C 照射处理，改善鲜切即时果蔬的保鲜品质。通过减少表面微生物、非生物胁迫效应等来延长果蔬贮藏保鲜期，同时在产品表面形成一层干燥的薄膜，减少果蔬汁液的流失和风味物质的散失，改善产品品质。

3）气调贮藏对高附加值果蔬的保鲜。气调包装工艺可以在不使用化学添加剂的情况下，有效延长果蔬食品的货架期、维持果蔬较高的品质，因此在果蔬贮藏保鲜方面得到迅速发展。

4）果蔬预冷技术与应用。开发了国内分体式、一体式压差预冷装置，果蔬从采收温度冷却到目标温度只需要 1~6 小时，具有冷却均匀的特点，可兼做冷藏库，适宜多种果蔬预冷。

2. 重大成果

（1）食品加工系列关键技术。在工业化连续高效分离提取、非热加工、低能耗组合干燥等食品绿色制造技术装备上取得重大突破；开发了具有自主知识产权的高效发酵剂与益生菌等；方便营养的谷物食品、果蔬制品及低温肉制品等一批关系国计民生、量大面广的大宗食品的产业化开发，大幅度提高了农产品的加工转化率和附加值；在超高压杀菌、无菌灌装、自动化屠宰、在线品质监控和可降解食品包装材料等方面研究取得重大突破，开发了一批具有自主知识产权的核心技术与先进装备；食品物流从"静态保鲜"向"动态保鲜"转变，在快速预冷保鲜、气调包装保鲜、适温冷链配送等方面取得显著成果。"油料功能脂质高效制备关键技术与产品创制""果蔬益生菌发酵关键技术与产业化应用""黑茶提质增效关键技术创新与产业化应用""黄酒绿色酿造关键技术与智能化装备的创制及应用""重要脂溶性营养素超微化制造关键技术创新及产业化""中国葡萄酒产业链关键技术创新与应用""金枪鱼质量保真与精深加工关键技术及产业化""番茄加工产业化关键技术创新与应用"等成果荣获 2016—2017 年国家科学技术奖。

（2）贮藏加工过程真菌毒素形成机理及防控技术。开展了我国主要粮油农产品储藏过程中真菌菌群变化规律、真菌毒素形成的分子机理、真菌毒素的防控策略研究，研发出真菌毒素解毒菌制剂和酶制剂，企业应用解毒效率高。

（3）农产品加工过程安全控制理论与技术。开展了危害物产生途径和转化规律的分子基础、加工安全性预警机制与风险等级确定依据、安全加工全程优化原理与控制策略研究，构建了针对典型加工单元过程的农产品加工质量安全研究平台，开发出针对食品加工过程产生危害物的毒理学信息数据库，发展了基于多学科交叉消除导致食品安全的危害物的理论体系。

（4）农产品加工标准化体系。在农产品加工标准化科技创新、技术推广、成果转化等方面均取得明显进步，基本实现了科技创新体系"从建到用"的转变。完成制定农产品加工标准 122 项，搭建完成"农产品加工质量安全舆情监测分析平台"，跟踪信息逾 50 万条，发布舆情分析报告 24 份。

（5）营养功能成分活性保持与递送。近年来，纳米技术在食品级运载体系构建中的应用越来越广泛，利用纳米技术构建包载转运 β – 胡萝卜素和维生素 E 的纳米运载体系，能有效保持体系中所包载的 β – 胡萝卜素和维生素 E。

（6）营养功能食品功效评价。营养基因组和肠道菌群研究在国际相关领域中占据一席之地，建立了人肠道元基因组大于 330 万个非冗余基因的参照图谱，该成果被 *Science* 评为 2011 年度 21 世纪前十年"重大科学突破"之一，并将基因集扩展到了约 1000 万个基因。

（7）多项绿色安全果实采后腐烂防治技术。采用安全绿色的果实乙醇熏蒸防腐技术，既可有效控制果实腐烂，又不影响果实品质与食用安全，技术成果应用已覆盖浙江、四川、福建、江苏、云南和重庆等主产省市，近三年累计推广应用果实 192 万吨，取得经济效益 46.6 亿元。获得了对水果采后真菌有强烈抑制作用的多种生物源物质，创新了水果采后保鲜处理工艺，研创出防治果实腐烂的生物保鲜技术，并在柑橘、杨梅、荔枝和番木瓜等果蔬品种上进行应用，采后腐烂率比传统保鲜技术减少 25% 以上，化学杀菌剂使用量减少 50% 以上。

（8）高效果蔬品质劣变控制技术。阐明了果蔬采后损失的机理及控制机制，研发出利用信号分子（1–MCP、NO 和 AiBA）抑制衰老激素合成和诱导耐冷性的技术，使果蔬（柑橘、叶菜类、果菜类）保质期延长 60% 以上。

（三）农业耕作制度

1. 研究进展

"十二五"以来，针对制约我国主要农作物"优质、高产、高效、生态、安全"一系列关键性、全局性、战略性的重大技术难题，从创新材料、创新技术、创新栽培理论的角度出发，作物耕作与栽培关键技术及理论创新研究取得重大突破，为我国作物增产增收和提质增效提供了重要技术支撑与储备。

（1）作物栽培与生理发展。

1）作物高产高效栽培理论与技术。①水稻高产高效栽培理论与技术：阐明了系统优化水稻群体生长动态，精确稳定前期生长量，合理增加中期高效光合生产量，增强后期物质生产积累能力、籽粒灌浆充实能力和群体支撑能力的超高产形成规律；②小麦高产高效栽培理论与技术：在利用非叶器官光合耐逆机制构建高效群体和周年水氮一体高效利用技术研究方面，处于国际领先水平；③玉米冠层耕层优化高产栽培理论与技术：通过揭示生态因素（光、温、水）对玉米生长发育和高产优质高效的影响，明确限制玉米产量提高的主要障碍因素，通过"扩库、限源、增效"，挖掘玉米高产潜力的栽培理论和"促、稳、促"超高产调控技术；④棉花大面积高产栽培技术的集成与应用：攻克和突破了棉花高产优质高效栽培、水肥高效利用耦合调控、重大虫害综合防治、关键机具和全程机械化、专用棉区域布局标准化生产等理论和技术层面的一系列重大难题。

2）作物精确化与标准化栽培技术。随着生育进程、群体动态指标、栽培技术措施的精确定量的研究不断深入，推进了栽培方案设计、生育动态诊断与栽培措施实施的定量化和精确化，有效促进了我国栽培技术由定性为主向精确定量的跨越，为统筹实现作物"高产、优质、高效、生态、安全"提供了重大技术支撑。

3）作物栽培机械化与轻简化。①稻栽培机械化：2016 年全国水稻机械化种植水平达35% 以上，其中东北垦区水平最高，已基本实现全程机械化，以毯苗机插为主；南方稻区形成了毯苗机插、钵苗机插（摆）、机械直播 3 套机械化高产栽培方式与技术；②小麦深松少免耕镇压节水栽培新技术节水增效、增产稳产效果显著，不同小麦主产区针对自身特点，研究形成了多种本土化的小麦机械化栽培技术；③玉米机械化栽培技术：2016 年我国玉米机械化收获比例提高到83% 左右，提升了我国玉米机械化收获装备技术水平，推动了玉米收获技术进步和机械化水平的提高。

4）作物肥水高效生理与技术。①作物肥料高效利用技术：近年来，大田作物缓 / 控释肥、生物肥、有机复合肥、功能性肥等新型肥料研究和推广加快，缓 / 控释肥料被认为是最为快捷方便的减少肥料损失、提高肥料利用率的有效措施；②作物水分高效利用技术：通过研究发现，水稻花后适度土壤干旱可以协调植株衰老、光合作用与同化物向籽粒转运的关系，促进籽粒灌浆，为解决水稻植株衰老与光合作用的矛盾以及既高产又节水的难题提供了新的途径和方法。

5）作物信息化与智能化栽培。随着现代作物栽培学与新兴学科领域的交叉与融合，作物栽培管理正从传统的模式化和规范化向着定量化和智能化的方向迈进。重点在作物栽培方案的定量设计、作物生长指标的光谱监测、作物生产力的模拟预测三个方面取得显著的研究进展，推动了我国数字农作的发展。

6）保护性耕作与秸秆还田栽培。近几年，在水稻、小麦和玉米秸秆还田的机械与耕作栽培农艺上取得了较为显著的进展。玉米秸秆还田和小麦秸秆还田均能提高土壤有机质含量，玉米秸秆还田培肥效应大于小麦秸秆还田。

7）抗逆减灾生理与栽培技术。加强研究了作物对逆境响应的机制和应对逆境的调控技术，创建了一批抗逆减灾栽培技术。在大气 CO_2 浓度升高与作物（品种、病虫和杂草）和非生物因子（肥料、水分、温度和臭氧）关系研究上取得重要进展，并提出水稻生产的应对策略。

（2）作物生态与耕作。

1）作物轮作。针对不同区域、不同作物的轮连作生产模式及配套技术开展了大量研究，从农田尺度上对轮作种植方式的作物生长、土壤肥力、水分和养分利用、土壤环境、温室气体排放以及病虫害等多方面的效应开展了系统研究，相关机理研究也在不断深入。

2）作物间套作。在耕作栽培技术研究的基础上，更加关注生态学原理的挖掘和应用，研究重点由地上部相互作用向地下部相互作用转移，从现象观察到更多地关注机制和过程的理解，以高产为目的向以降低环境风险、促进农业可持续发展为目的转变，研究方法不断发展和完善。

3）土壤耕作。①机械化土壤耕作将成为我国土壤耕作的主体，目前适宜我国不同区域、不同作物的机械化土壤耕作技术已经初具规模；②区域保护性耕作技术研究成为土壤耕作研究的重点；③土壤耕作技术的多功能性及生态系统服务价值的研究成为研究热点，关于土壤耕作技术的固碳减排、生物多样性的影响及生态系统服务价值的评估成为我国该方向的重要方面；④土壤轮耕制的研究成为土壤耕作研究的新热点，构建以少耕、免耕为主体的翻、旋、免、松等适宜不同种植制度的土壤轮耕制是当前研究的重要内容。

4）农田固碳减排。我国学者在种植模式、水肥管理以及耕作措施的固碳减排潜力与途径方面开展了大量研究，发现通过禾本科和豆科作物的轮作/间作可以起到一定的固碳减排效应，通过合理选用氮肥品种可有效降低 N_2O 排放，不同水分管理方式对稻田 CH_4 排放有显著影响，还研究了秸秆还田对增加土壤有机碳含量的影响。

2. 重大成果

（1）作物高产高效栽培理论与技术。创新水稻高产高效栽培理论，形成超高产栽培技术模式，在云南、江苏和新疆等地创造了一批超高产典型或纪录。"小麦高产创建技术集成与示范推广"荣获 2016 年度全国农牧渔业丰收奖一等奖，提出实现小麦超高产共性技术和重穗型品种实施"窄行密植匀播"、多穗型品种实施"氮肥后移"等关键技术；构建了玉米冠层耕层协调优化理论体系，创新了"三改"深松、"三抗"化控及"三调"密植等关键技术，建立了"深耕层–密冠层""控株型–促根系"及"培地力–高肥效"的密植高产高效技术模式。棉花大面积高产栽培技术得到集成与应用，以传统"矮密早"实践为基础，创建了"适矮、适密、促早"、水肥精准、增益控害、机艺融合等为要点的棉花高产栽培标准化技术体系；建立了攻关田—核心区—示范区—辐射区"四级联动"的技术集成与推广体系，有力支撑了棉花产业技术的健康持续发展。

（2）作物精确化与标准化栽培技术。创立了生育进程、群体动态指标、栽培技术措施"三定量"与作业次数、调控时期、投入数量"三适宜"为核心的水稻丰产精确定量栽培技术体系。创立的"作物产量分析体系构建及其高产技术创新与集成"成果以玉米为主建立不同区域特色的技术体系，取得了显著的经济与社会效益。

（3）作物信息化与智能化栽培。创建了具有动态预测功能的作物生长模型及具有精确设计功能的作物管理知识模型，推进精确栽培和数字农作的发展。集成建立了基于反射光谱的作物生长光谱监测与定量诊断技术体系，在江苏、河南、江西、安徽、浙江、河北、湖南等我国主要稻麦生产区进行了示范应用，节氮约 7.5%，增产约 5%，累计推广4920.21 万亩，新增效益 24.28 亿元。

（4）抗逆减灾生理与栽培技术。建立了以调整播期、调整基本苗和省水、省肥为核心内容的冬小麦高产高效应变栽培技术体系。玉米生产上突出了抗旱、耐温度逆境以及弱光的相关形态与生理机制的研究，建立了不同区域玉米抗逆减灾的配套技术。

（5）作物周年高产高效栽培模式与配套技术区域化集成应用。在作物周年协调高产高效关键技术上取得重大突破，建立了进一步挖掘资源内涵两（多）熟制协调高产高效理论与技术体系，有效提高了资源利用率和作物周年产量。

（6）作物轮作与间套作技术。利用间套作控制病害，研究系统地揭示了稻瘟病敏感品种和抗病品种间作可以显著控制敏感品种糯稻的稻瘟病，合理的作物种间搭配能够降低病害。研究结果在云南及西南地区大面积推广应用，取得了良好的生态和社会效益。

（7）土壤耕作关键技术。构建了适宜不同区域的保护性耕作制度，在我国的东北平原、华北平原、农牧交错风沙区、南方长江流域均开展了保护性耕作技术攻关和示范推广，建立了与不同区域气候、土壤及种植制度特点相适应的新型保护性耕作技术体系，为大面积应用保护性耕作技术提供了示范样板和技术支撑，取得了显著的经济、生态和社会效益。明确了土壤耕作措施缓解气候变化的技术效应，提出发展以保护性农业为核心的气候智慧型农业，为我国农业低碳和可持续发展提供了理论支撑。

（8）稻田固碳减排技术。阐明了稻田温室气体排放机制，明确了保护性耕作的温室减排效应，形成了水稻高产与稻田减排的耕层调控关键技术及配套栽培模式，开展了高产低碳稻作模式的技术集成和示范推广，以实现水稻高产和稻田减排的协同。

三、国内外研究进展比较

结合农业学科有关国际重大研究计划和重大研究项目，研判国际学科发展新趋势与新特点，比较分析我国农业环境保护、农产品加工、耕作与栽培等学科在国际上的总体水平和学科发展状态，明确与国际水平相比的优势与差距，为制定学科发展战略、确定未来发展重点方向提供必要的基础支撑。

（一）农业环境保护

1. 产地环境质量控制与修复

（1）种植业产地环境质量控制与修复方面：美国建立和实施了由一系列标准与关键控制技术组成的集成技术模式，大力推进操作简单、价格低廉、环境友好的替代技术，积极研发生物环境控制工程技术，落实农业生态环境补偿制度。欧盟通过加强环境立法和落实共同农业政策来控制种植业污染。日本大力提倡发展循环性农业，重视农业面源污染治理方面的立法，提出"有机农业""绿色农业""自然农业"等多种可持续农业，健全政策法律体系和技术体系。韩国致力于积极促进农业与生物技术、信息技术和环境技术接轨。近年来，我国集中围绕农业部提出的"一控两减三基本"目标和粮食"绿色增产增效"理念，加大产地环境质量控制与修复方面的技术研发与集成，对农业面源污染控制起到了重大的技术支撑作用；在法律制度方面，多部法律中涉及防治农业污染，但对法律责任的规定较为模糊，内容不够具体。

（2）畜禽养殖业产地环境质量控制与修复方面：美国主要通过严格细致的立法来防治畜禽养殖业污染，分点源性污染和非点源性污染进行分类管理，从源头治理畜禽粪污染，同时十分注重利用农牧结合来化解畜禽养殖业的污染问题。欧盟于 20 世纪 90 年代通过了新的环境法，规定了每公顷载畜量标准、畜禽粪便废水农用限量标准，限制养殖规模的扩大。20 世纪 70 年代后，针对严重的畜禽养殖业环境污染，日本制定了《废弃物处理与消除法》《防止水污染法》等 7 部法律，对畜禽污染防治和管理做了明确规定。我国在微生物发酵床、种养一体化的畜禽养殖模式等方面进行了大量研究，具有"五省、四提、三无、两增、一少、零污染"的优点。

2. 农业应对气候变化

（1）气候变化对农业影响及其适应方面：国际科学理事会（ICSU）等国际学术组织极为重视气候变化研究，自 20 世纪 80 年代以来持续推动气候变化国际研究计划。美国近年发布了国家全球变化研究计划（USGCRP），欧盟"地平线2020"规划（2014—2020年）中也将气候变化领域作为重点内容之一。我国通过实施《"十二五"应对气候变化科技发展专项规划》，建立了一批相关研究机构和基地，形成了一支颇具规模的研究队伍，初步构建了气候变化观测和监测网络框架，在气候变化的规律、机制、区域响应等方面取得了一批国际公认的研究成果。

（2）农业减缓气候变化方面：我国学者从 20 世纪 80 年代开始了农业固碳减排技术的探索，部分相关技术已居国际先进水平。然而，传统的固碳减排研究仍面临较多挑战，有待建立高频在线观测系统与研究网络并进行与生态系统模型的结合；分子生物学与稳定同位素技术相结合的研究方法应用不够；宏观减排固碳措施落实不足。

（3）气候智慧型农业方面：国外农业发达国家通常制定详细的气候智慧型农业发展目标与实施计划，注重新材料、新技术与新方法在气候智慧型农业实践中的整合与应用，采用全球化的合作方式对相关研究进行长期稳定的资金投入。我国也已经启动了气候智慧型农业相关项目，但项目实施面临着农业生产组织化程度低、劳动力老龄化、科技意识和环境意识不高等制约因素。

3. 农业气象与减灾

在俄罗斯、美国、加拿大、英国、荷兰、德国等国家，农业气象基础研究和应用研究并重，试验研究方法与监测技术手段更加先进，应用水平进一步提高，服务能力明显增强。目前，农业气象研究由单纯学术问题研究向解决农业生产重大问题靠拢，农业气象理论也在发展中完善，同时促进了农业气象向农学各分支的渗透，农业气象有向微观结构深入、向宏观综合联系扩展的趋势，更加关注全球性农业气候问题的研究，农业生产人工环境小气候调控的研究有加强趋势。我国农业气象研究形成了分支学科齐全的专业结构，实用技术的开发研究有了很大进展，主要作物农业气象模拟模式研究形成特色，在农业气候、农业气象灾害、农业气象预报等领域和其他领域个别环节上达到国际先进水平。但总体来看，在研究设备和手段、基础资料积累、基础理论研究等方面还需要进一步加强。

4. 设施栽培农业

我国已经成为世界上设施栽培面积最大的国家，研究开发了具有自主知识产权、我国独有的节能日光温室，在结构、材料、栽培以及配套装备等关键技术不断取得进展。先后突破植物工厂 LED 光源创制等关键技术，实现了植物工厂成套装备的完全国产化，显著提升了我国在该领域的国际地位。但与荷兰、以色列、日本、美国等发达国家相比，仍有差距。具体表现为：①设施结构简陋，单体规模小，环控水平低，抗灾能力弱，大型化连栋温室、智能化环境调控等关键技术亟待突破；②机械化水平低，劳动强度大，劳动生产率不高；③设施产量低，生产效率不高，水肥利用效率偏低。

（二）农产品加工

1. 食品加工

随着国际现代食品加工产业的发展变化，食品加工学科发展总体呈现国际化、全球化趋势，科技创新驱动产业升级特征明显。欧美日等发达国家在资源高效利用、节能减排、生物制造、精准适度加工等现代与新型制造技术方面引领发展方向，其创新投入高，技术基础扎实，装备先进性、成套化率、技术配套性高，排放与污染控制严格，并由数控化、自动化转向智能化。当前，我国食品加工学科发展的科技研发投入强度不足，基础性研究相对薄弱，产业核心技术与装备大部分处于"跟跑"或"并跑"阶段，企业自主研发能力明显不足，与世界第一食品制造大国的地位不相匹配。

2. 农产品加工质量安全

欧盟先后在其"框架计划项目"及"地平线2020"项目中对农产品加工质量安全领域的研究进行了优先支持，传统发达国家如德国、荷兰、法国等在危害物鉴定评价、污染规律研究、检测预警、防控治理与安全质量保障体系基础理论等方面的研究和应用处于世界一流。当前，国际农产品加工质量安全研究呈现多学科交叉、融合与渗透日益加强，研究对象由单一化危害因子向多元化转变等趋势。我国农产品加工质量安全学科正在迅速成长，但整体发展水平与国外还存在较大差距，主要表现在学科基础理论研究较弱、对于我国特色加工过程对农产品加工质量安全影响的研究不足、新型加工方式对农产品加工质量安全的研究不够、整体科研成果转化率较低、核心领军人才相对缺乏。

3. 食品营养与功能

随着生物学、医药学等相关学科的发展，食品营养与功能学科不断涌现新的研究热点，如营养功能成分活性保持与递送、营养功能成分分析检验技术、基于大数据的个性化营养功能性食品设计、营养功能食品品质改良与制造技术等。我国在营养功能成分包埋运载体系构建、食品功能成分检测分析等方面的技术处于世界水平，但在新型运载体系结构创制及新型递送技术开发、食品营养及功能物质作用机制研究、营养功能性食品开发等方面相对落后。近年来，美国、日本和英国等发达国家建立了较为完善的食品营养与功能的研究和评价体系，投入大量的人力和物力从事食品组分间相互作用及作用机理的研究，并已取得了卓越的进展。我国相关研究起步较晚，缺乏系统深入的研究，与国际水平差距较大。

4. 果蔬贮藏保鲜

目前，我国果蔬采后保鲜技术在一些方面与国际差距较大。一是冷链设施普及率低。发达国家采后贮藏保鲜的果实在总产量的 80% 以上，而我国不足 20%，管理制度缺失、技术手段不足、技术设施落后、损耗严重、物流效率低下。二是保鲜技术执行标准化程度低，保鲜剂过量使用、保鲜技术非规范化使用造成后期农产品品质大幅降低。三是传统保鲜技术已不能满足人们对果蔬安全和品质的需求，一些早期技术有待逐步被新的杀菌剂或保鲜技术所取代。

（三）农业耕作制度

1. 作物栽培与生理

由于生产条件和栽培技术等原因，作物良种的增产潜力未被充分挖掘，现实作物产量与高产纪录差距悬殊。日本东京大学、德国霍恩海姆大学等在环境友好型作物高产、氮高效利用机制、作物水分胁迫生理等方面取得了大量研究成果。

我国在水分胁迫等逆境生态生理、作物同化物高效转运和籽粒灌浆、作物生长发育与产量品质的关系等方面进行了大量研究，为高产高效栽培与育种提供了理论与技术支撑。随着生物技术、信息技术等新技术向作物学领域不断渗透和交融，作物栽培学研究已从作物个体、群体逐步上升到农田生态系统。同时，通过与信息学、工程科学等的交叉融合，形成了精确化、数字化、轻简化和工程化的全新栽培管理体系。随着分散经营快速向规模化经营转变，我国的作物栽培技术将以机械化生产为特征，加快机械化、信息化、规范化、定量化、规模化、集约化栽培技术研究以及设施农业栽培、化学调节剂应用等技术突破，推进作物生产现代化。

2. 作物生态与耕作

（1）作物轮作方面：国外相关研究实验地可控性强、轮作周期长，机械化配套技术成熟，机理研究较为深入，模型构建较为成熟，理论研究与生产实践结合紧密。我国研究优势在于作物轮作类型与模式丰富、技术体系相对多样，但轮作效应机制与微观机理方面尚处于"跟跑"阶段，研究内容创新性及方法手段创新度不够，对轮作模式的机械化配套技术研究不足。

（2）作物间套作方面：云南农业大学在间套作控制作物病害研究和应用方面，中国农业大学在作物种间相互作用提高氮、磷和铁的利用效率方面，均居国际领先地位。但与发达国家相比，我国农作系统对气候变化反应的研究较为薄弱，缺乏在不同区域上的长期定位试验来研究间套作的长期效应，间套作模拟模型研究差距大，间套作如何通过地上地下互反馈调节影响土壤肥力还有待深入研究。欧盟于2017年启动了"应用间作套种重新设计欧洲的农作体系"重大研究项目，我国尚无此方面的重大项目部署。

（3）土壤耕作方面：与国外研究相比，存在差距的方向主要有与土壤耕作技术相配合的表土覆盖技术、作物轮作以及土壤养分管理措施配套技术研究不足，缺乏保护性耕作技术规范、标准以及全国布局和整体效果的评价研究，土壤耕作技术研究试验方法与监测标准存在差异，试验手段和设备较为落后，相关技术推广应用较为迟缓。

（4）农田固碳减排方面：我国近年来在农田土壤固碳减排的机制、途径以及单项技术模式方面取得了较大进展，但农田系统的综合固碳减排效应、土壤碳周转对气候变化的反馈机制、农田固碳减排政策研究等较为薄弱。

四、发展趋势及展望

在分析农业环境保护、农产品加工、耕作与栽培等农业学科未来发展趋势的基础上，提出新的战略需求，分析未来5年学科发展的重点领域及优先方向，明确有待解决的重大科学问题和核心关键技术难题，提出战略思路与对策措施，有助于促进农业基础学科快速可持续发展。

（一）农业环境保护

1. 产地环境质量控制与修复

（1）战略需求和重点发展方向。在种植业产地环境质量控制与修复方面，针对水肥药一体化发展、污染物迁移的生态控制、土壤污染控制与修复、地膜污染控制等战略需求，重点发展：①环境友好肥药研发，促进肥药减量增效，从源头减少污染物的产生；②污染物的资源化循环利用技术研发，促进农作物秸秆的资源化利用，实现氮磷水等的循环利用；③加强土壤污染与修复机理研究和技术研发，加深土壤污染物在不同环境条件下的迁移转化机制的认识，开发土壤污染修复产品，发展功能修复材料和联合修复技术，对其应用条件、长期效果、生态影响和环境风险等开展持续研究；④生物降解地膜和残膜回收机具研发，重点研发能够兼顾农事作业和地膜回收的农机具，突破实现生物降解地膜替代普通PE地膜的关键环节，形成适应不同区域和不同作物的专用产品。

在畜禽养殖业产地环境质量控制与修复方面，针对优化产业布局和结构、实施源头控制、转变生产模式、构建畜禽养殖业循环经济体系的战略需求，重点发展：①新型生态饲料研发，积极研发、推广和应用畜禽生态饲料和水产新型饲料；②畜禽废弃物无害化处理与资源化利用新技术及产品研发，研发畜禽粪便和养殖废水处理新技术与新设备，研发畜禽粪便生物降解技术与新型肥料，研发畜禽粪污厌氧消化产沼气新技术，建立规模化养殖场集成技术体系。

（2）战略思路与对策措施。在种植业产地环境质量控制与修复方面，建议：①加快出台种植业面源污染治理条例，从法律制度上对农业面源污染治理相关活动提供保障，加快制定符合地方农业生产特点的农业面源防治方面的地方性标准；②强化源头和不同类型区的精准控制，在农田源头实行优化平衡施肥、环境友好型肥料施用等措施，对于不同类型区域采取针对性的防治措施；③推广节约型地膜使用和残膜回收技术，尽量减少地膜投入量，达到少用地膜和少污染的目的。

在畜禽养殖业产地环境质量控制与修复方面，建议：①针对气候特点、种植水平、养殖方式、污染物排放特点以及经济发展水平等，开展养殖业环境管理分区工作，实施区域差异化管理；②推行生态种养农业环境技术和管理示范工程，科学配置养殖业规模，建立种养平衡农业环境管理示范；③建立以微生物发酵床养殖等技术为核心的循环产业园区，通过循环经济模式实现养殖污染控制与产业升级；④完善畜禽养殖业污染负荷核算，研究规模化养殖水处理和排放标准体系，为污染物排放控制技术体系研发提供基础数据支撑。

2. 农业应对气候变化

（1）战略需求和重点发展方向。在气候变化对农业影响及其适应方面，针对应对气候变化科技创新顶层设计不足、原始创新能力不强、减缓与适应技术尚不能满足国家紧迫需求的现状，重点发布实施《城市适应气候变化行动方案》，加强基础设施建设，加强水资源管理和海洋灾害防护能力，完善气候变化监测预警体系等，全面提高适应气候变化能力。

在农业减缓气候变化方面，农业固碳减排技术研发要与国家粮食安全及"一控两减三基本"等战略需求保持高度一致，重点发展丰产低碳作物品种选育、"4R"肥料管理、高效节水灌溉、保护性耕作、畜禽日粮饲料精准控制、废弃物管理、种养结合等方面的关键技术。

在气候智慧型农业方面，建议因地制宜地研究建立不同的农作制度发展模式，如在东北地区应重点研发增强农田固碳潜力技术，在水稻主产区应重点研发稻田温室气体减排技术，在西北等生态脆弱地区应重点研发提高水肥资源利用效率、保持农田生物多样性技术，在牧区应重点研发草原生态建设、提升畜产品生产效率技术。

（2）战略思路与对策措施。在气候变化对农业影响及其适应方面，建议：①面向国家需求与国际前沿，对我国应对气候变化的科技创新进行整体规划布局；②突出全球视野与原始创新，兼顾传统优势与新生长点，统筹考虑减缓与适应、当前利益与长远战略，对我国有明显优势和具有中国特色的领域予以持续支持；③基础理论创新与应对实践相互促进，发展应对气候变化的方法学，以基础理论创新促进应对气候变化行动深入开展。

在农业减缓气候变化方面，建议：①完善并规范农业温室气体排放监测、报告、核查制度；②科学调整肥料施用结构，创新耕作制度，推广旋耕、少耕、免耕，优化水肥配比，推行节水灌溉；③优化畜禽饲养过程，调配日粮精粗比，增加微生物添加剂的应用，推广沼气厌氧发酵工程，推行种养结合；④加强草原生态保护补助奖励机制等政策的推行，推广围栏、轻牧、禁牧等措施。

在气候智慧型农业方面，建议：①健全应对气候变化体制、机制与法制，建立信息共享与资源整合机制；②尽快出台气候智慧型农作制度发展规划与配套激励政策措施，调动农民、企业等生产主体的参与程度；③针对可能面临的障碍和潜在社会风险，国家相关部门应开展培训，加强技术服务，加速整体性、制度性技术推广应用；④加强气候智慧型农业的国际合作与交流，学习他国经验，分享气候智慧型农业成果，与世界共同应对气候变化挑战。

3. 农业气象与减灾

（1）战略需求和重点发展方向：《国家中长期科学和技术发展规划纲要（2006—2020）》《"十三五"国家科技创新规划》《"十三五"农业农村科技创新专项规划》中，均对农业气象发展的目标、方向和重点作出了明确指示。粮食丰产增效、作物提质增效、资源高效利用、农林智能装备以及智慧农业等方面都对农业气象与减灾提出了战略需求。在农业气象监测预警方面，重点发展农业气象精准监测与预警、农业气象标准化与信息化服务、农业气象物联网，建立农业气象大数据平台与综合监测、预警、评估系统，实现作物模型与遥感技术耦合；在农业气候资源利用方面，重点发展农业小气候调控与设施农业、农业气候资源高效利用、农业适应气候变化技术，开展精细化农业气候资源区划；在农业气象灾害评估与减灾技术方面，重点发展农业气象灾害风险防范、环境友好型农业抗逆减损、农业气象减灾与生态安全技术，建立农业气象灾害风险防范技术体系。

（2）战略思路与对策措施：①找准学科发展定位，探索学科战略规划与前沿方向；②注重成果应用的综合集成，加强学科前沿探索、关键技术研发与技术集成配套，提高研究成果在相关部门的应用；③稳定农业气象与减灾领域的研究机构与队伍，科研、业务、教学、推广形成良性互动的有机整体；④加快本领域引进的国际先进仪器设备的国产化和国产仪器的创新研制；⑤加强农业气象观测试验网络建设，重视基础性技术工作，加强农业气象信息资源的共享，鼓励农业气象科技人员深入生产第一线，积极探索向农民服务的有效手段；⑥加强优秀农业气象学科人才的引进和培养。

4. 设施栽培农业

（1）战略需求和重点发展方向：设施栽培农业技术针对大幅度提高资源利用效率、单位土地产出率和可持续发展的战略需求，需要在设施新品种选育、结构工程与新材料开发、节能工程、环境模拟与智能控制、营养液栽培、植物工厂以及管理机器人等关键技术领域取得突破，形成具有中国特色的设施结构类型和配套技术体系，实现由设施栽培农业大国向强国迈进。重点发展：①温室结构优化与新型材料的研究与开发；②基于作物模型的温室数据采集与智能化控制系统软硬件的开发；③温室高效生产综合配套技术关键设备的研制与开发；④温室节能与资源高效利用技术的研究；⑤以设施工程、环境控制以及无土栽培等为重点的植物工厂高技术研发；⑥温室管理机器人的研究与开发。

（2）战略思路与对策措施：①科学规划，合理布局，构建设施栽培农业优势产业区。积极优化设施栽培农业区域布局规划，制定针对不同地区与条件状况的优惠政策，引导设施栽培农业向优势区域转移，同时制定设施农产品市场体系建设和出口创汇等政策措施，形成我国设施栽培农业优势产业带；②加大政府的财政扶持力度，进一步提高我国设施栽培农业装备水平。建议政府以专项资金形式实施扶持政策，补贴设施栽培农业种植企业和农户购置农机具，提升设施栽培农业装备水平；③加大科技支撑和技术推广的支持力度。建议国家以重大项目的形式将设施栽培农业关键技术纳入农业科技创新体系，加大资金和项目的投入力度，同时加快设施栽培农业技术的推广普及。

（二）农产品加工

1. 食品加工

（1）战略需求和重点发展方向：①在食品加工制造方面，针对产业整体上处于能耗和水耗高、资源利用率低、技术相对落后、加工副产物综合利用相对不足、前沿性基础研究相对薄弱等问题，在食品加工过程组分结构变化、风味品质修饰、加工适应性与品质调控等方面开展前沿性基础研究，实现食品加工制造理论的新突破；②在食品机械装备方面，重点开展食品装备的机械材料特性与安全性、数字化设计、信息感知、仿真优化等新技术、新方法、新原理和新材料的基础研究，开展智能化、数字化、规模化、自动化、连续化、工程化和成套化核心装备与集成技术研发，创制中华传统食品工业化专用装备；③在食品加工颠覆性技术方面，重点研发"云技术、大数据和互联网+""非热加工、冷杀菌和生物膜分离""生物转化、高效制取和分子修饰"等新型加工理论与技术，积极开展合成生物、分子食品、3D制造等概念食品制造理论与技术的探索研究。

（2）战略思路与对策措施：①面向国家战略和产业发展需求，瞄准世界高技术前沿，重点围绕食品加工制造、机械装备等主要领域，全面实施创新驱动食品产业发展战略，深入研究与集成开发食品绿色加工与低碳制造技术，提升产业整体技术水平；②大力加强自主研发，驱动机械装备更新换代，重点提升设备的智能化、规模化和连续化能力，降低高端成套装备对国外的长期依赖，全面提升我国食品机械装备制造的整体技术水平；③中式主餐工业化发展迫切需要学科技术引领，发展适合我国居民饮食习惯的主餐加工食品，建立与发展标准化、科学化的中式菜肴检测技术，突破关键共性技术问题，提升中式菜肴生产技术的自动化水平；④以全球视野谋划和推动食品科技创新国际合作交流，主动布局和融入全球创新网络，打造国际食品科技交流与合作基地，加大食品先进制造技术和高端智力引进力度，统筹推进中国食品产业科技走出去，提升我国在全球食品科技创新领域的地位。

2. 农产品加工质量安全

（1）战略需求和重点发展方向：①在营养品质评价与保持方面，针对我国大宗和特色农产品，重点开展化学物质基础研究，针对特征营养成分和功能因子在贮运、保鲜、加工、烹饪过程中的变化规律、化学修饰、营养及有害中间物质产生开展过程评价研究；②在加工过程危害物评估与控制方面，以加工过程产生的内源危害物及农产品内源产生的危害物为研究对象，重点研究评估产生机制与转化规律，建立阻断、控制、去除技术；③在农产品加工在线监测技术与装备方面，重点开展典型加工、储藏过程中主要危害物在线监测、农产品成分分析、损伤探测理论、技术及装备研究。

（2）战略思路与对策措施：①全面推进协同创新，依托农产品加工、农产品质量安全领域多个农业科技创新联盟，依托农业部产业技术体系的农产品加工、质量安全与营养评价专家岗位，全面推进协同创新，强化基础理论与技术在农产品加工领域具体问题中的应用；②深化国际交流合作，在重点学科领域建立稳定、通畅的国际合作渠道，形成政府间、机构间、实验室间多层次合作交流模式，积极主动参与国际科学研究计划；③大力助推产业升级，学科发展全面对接产业，针对产业中急需解决的共性问题阐明机制规律、突破关键技术、研制装备设施、配套技术标准，大力开展示范应用，形成农产品加工质量安全管控综合方案。

3. 食品营养与功能

（1）战略需求和重点发展方向：立足"健康中国2030"的背景，大力发展营养健康膳食和功能食品相关产业，保障国民营养健康、增强国民身体素质是我国未来几十年经济升级转型、产业换代发展的战略机遇。未来重点发展方向主要有：①加强营养功能成分活性保持与递送关键核心技术研发，在加工和贮运过程中实现营养功能组分的活性保持；②加强营养功能成分分析检验技术研发，采用不断更新和进步的分析技术手段及装备，实现功能成分的精准定量和定性分析；③构建我国食品原料及制成品营养健康的大数据库，突破基于大数据的个性化营养功能性食品设计技术，实现营养健康需求精准对接、产品靶向设计；④在营养功能食品品质改良与制造技术方面，重点开展高功能活性食品原料筛选、食品配方的靶向设计、加工过程中营养功能品质调控研究、加工装备先进制造；⑤在营养功能食品功效评价技术方面，重点开展营养组学研究，解析食品营养功能组分对健康影响的作用机制，建立基于个体基因组特征的膳食干预方法和营养保健措施。

（2）战略思路与对策措施：①加强协同科研工作机制，融合上下游产业链，覆盖食品加工原料选育和种养殖、加工、营养健康评价和工作机制探讨等多个环节，构建食品营养与功能学科创新体系；②加强基础理论和共性关键技术攻克，构建营养功能成分的基础理论体系，攻克营养功能组分高效运载及靶向递送、营养代谢组学大数据挖掘等核心关键技术，开发多样性和个性化营养健康食品，实现营养靶向设计和健康食品精准制造，满足不同层次消费人群的需求；③结合现代食品加工技术，加快特殊人群营养功能食品创制，拓宽营养功能食品的产业范畴；④加快营养健康食品智能化制造技术突破，实现智能制造技术融入营养健康食品的加工设备、生产和管理，推动食品工业转型升级；⑤注重食品营养功能领域高端人才引进和培养，培养具有国际影响力的学科领军人物，打造一流的学科人才团队。

4. 农产品贮藏保鲜

（1）战略需求和重点发展方向：①农产品贮运减损基础理论与共性关键技术研究，研究不同物流环境条件及新型保鲜技术下农产品产后生物学变化规律与机理，开发物流环境精准调控、产品品质控制、质量安全监测预测等核心技术；②农产品贮运减损新材料新装备研制，研究天然、生物、高效的新型保鲜剂，开发绿色、智能、活性保鲜包装，研制符合我国农产品产后流通体系的保鲜装备；③生物防治技术，由于具有环境友好、贮藏环境小、贮藏条件较好控制、处理目标明确、避免紫外线和干燥的破坏作用等优点，生物防治技术将成为贮运保鲜综合技术的重要内容；④农产品物联技术集成，研发全生产环节与物联网融合的新技术和新装备，集成食用农产品绿色供应链综合保障技术。

（2）战略思路与对策措施：①加强精准控温装备设备硬件建设。目前，我国冷藏设施装备的温度精度不高，限制了农产品长期贮存，加强精准控温装备设备等硬件建设是提高农产品贮藏保鲜的关键；②实用保鲜技术应同时注重商业可行性与技术有效性，结合区域经济情况与果蔬种类、品种特性和生产成本等因素；③进一步加强我国特色果蔬保鲜技术的应用规模，做好专利授权应用、技术转让和技术服务，促进果蔬产业良性发展。

（三）农业耕作制度

1. 作物栽培与生理

（1）战略需求和重点发展方向：①作物高产高效栽培技术及理论研究，开展主要粮食作物高产高效栽培理论与技术研究，挖掘作物更高产与高效的潜力，实现作物高产、优质、高效、绿色生态技术的集成和标准化；②作物质量安全与优质栽培技术研究，在作物无公害、绿色、有机栽培关键技术上取得新突破；③作物机械化与轻简化栽培技术研究，加强作物高产高效全程机械化生产技术研究和推广，研究轻简栽培原理与精确定量化技术；④作物节水抗旱与高效施肥技术研究，提高农业水资源和肥料资源的利用效率；⑤作物抗逆减灾栽培技术研究，重点研究作物生产力对气候变化的响应与适应，建立抗逆、安全、高效的新型农作制模式与技术；⑥作物信息化、智能化栽培技术研究，重点研发作物实用栽培管理信息系统、远程和无损检测诊断信息技术、生长模拟与调控技术等；⑦作物栽培生态生理生化研究，从激素、酶学、分子等微观角度开展作物生长发育、产量品质形成等的分子机理研究。

（2）战略思路与对策措施：①加强学科现代化建设，加强作物栽培生理与高新技术及相关学科相互交叉渗透，提高基础理论创新水平与科技成果转化能力；②抓住作物生产中迫切需要解决的难点与热点问题，不断加强攻关创新；③不断提高区域化作物生产集成技术水平，推动我国作物高产高效与绿色可持续发展。

2.作物生态与耕作

（1）战略需求和重点发展方向：①在作物轮作方面，重点研究构建新型轮作休耕模式，阐明轮作制度效应机理与机制，研究轮作休耕的绿色补贴政策和制度区划；②在作物间套作方面，重点突破全程机械化和配套除草技术，研究作物种间相互作用与产量优势、光热、水分和养分高效利用的关系，加强相关基础性长期性工作，研究间套作对气候变化的适应性、间套作病虫害控制机制，建立间套作作物结构功能模型；③在土壤耕作方面，重点研发区域土壤耕作制以及相配套机具，构建区域土壤轮耕制，开展保护性农业长期效应研究与评价、技术推广的组织机制与补偿政策研究；④在农田固碳减排方面，重点加强农田碳循环和碳汇效应研究，创新农田管理技术体系，加强农田生物固碳减排技术研究等。

（2）战略思路与对策措施：①在作物轮作方面，进一步强调"轮作休耕"是落实国家"藏粮于地"重大战略的重要举措，坚持轮作为主、休耕为辅，加大政策扶持，强化科技支撑，分类实施、突出重点区域，逐步构建国家耕地轮作休耕制度整体规划；②在作物间套作方面，因地制宜开展生态型复合种植，充分发挥豆科作物的生物固氮潜力和培肥地力的作用，增加农田生物多样性；③在土壤耕作方面，针对不同区域气候、土壤和种植制度的差异，通过农艺措施的改良带动农业机械全程化、规模化使用，改善土壤耕层结构，维持和促进作物生长，降低农业生产的环境代价；④在农田固碳减排方面，推动实施"到2020年化肥使用量零增长行动"和"到2020年农药使用量零增长行动"，推动农村沼气转型升级，提高秸秆综合利用水平，实施保护性耕作等。

参考文献

［1］丁麟. 我国农学基础研究发展综述［J］. 农业科技管理，2010（6）：1-3.

［2］党国英. 农村发展新态势下的挑战与机遇［R］. 光明日报，2015-11-01.

［3］孔繁涛，许世卫，王盛威，等. 我国基础农学学科研究进展［J］. 广东农业科学，2014（14）：229-236.

［4］中国农业科学院科技发展战略研究组. "跨越2030"农业科技发展战略［M］. 北京：中国农业科学技术出版社，2016.

［5］农业部. "十三五"现代农业发展规划［R］. 2016.

［6］农业部. 全国农业可持续发展规划（2015—2030年）［R］. 2015.

［7］王渝生. 当代科技发展的态势与前瞻［J］. 求是，2015（20）：50-52.

［8］信乃诠，许世卫，孔繁涛. 我国基础农学学科发展战略研究［J］. 前沿科学，2008（3）：9-18.

［9］杨久栋. 准确把握世界农业发展新态势新趋向［N］. 农民日报，2015-11-9.

［10］中共中央，国务院. 国家中长期科学和技术发展规划纲要（2006—2020年）［R］. 2006.

撰写人：梅旭荣　刘布春　吕国华

专题报告

产地环境质量控制与修复

一、引言

产地环境质量控制与修复（control and restoration of environment quality in agricultural production areas）可分为种植业产地环境质量控制与修复和畜禽养殖业产地环境质量控制与修复。

种植业产地环境质量控制与修复主要通过种植业环境污染防治措施来减少农药、化肥等化学合成物质的施用，修复和控制重金属污染，推进农作物秸秆资源化利用，促进循环农业和清洁生产，既保护了周围环境，又保持了农产品的产量和质量，是建设优质、高产、高效、生态、安全的现代农业，提高农业综合生产能力，增强农业竞争力，提高农业综合效益的必由之路。畜禽养殖业产地环境质量控制与修复主要是按照"减量化、无害化、资源化、生态化"的原则，转变畜禽生产模式，通过饲料源头污染控制、养殖废水和固体废弃物资源化利用等措施实现养殖污染控制与环境质量改善，从而保障畜禽养殖业可持续发展。

农产品的质量安全问题直接关系到食品安全和人类健康，是近年来受到社会广泛关注的焦点问题。农产品的质量安全与农产品的产地环境质量息息相关，良好的产地环境质量是食品安全的重要保障。我国是人口大国，用不到世界 9% 的耕地面积养活了世界 22% 的人口。近年来，随着人民生活水平的不断提高，农产品的增长由数量型转向质量型，人们对农产品和食品的质量提出更高的要求，农产品产地环境质量问题受到政府和社会的高度重视，全面改善和控制农产品产地环境质量势在必行。然而，随着集约化农业的发展和农业化学投入品的不合理使用，农产品产地环境质量不断下降，进而直接影响着农产品质量和食品安全。在种植业产地环境质量方面，工业污染物、化肥、农药、地膜等农业投入品的不合理施用导致的产地环境污染问题较为突出。在畜禽养殖业方面，饲料添加剂、养殖废水和固体废弃物引起的环境污染和食品安全问题成为目前研究的热点。

二、近年最新研究进展

（一）发展历史回顾

1. 种植业产地环境质量控制与修复

我国种植业产地环境质量控制与修复工作主要集中在农产品产地生态环境状况调查和质量控制上。我国农药使用总量自 2001 年以来快速上升，由 127.50 万吨迅速增至 2014 年的 180.70 万吨，年均增长率高达 3%。虽然剧毒、高残留农药正逐步被淘汰和禁用，农药新品种不断涌现并投入使用，但仍存在着管理不科学、过量使用等问题。改革开放以来，我国粮食单产得到了较大幅度的提高，但是化肥施用量无论是总量还是单位面积用量同样呈现增加趋势，2014 年全国化肥施用总量为 5995.94 万吨，是 1980 年的 4.7 倍。我国肥料当季利用率在 30% 左右，而且还有下降的趋势，国际公认的化肥施用安全上限是 $225kg/hm^2$，但目前我国化肥单位面积平均施用量达到 $400kg/hm^2$，是安全上限的约 1.8 倍。

2012 年中国环境监测总站开展了全国农村区域空气质量监测工作，全国农村区域站 SO_2 的年均浓度范围为 1.9 ~ $74.7\mu g/m^3$，平均浓度为 $22.3\mu g/m^3$；农村区域站 NO_2 的年均浓度范围为 5.3 ~ $49.4\mu g/m^3$，平均浓度为 $19.9\mu g/m^3$；农村区域站 PM_{10} 的年均浓度范围为 26.9 ~ $158.8\mu g/m^3$，平均浓度为 $77.1\mu g/m^3$。总体来看，全国农产品产地区域 SO_2、NO_2、PM_{10} 浓度水平尚未对农产品安全构成威胁。

2010 年 2 月发布的《第一次全国污染源普查公报》显示，农业源排放的主要水体污染物有化学需氧量 1324.09 万吨、总氮 270.46 万吨、总磷 28.47 万吨，分别占全国排放总量的 43.7%、57.2% 和 67.3%。其中，畜禽养殖业排放的化学需氧量 1268.26 万吨、总氮 102.48 万吨、总磷 16.04 万吨，分别占我国污染物总排放量的 41.9%、21.7%、37.9%，占农业源排放量的 95.8%、37.9%、56.3%。

2014 年 4 月公布的《全国土壤污染状况调查公报》显示，全国土壤总的超标率为 16.1%，其中轻微、轻度、中度和重度污染点位比例分别为 11.2%、2.3%、1.5% 和 1.1%。污染类型以无机型为主，有机型次之，复合型污染比重较小，无机污染物超标点位数占全部超标点位的 82.8%。统计数据显示，我国地膜使用量由 1991 年的 31.9 万吨提高到 2015 年的 145.5 万吨。覆膜种植面积也是持续飙升，由 1981 年的 22.5 万亩增加到 2015 年的 2.75 亿亩。地膜覆盖应用区域和作物由最初的城郊蔬菜基地、西北寒旱区逐渐扩大到全国。

种植业污染的防治分成源头控制、过程控制及末端治理等方面。源头控制即从农业生产环节减少农业面源污染产生量，这主要依赖于引进合理的灌溉技术，确定合理的施肥结构和农药用药结构，减少农事活动化学肥料、农药的投入量，以及推进科学合理的农作方式和田间管理技术等；在过程控制方面，沟渠湿地对径流污染物的截留去除有着很好的效果，根据各地的实际情况，中国南北地区均有沟渠生态拦截农业面源污染物的研究和报道；在末端治理上，河口前置库技术在农业面源污染控制中也有成熟应用。近年来，利用水生植物建立人工湿地或多水塘系统，对面源污染物起到了很好的净化效果，在白洋淀进行的野外实验结果表明，湖周水陆交错带中的芦苇群落和群落间的小沟都能有效截留陆源营养物质。对于土壤污染的治理工作，可以从减少污染源、切断污染途径和修复这三个方面展开：首先需要确定污染源头，通过监测和有效执法等切断重金属和有机物在采矿、冶炼、石油和其他行业的大量排放；其次，要切断污染物积累的途径，并明确污染物积累的机理和途径，减少或者终止污染物通过食物链进入人体；最后，对于污染土壤要进行修复治理，降低土壤污染程度并保障安全利用。

目前，已经确定多种修复污染土壤的技术手段，按照其最终目的的不同可分为以下两种：第一，原位固定土壤重金属，通过物理、化学和生物学方法改变重金属在土壤里的赋存形式，降低重金属的生物有效性，防控食物链污染和保障人体健康；第二，去除土壤重金属和有机污染物，通过物理、化学和生物学方法降低土壤重金属的浓度，降解有机污染物，使之能够接近或达到土壤在没有污染前的背景值。现阶段主流的污染土壤的修复技术主要有物理/化学修复技术、生物修复技术和农业生态修复技术。鉴于地膜覆盖技术和残留污染特点，我国形成了地膜残留污染防控基础研究先行、源头控制（新型降解地膜取代 PE 地膜）和高效回收（回收机械）并举的措施。加强地膜适应性技术研究，促进地膜覆盖技术的合理利用，研发不同区域减膜（控膜）增效的新技术，减少地膜投入量，如甘肃、内蒙古的节约型地膜使用技术，通过改善地膜质量，实现一膜多用，减少了第二年地膜的投入，实现减膜增效。

2. 畜禽养殖业产地环境质量控制与修复

我国自 20 世纪 80 年代末开始关注畜禽养殖业环境污染问题，畜禽养殖业环境污染治理大体经历了以下几个阶段：1995 年以前，由于畜禽养殖还处于传统养殖阶段，环境污染在绝大部分农村地区还未发生，但是在实施"菜篮子"工程的城市近郊规模化养殖场开始显现，部分专家学者开始关注规模化养殖可能带来的环境污染问题；20 世纪 70 年代中期开始的农村户用沼气工程项目主要用于消化家庭养殖的畜禽粪便和人粪尿。自从"菜篮子"工程实施以来，大量的规模化养殖场在大中城市近郊兴建，环境污染问题开始凸现，国家开始在畜禽养殖环境控制研究示范中投入研究经费；为了缓解农村居民人畜混居和燃料短缺问题，国家大力推广农村户用沼气工程项目，户用沼气在南方地区发展十分迅速；随着社会开始关注规模化养殖场环境污染问题，国家开始投资大中型沼气工程建设项目。

2001 年以来，我国陆续出台了一系列畜禽养殖污染防治政策，主要有《畜禽养殖污染防治管理办法》《畜禽养殖业污染物排放标准》《畜禽养殖污染防治技术规范》《畜禽养殖污染防治技术政策》等。尽管上述政策对畜禽养殖污染防治起到了很重要的作用，但在指导具体工作实践时还存在诸多不足和实际困难，导致这些政策无法充分地发挥作用。

2006年，环保部联合发改委等八部委发布了《关于加强农村环境保护工作的意见》（以下简称意见），意见中重点提出了规模化畜禽养殖污染防治是农村环境保护的重要内容，农业部制订的《全国农村沼气工程建设规划》中重点规划了规模化养殖场大中型沼气工程建设内容，畜禽养殖环境污染治理步入了一个全新的时代。从2014年1月1日起施行的《畜禽规模养殖污染防治条例》明确提出，国家鼓励和支持采取种植和养殖相结合的方式消纳利用畜禽养殖废弃物，并要求将畜禽粪便、沼液等用作肥料的应与土地的消纳能力相适应。这一规定的出台是对我国农业污染治理中结构性矛盾的现实考量。畜禽养殖业面源污染防治技术研究主要集中在：①畜禽养殖废弃物污染源头控制技术，主要通过控制养殖过程中源头产生的有机物、激素和抗生素残留含量来降低畜禽养殖业对周围环境所产生的环境污染问题，如粪尿中有机物的含量减控技术、养殖清粪技术和微生物发酵床养殖技术；②畜禽养殖废弃物资源化利用技术，主要遵循生态效益、积极效益和社会效益最大限度统一平衡的原则，努力实现物质最大化利用，主要包括能源化、肥料化和饲料化等方面；③畜禽养殖废弃物末端处理技术，主要通过好氧处理工艺对养殖废水进行处理，包括活性污泥法、接触氧化法、生物转盘、氧化沟、膜生物法（MBR）等工艺。

（二）学科发展现状及动态

1. 种植业产地环境质量控制与修复

（1）"3S"技术法在种植业面源污染防治中的应用。种植业面源污染研究所需的数据传统上都是靠搜集现有资料或野外实测获得，卫星遥感技术（RS）和全球定位系统（GPS）的发展则提供了崭新的数据获取方式，并可以大大提高其准确度和精密度，通过卫星图片解译，可获取土壤、植被、地形地貌、土地利用方式及水质的数字化信息。遥感手段获取数据具有便捷、量大、可视性强、便于与GIS结合等优点，我国科学家在这方面也作了一些具体研究。陈蓓青等认为，建立高效的、系统的种植业面源污染监测系统，可以有效地对环境污染的动态进行监测；陈强等为了使人们对卫星遥感技术在种植业面源污染评价中的应用有所了解，从面源污染研究所需数据种类的角度，对卫星遥感技术的获取能力和可行性进行了应用分析；周跃龙等（2014）为合理估算太湖流域面源污染营养盐输出负荷，构建出了半分布式的输出系数模型，进而测算出太湖流域营养盐输出负荷；烟贯发等（2013）为了考察不同用地类型面源污染物产出量，应用RS（遥感）和GIS（地理信息系统）技术对该区域的TM影像和DEM数据进行了处理分析，并指出面源污染的主要污染物来源有化肥、农药、畜禽粪便和尿液、人类生活污水、生活垃圾、生活粪便等。"3S"技术在种植业面源污染模型中的集成应用，使得模型和各种管理措施两者能够相结合用于面源污染的预测预报，为治理种植业面源污染提供了有力的依据。今后的努力方向应该是如何尽量融合"3S"技术，以提高数据的精确度，特别是要研究如何通过遥感影像精确提取环境信息。

（2）"源头减量、过程拦截、末端修复和循环再利用"技术理论。

1）源头减量技术。主要包括平衡施肥技术、化学肥药减量技术、环境友好肥药应用技术、秸秆还田技术、农耕和种植技术等方面。平衡施肥包括有机肥料与无机肥料平衡、氮磷钾大量元素间的平衡、大量元素与微量元素的平衡、控缓释肥料与速效肥料的平衡等。具体可从以下几个方面做：①因土、因作物施肥，提高肥料的利用率；②优化氮、磷、钾肥和有机肥之间的比例，适当增加钾肥和有机肥的比重；③选用化肥新品种，如复合肥和长效肥。化学肥药减量技术就是根据平衡施肥施药技术理论减少药肥的施用量，通过施肥施药优化、环境友好肥料替代等途径，达到化学肥药减量增效的目标。环境友好肥药应用技术主要包括有机肥药、生物肥药、有机无机复合肥、控缓释肥等，通过环境友好肥药的使用，减少化肥和农药的用量，改善农田生态环境。秸秆还田技术就是在作物收获期间将秸秆直接粉碎旋耕还田，其可以补充土壤中碳、氮等元素和改良土壤性状，进而达到减少化肥施用量和减少农田养分流失的效果；该技术是用秸秆的全量直接还田替代15%常规化肥施肥量，适当调整化肥的施肥方式，能够保证作物的正常产量，减少农田养分流失量。在农耕和种植技术方面，通过耕作方式——免耕、少耕、水平沟耕作和等高耕作等，可以减轻土壤侵蚀，减少农田氮的流失，有效防止种植业面源污染形成。采取不同作物的间作、套种、轮作等方式，可减少土壤直接裸露的时间，延长降雨在农田中的下渗时间，减少农田径流的产生和水土的流失，可充分提高土壤中养分利用率，进而减少田间氮、磷的输出。

2）过程拦截技术。种植业面源污染物质大部分随降雨径流进入水体，在其进入水体前，通过建立生物（生态）拦截系统有效阻断径流水中的氮、磷等污染物进入水环境，是控制种植业面源污染物的重要技术手段。首先，可以设置宽广的生物隔离带来控制氮、磷的径流迁移。在农田和水体之间建立合理的草地或林地过滤带，亦称缓冲带，它是指利用永久性植被拦截污染物或有害物质的条带状土地。缓冲带可以通过一系列的物理、生物及生物化学过程实现对氮、磷素的截留转化，可大大降低水体中的氮、磷的含量。农田与水体之间存在的植被缓冲带有将农田与水体隔开的作用，当地下水从农田流向水体时，植被缓冲带起到两种效应：一是对地表径流起到滞缓作用，调节入河洪峰流量；二是有效地减少地表和地下径流中固体颗粒和养分含量。其次，形成生态沟渠的拦截系统。杨林章等结合太湖地区实际情况提出了生态拦截型沟渠系统，它主要由工程部分和植物部分组成，沟渠可以是自然形成的，但多数是人工的，植物一般具有水生特性，能够在当地很好的生长，可以是水稻、水芹、茭白、芦苇、茭草、水花生等。沟渠系统是农田非点源排放和受纳水体（湖泊、江河）的过渡带，对于农田径流来说是汇，但对于受纳水体来说则是源，能减缓流速，促进流水携带颗粒物质的沉淀，有利于构建植物对沟壁、水体和沟底中逸出养分的立体式吸收和拦截，从而实现对农田排出养分的控制。沟渠系统对农田径流中 TN、TP 的去除效果分别达到 48.1% 和 40.2%。

3）末端修复技术。主要建立湿地生态拦截系统，是由漂浮植物池、沉水植物池、挺水植物池以及草滤带组成的人工湿地，是一个独特的土壤—植物—微生物系统。由于湿地有很高的生产率及氧化还原能力，使其成为极为重要的生物地球化学作用非常活跃的场所，尤其是湿地有较高的固氮、脱氮效率。湿地有助于减缓水流的速度，当含有毒物和杂质的流水经过湿地时流速减慢，有利于毒物和杂质的沉淀和排除。此外，一些湿地植物像芦苇、水湖莲能有效地吸收有毒物质，流水流经湿地时，其中所含的氮、磷等营养成分被湿地植被吸收或者积累在湿地泥层之中，净化了下游水源。因此，建立湿地生态拦截系统可以有效地控制农田径流中氮、磷污染。另外，河岸带滨水湿地恢复技术、生态浮床技术等生态修复措施有利于恢复生态系统的生物多样性，实现生态系统健康良性发展。

4）循环再利用技术。首先是养分循环利用技术，即将氮、磷等养分资源循环利用，达到节约资源、减少污染、增加经济效益的目的。对于种植业排出的尾水，经过生态拦截以后，水体回抽灌溉农田，实现水资源及养分的循环利用。其次生物资源循环利用技术，主要是对作物秸秆实行还田或制作有机肥后再还田，实现生物资源中碳、氮等元素的循环利用，促进生态循环农业的发展。

（3）土壤污染控制与修复。污染土壤修复可分为物理修复、化学修复和生物修复3种类型。目前，污染土壤修复技术研究和应用已经比较广泛，包括冶金及化工等污染场地修复、农田污染土壤修复、矿区污染修复及油田污染等的修复。由于不同污染的土壤类型和性质的不同，使用的修复手段也不完全相同，并出现了一些修复技术手段的交叉融合使用。

污染土壤物理修复技术是指通过各种物理过程将污染物从污染土壤中去除或分离的技术，其中热处理技术是用于场地土壤有机物污染去除的主要物理修复技术，常用的包括土壤蒸气浸提、微波加热、热脱附等技术。

污染土壤化学修复技术发展较早，主要有土壤固化—稳定化技术、淋洗技术、氧化—还原技术、光催化降解技术和电动力学修复技术等。

污染土壤生物修复技术开始于20世纪80年代中期，到20世纪90年代有了成功应用的实例。污染土壤生物修复技术是指利用土壤中的各种生物（包括植物、动物和微生物）吸收、降解和转化土壤中的污染物，使污染物含量降低到可接受的水平或将有毒有害的污染物转化为无害物质的过程。根据污染土壤生物修复主体的不同，分为微生物修复、植物修复和动物修复3种，其中以微生物修复与植物修复应用最为广泛。狭义的污染土壤生物修复是指微生物修复，即利用土壤微生物将有机污染物作为碳源和能源，将土壤中有害的有机污染物降解为无害的无机物（CO_2 和 H_2O）或其他无害物质的过程。生物修复技术近几年发展非常迅速，不仅较物理、化学方法经济，同时也不易产生二次污染，适于大面积污染土壤的修复。同时，由于其具有低耗、高效、环境安全、纯生态过程的显著优点，已成为土壤环境保护技术的最活跃的领域。生物修复技术主要包括植物、动物和微生物及联合修复等几种方式。

（4）地膜污染控制与减量化。突破地膜回收机具的关键环节，提高残膜的回收和利用。我国使用的地膜很薄，厚度一般为 0.006～0.008mm，强度小，覆盖期长，清除时易碎，不易回收，收卷式地膜回收机具难以适应我国的实际情况。根据我国地膜残留污染的特殊性，现已开发出了滚筒式、弹齿式、齿链式、滚轮缠绕式和气力式等残膜回收机具，但总体上给残膜回收作业增加了生产成本，农民难以接受；部分机型不适应当前的农业技术要求，作业性能还有待于进一步提高。为了减少地膜投入量，选用厚度适中、韧性好和抗老化能力强的地膜，在第一年使用后基本没有破损，第二年可以直接在上面打孔免耕播种，减少地膜投入量和操作用工，达到省时、省工和环保的目的。在采用该项技术时，应采用高耐候和强度的地膜，避免由于长期覆盖导致地膜严重碎片化增加回收难度。

2. 畜禽养殖业产地环境质量控制与修复

（1）畜禽养殖污染防治新技术模式。微生物发酵床污染源头控制技术。微生物发酵床养猪利用植物废弃物如谷壳、秸秆、锯糠、椰糠等材料制作发酵床垫层，接种微生物，猪养殖在垫层上，排出的粪便由微生物分解消纳，原位发酵成有机肥。随着实践的发展出现的异位发酵床养殖模式改变了原位发酵床的畜禽养殖模式，将畜禽养殖与发酵床分离，可以解决畜禽通过垫料携带病原菌发生病害的隐患和便于机械化翻堆的问题，同时也避免了由于床体温度过高不利于畜禽生长的问题。微生物发酵床具有"五省、四提、三无、两增、一少、零污染"的优点。"五省"即省水、省工、省料、省药、省电；"四提"即提高品质、提高猪抗病力、提早出栏、提高肉料比；"三无"即无臭味、无蝇蛆、无环境污染；"两增"即增加经济效益、增加生态效益；"一少"即减少猪肉药物残留；"零污染"即猪粪尿微生物在猪舍内原位降解，污水零排放。

（2）发展种养一体化的畜禽养殖模式，实现资源良性循环。产生畜禽养殖环境危害的本质在于畜禽养殖迅速发展过程中畜牧业与农业脱节，环境管理与生产脱节。因此，解决畜禽养殖业污染的根本出路是树立可持续农业的思想，发展生态型养殖业，将畜禽养殖业纳入整个农业生产体系中，促进农业生产和生态环境的良性循环。畜禽养殖业特别是规模化养殖业的发展必须将畜禽生产、粪尿与污水处理、能源与环境工程以及种植业、水产业等统一进行考虑，多方面配合起来协调发展，以期把环境污染减少或控制到最低限度，最终实现畜牧养殖业的可持续发展。畜禽粪便污染治理应该坚持资源化、减量化、无害化的基本原则，积极引导畜禽粪便堆肥化和资源化利用技术的发展，提倡农牧结合、种养平衡，扩大畜禽粪便资源化利用的出路，将养殖业产生的废物转化为种植业可利用的资源，最终实现种养结合、互为促进的良性生态农业链。解决畜禽粪便污染问题不能仅仅着眼于治理，而应从污染的源头控制抓起，从养殖业的投料、饮水、设备改造和畜禽舍粪便清理工艺出发，将废弃物处理作为一个系统工程，由末端治理转变为全程控制管理，走清洁生产和循环经济的道路。如可积极推行环境良好的饲养技术、加强畜用防臭剂的开发应用等，通过调整饲料配方降低畜禽排泄物中的铜、砷、锌含量，减轻其对环境的影响。

（3）养殖废物还田重金属抗生素积累问题。畜禽粪便加工成有机肥施入农田成为了最直接、最有效的资源利用措施。近几年，随着畜禽粪便综合利用鼓励措施的落实，畜禽粪便还田的数量逐年增加。但由于经济利益的驱动和科学知识的不足，在畜禽养殖业向区域化、集约化、规模化迅速发展的过程中，滥用或超剂量使用微量元素添加剂、抗生素、激素等有害物质，使得一些重金属元素大部分积累在畜禽的粪便中。这不仅导致畜禽粪便和以畜禽粪便为主要原料生产的商品有机肥料重金属含量提高，同时也增加了有机肥料使用的环境风险。

为了防治畜禽病害、增加畜禽养殖的收益，出现了滥用或超剂量使用如铜、锌、铁、砷等微量元素添加剂、抗生素及激素等有害物质的现象，但由于利用率低，畜禽饲料中的重金属元素大部分被排出体外，使得畜禽粪便中累积了大量重金属元素，导致以畜禽粪便为主要原料的有机肥料中重金属元素含量超标，这就增加了土壤环境污染的风险，如畜禽对无机镉的吸收率仅为 1% ~ 3%、对饲料中有机镉的吸收率为 10% ~ 25%，这使其摄入的镉大部分随排泄物排出。有研究结果表明，锌是存在于猪粪中含量最高的重金属元素，与 20 世纪 90 年代相比，现在的猪粪和鸡粪中铜、锌含量显著增加，最大增幅达 12 倍。也有研究表明，在江苏省 10 座主要城市所分析的 97 种畜禽饲料中，大部分的重金属含量高于国家卫生标准，畜禽粪便中铜、锌、铅、镉和铬的含量也过高。

由于能够促进动物生长、提高饲料效率和治疗控制疾病，兽用抗生素和一些微量重金属元素如铜、锌、砷等在集约化畜禽养殖业中得到了广泛应用。但值得注意的是，我国畜禽饲料中存在超量添加抗生素（如金霉素）和微量金属元素制剂（如高铜、高锌、高砷等制剂）的现象。由于抗生素和微量重金属元素不能在动物体内完全吸收代谢，大部分以原药的形式随粪便排泄出来，这些有毒有害污染物不仅严重威胁我国畜禽产品的质量安全，而且随着畜禽粪便进入土壤、水体，对环境和人体健康构成巨大的潜在危害。

（三）学科重大进展及标志性成果

1. 种植业产地环境质量控制与修复

（1）平原河网区农田面源污染系统控制技术。本项技术为集成技术，包括源头减量（reduce）、过程阻断（retain）、养分回用（reuse）和生态修复（restore）技术，其主要创新之处在于治理思路的创新——以源头减量为根本，以减少排放和过程拦截为重点，以养分回用为抓手，以生态修复和水质改善为目标，沿着氮、磷在农田系统内的运移过程实现农田面源污染的全过程防控和全空间覆盖。

（2）山地丘陵区种植业氮磷流失综合控制技术。研发了适合山地丘陵区种植业保护性耕作、增效环保肥研发与减量施用、节水灌溉与养分管理联合调控、径流收集再利用等技术，构建了以农业清洁生产为基础、养分全程调控、水田湿地消纳为核心的种植业氮磷减排技术体系。创新提出基于保护性耕作与增效环保肥输入的氮磷源头减排技术，综合不同层次保护性耕作与不同增效环保肥用量处理对山地丘陵区种植业产量、农产品安全的影响。

（3）北方灌区农田面源污染流域控制与管理技术。采取农田源头控制、过程高效阻断和末端循环利用相结合的技术思路，以农田化肥氮磷合理减量作为源控突破点，以农田排水安全循环利用为流域末端控制突破口，实施全过程多个节点的联控联防，并结合区域水质目标管理的要求，实现农田面源污染的流域防控，切实改善灌区水体环境质量。本项技术为集成技术，包括源头合理减量技术、农田生产过程氮磷养分高效利用技术和农田排水安全回用技术。

（4）复合污染土壤的联合修复技术。从现有的研究来看，单一的生物、物理、化学等修复手段对复合污染的修复效果并不明显，而复合修复技术的使用一定程度上克服了单一修复手段的缺点，很大程度上提高了复合污染土壤的修复效率，降低了修复成本。

2. 畜禽养殖业产地环境质量控制与修复

（1）畜禽养殖废水碳氮磷协同处理技术。本技术基于废水生物处理碳氮转化与碳源碱度耦联机制，通过系统集成微动力曝气、碳源配置、反硝化除磷等技术和"厌氧—微好氧"SBR 运行模式，构建养殖废水"UASB–原水分步控制—厌氧/微好氧 SBR"碳源碱度自平衡技术体系，显著降低了畜禽养殖废水处理工程投资和处理成本，实现了养殖废水处理的高效低耗稳定运行与达标排放。

（2）养殖废弃物微生物发酵床处理—资源化技术。该技术主要通过微生物发酵模式控制养殖废弃物外排，以源头控制理念，采用多途径的协同处理，将养殖场废弃物全部收集。原位发酵床＋固体一体化发酵技术主要是利用发酵床内的微生物将养殖粪尿进行原位分解；异位发酵床＋固体一体化发酵技术主要是利用发酵床内的微生物将养殖粪尿进行原位分解，从而降低污染物的外排；一体化发酵技术针对养殖场的固体和液体废弃物污染问题采用一体化发酵装置，实现对废液的大规模连续发酵；种养一体化模式主要是将沼液或者养殖废水收集后堆置于发酵池内，并添加生物腐殖酸菌剂进行微生物发酵；保氮除臭免通气槽式堆肥发酵是在畜禽粪便等有机固体废弃物原料中，添加筛选的高效腐熟菌剂和调理剂等，最终将其转化为无臭无味、富含有机质和植物营养元素的优质有机肥。该技术实现了养殖废弃物的全循环，获得了一定的社会和生态效益。

（3）北方寒冷地区畜禽养殖污染系统控制与增效技术。针对东北寒冷地区畜禽养殖污染防治特点及各种模式在应用中存在的问题，集成与开发了全漏缝免水洗的自动清粪生猪养殖源头控制技术、养殖粪污好氧堆肥工艺与技术、寒冷地区养殖废水厌氧无害化处理技术以及适合东北农业种植特点的沼液水田施肥技术，经实际应用，污染物减排效果显著，指导建设的污染治理设施得到了国家减排核查的认定。

三、本学科与国外同类学科比较

（一）种植业产地环境质量控制与修复

在治理面源污染方面，美国通过建立系统的法律框架，实施由一系列标准与关键控制技术组成的 BMPs 模式；推进操作简单、价格便宜的环境友好的替代技术和生物环境控制工程技术；采取农业生态环境补偿制度等相关措施，使得美国农业面源污染量显著下降。

欧盟通过环境立法和共同农业政策来控制种植业污染。与农业污染有关的最主要政策措施包括《饮用水指令》（1980）、《硝酸盐指令》（1991）和《农业环境条例》（1992），对农业径流污染进行充分的监测，以评估面源污染对水体的影响。

为了应对农业环境问题，20 世纪 70—80 年代开始，日本开始重视农业环境问题，提倡发展循环性农业，提出"有机农业""绿色农业""自然农业"等多种可持续农业。主要采取的措施有：健全农业政策和法律体系、技术体系；开展有机农产品认证制度；实施生态农户认证制度。日本在农业面源污染的治理方面也很重视立法工作。

韩国致力于环保型农业的发展，推广"循环农业"和"农业复合循环体制"，提倡采用安全肥料和有机肥料，积极促进农业与生物技术、信息技术和环境技术接轨。

近些年，我国也在农业面源污染物类型、来源、发生机理和治理措施等方面做了一些研究，并且取得了一定的研究成果。近些年的测土配方施肥、减肥减药、绿色增产等行动集中体现在农业部提出了"一控两减三基本"的目标和粮食"绿色增产"等理念，对于以前的农业面源污染起到了重大的促进作用，也对未来的农业面源污染提出了更高要求。在法律制度方面，中国虽然在《农业法》《环境保护法》《水污染防治法》《固体废物污染环境防治法》《水污染防治法》《清洁生产促进法》等多部法律中涉及防止农业污染，但都没有规定相关的法律责任；而且法律责任含糊、不具体，致使相关规定无法落实。

（二）畜禽养殖业产地环境质量控制与修复

美国为了从源头治理畜禽粪污污染，主要通过严格细致的立法来防治畜禽养殖业污染，立法将畜禽养殖业划分点源性污染和非点源性污染进行分类管理。1977 年的《清洁水法》（*Cleaning Water*）将工厂化畜禽养殖业与工业和城市设施一样视为点源性污染，排放必须达到国家污染减排系统许可。美国还十分注重利用农牧结合来化解畜禽养殖业的污染问题。通过制定综合营养管理制度，将种植业与畜禽养殖业紧密联系起来，一方面畜禽养殖业规模决定着种植业结构的调整，另一方面种植业面积反过来调节养殖数量等。

欧盟各成员国 20 世纪 90 年代通过了新的环境法，规定了每公顷动物单位（载畜量）标准、畜禽粪便废水用于农用的限量标准和动物福利（圈养家畜和家禽密度标准），鼓励进行粗放式畜牧养殖，限制养殖规模的扩大，凡是遵守欧盟规定的牧民和养殖户都可获得养殖补贴。

20世纪70年代，日本畜禽养殖业造成的环境污染十分严重，此后日本便制定了《废弃物处理与消除法》《防止水污染法》和《恶臭防止法》等7部法律，对畜禽污染防治和管理做了明确的规定。如《废弃物处理与消除法》规定，在城镇等人口密集地区，畜禽粪便必须经过处理，处理方法有发酵法、干燥或焚烧法、化学处理法、设施处理等。

四、展望与对策

（一）未来几年发展的战略需求、重点领域及优先发展方向

1. 种植业产地环境质量控制与修复

（1）战略需求。

1）水肥药一体化发展的战略需求。水是维持农田作物正常生长的必要组成部分，也是重要污染物发生移动的主要携带者，同时肥药一般要与水融合才能为作物所吸收。因此，发展水肥药一体化技术，对于提高肥药的施用效果、减少肥药用量、降低肥药的迁移污染具有重要意义，成为新时期的重要发展方面。另外，步入21世纪，环境友好肥药具有很大的优势，推广施用已经成为一种趋势，环境友好肥药主要包括有机肥药、生物肥药、有机无机复合肥、控缓释肥等。通过环境友好肥药的使用，可减少化肥和农药的用量，改善农田生态环境。

2）污染物迁移的生态控制需求。通过植物过滤带、生态沟渠、生态湿地等形式对种植业面源污染物进行净化，甚至是开展循环利用方面的研究，也是新时期的战略需要。另外，作物秸秆成为种植业的重要污染源，秸秆的资源化还田、制作沼气和作为基质等形式的利用将是新时期的战略需要。

3）土壤污染控制与修复需求。土壤组成的复杂性、多样性和非均相等特征导致土壤污染物的环境化学行为规律和有效性的分子机理仍不清楚，进而难以有效评估当前土壤修复措施的长期可靠性和治理效果的长效性。

4）地膜污染控制的需求。虽然地膜回收机具的研发应用取得了很大进步，但实际应用中尚存在一些问题，需进一步加强研究，完善残膜机械回收技术模式，实现大规模应用。

（2）重点领域和优先发展方向。

1）优先发展环境友好肥药，促进肥药减量增效。通过环境友好肥药施用，减少化学肥药施用，提高肥药效果，源头减少污染物的产生。

2）污染物的资源化循环利用发展领域。通过植物拦截带、生态沟渠和生态湿地拦截净化污染物向河流湖泊的输送，实现氮磷水等的循环利用模式，促进农作物秸秆的资源化利用。

3）随着同步辐射技术等现代分析仪器的快速发展和进步，综合利用多种手段方法有

望进一步加深对土壤污染物赋存形态原位表征以及在不同环境条件下的迁移转化机制的认识，为土壤污染修复提供可靠的理论依据。结合农业废弃物的资源化利用，如何开发并研究生物质碳基等固定剂、调控重金属和有机污染物在污染农田的生物有效性、实现超标农田的安全利用，是有待突破的、兼具经济效应和环境效益的重要研究方向。

4）生物降解地膜替代普通 PE 地膜是解决地膜残留污染的出路。随着生物降解材料和加工工艺技术的进步，生物降解地膜应用越来越广泛，但生物降解地膜与区域、作物的匹配性存在很大的问题，应该进一步加强这方面的研究，突破实现生物降解地膜替代普通 PE 地膜的关键环节，形成适应不同区域和不同作物的专用生物降解地膜，从根本上解决地膜残留污染问题。

2. 畜禽养殖业产地环境质量控制与修复

（1）战略需求。

1）优化产业布局和结构，实施源头控制。根据我国现有的土地、水资源、环境保护和市场需求等实际情况，以环保部发布的全国生态功能区划和农业部发布的优势农产品区域布局为基础，以农牧结合和区域养分综合管理为中心，结合各地的环境容量和生态承载量以及农田分布、种植制度等，科学制订畜禽养殖业发展规划。在规模化畜禽养殖场选址时，要保证附近农田能够消纳和有效利用所有畜禽粪便，降低畜禽粪便排放造成环境污染的风险。科学确定适宜合理的水产养殖负荷容量，制定科学的养殖规划、养殖布局，优化养殖生态结构，实现区域布局、品种均衡、综合协调发展。

2）转变生产模式，构建畜禽养殖业循环经济体系。结合我国的实际情况，在发展养殖产业过程中应充分结合人、畜和环境等综合因素，实行"适度规模化饲养"，全面考虑影响养殖环境和配套资源，形成一套适应当地情况、与生态环境和谐共存、可持续发展的养殖体系与标准。积极提升养殖场管理水平，将过去盲目追求增加养殖产品数量粗放型养殖方式转变为以提升质量为目的的现代化科学养殖方式。与此同时，积极发展循环农业经济模式，通过就近农田消纳养殖废弃物的方式实现废弃物资源利用。积极推广微生物发酵床养殖技术、干湿清粪技术。鼓励和引导养殖户将沼渣沼液还田处理，降低二次污染风险。

（2）重点领域和优先发展方向。

1）推广健康养殖模式。积极推广和应用畜禽生态饲料和水产新型饲料，对饲料原料的选购、配方设计、加工饲喂等过程进行严格的质量控制和实施动物营养系统调控，以改变、控制可能发生的畜（水）产品公害和环境污染，使饲料达到低成本、高效益、低污染的效果。加强对养殖防疫工作的监管，杜绝违规使用激素和抗生素现象。

2）完善生态奖补，推进以奖促制。积极推进生态补偿制度，继续实行以奖促制的环保政策，通过经济手段激励生产者采用环保的养殖技术模式，解决现有的养殖业污染防控技术和政策难与生产者对接的矛盾。将 COD 排放量比例控制在 40% 以内、氨氮排放量比例控制在 20% 以内，其他污染物排放量逐年递减；单位产量养殖产品的污染物排放量逐年减少。

（二）未来几年发展的战略思路与对策措施

1. 种植业产地环境质量控制与修复

（1）形成种植业面源污染治理条例和地方标准。从法律上，承认和支持农业面源污染治理的相关活动，惩治加重农业面源污染或妨碍农业面源污染的相关活动。从法律层面保护和改善农业生态环境，防治污染和其他公害。为推进农业面源污染治理技术的运用，提高农业面源污染防治的可操作性，加快制定符合地方农业生产特点的农业面源防治方面的地方性标准。

（2）强化源头和不同类型区的精准控制。针对实际情况，在农田源头上实行优化平衡施肥、加大环境友好型肥料施用、改进施肥方法、提高农耕和种植效果等措施，减少农田面源污染物的产生。对于不同地区不同特点，以小流域为防治单元，采取不同的防治主措施和辅助措施，实现不同类型区污染的精准控制。在河流、湖泊周边一定距离范围内，分别严格设定种草带和不施肥的农作物带，严格限制河流和湖泊边种植高密度、使用化肥和农药的蔬菜，杜绝河边开荒种植肥药施用量大的蔬菜。

（3）发展功能修复材料和联合修复技术应用于污染土壤修复。催化剂催化技术、纳米材料与技术已经被广泛应用于土壤修复领域，而土壤修复的环境功能材料的研制及其应用技术还处于起步阶段，这些物质在土壤中的分配、反应、行为、归趋及生态毒理等尚缺乏了解。因此，对于功能修复材料的土壤修复技术的应用条件、长期效果、生态影响和环境风险等都有待进一步研究。当前，单一修复技术是去除复合污染土壤的主要手段，如何协调复杂环境因素、开展不同单一修复方法耦合的联合修复技术仍是今后复合污染土壤修复研究的主要方向和热点问题。

（4）推广节约型地膜使用和残膜回收技术，开展地膜覆盖技术适应性研究，促进技术合理利用。因地制宜、因作物推广地膜覆盖种植技术，尽量减少地膜的投入量。推广一膜多用、延期利用技术，在不影响作物生长前提下适当减少地膜覆盖度。结合农业生产实际，推广膜侧种植、半膜覆盖等地膜用量少、增产效果较好的技术模式，达到少用地膜和少污染的目的。加快残膜回收机具研发，重点研发能够兼顾农事作业和地膜回收的农机具，在不增加作业成本前提下实现地膜的高效回收。加快地膜覆盖技术适应性研究，防止技术滥用，尤其是国家层面的有关行动应该有确定性的技术支撑，确保地膜覆盖技术应用的合理性。

2. 畜禽养殖业产地环境质量控制与修复

（1）开展养殖业环境管理分区工作。针对东西部和南北方气候特点、种植水平、养殖方式、污染物排放特点以及经济发展水平等存在的差异，引入利用 CIS 地理信息系统等技术，结合生态功能区工作开展养殖业环境管理分区工作，以便针对不同类别区域实施差异化管理。

（2）推行生态种养农业环境技术和管理示范工程。针对县域水平上种养殖业发展规模不协调、布局不合理、养殖业废物综合利用激励政策不到位等问题，在充分考虑种植业发展状况、社会发展需求、养殖业产品需求以及环境容量等因素基础上，计算养殖业环境承载力。科学配置养殖业规模、布局养殖业空间，充分引入养殖废弃物综合利用、污水无害化处理的激励政策和技术模式，建立县域种养平衡农业环境管理示范工程。

（3）建立以微生物发酵床养殖等技术为核心的循环产业园区，通过循环经济模式实现养殖污染控制与产业升级。针对发酵床养殖技术完善相关推广政策和标准体系，建立资金扶持渠道，加大推广工作力度，加强相关科技研发和教育宣传力度。解决养殖污染物污染严重的问题，从整个区域出发，结合产业结构调整规划，以"污染负荷削减—资源化利用—产业化运行—环境与食品安全"为主线，实现种植业、养殖业、加工业和农村生活污染物质的循环和能量流动。以有机定位要求生产农业产品的目标，采用政府扶持、市场推进的战略，实现养殖污染物污染处理与资源化利用。

（4）完善畜禽养殖业污染负荷核算和规模化养殖水处理及排放标准体系研究。面对畜禽养殖业迅速发展所带来的环境压力，有必要研究科学合理的畜禽养殖业产排污核算方法体系，为制定畜禽养殖业污染物排放的控制技术体系提供基础数据支撑。完善建立工业化养殖水处理和排放标准，要从两方面着手：一方面制订养殖排放水受纳水体、受纳环境的环境质量标准，保证水体、环境质量和使用目的；另一方面要制订养殖废水排放标准，对必须排放的养殖废水进行必要而适当的处理。

参考文献

［1］Caporale AG, Violante A. Chemical Processes Affecting the Mobility of Heavy Metals and Metalloids in Soil Environments［J］. Current Pollution Reports, 2015, 2（1）: 15-27.

［2］Grafe M, Donner E, Collins RN, et al. Speciation of metal（loid）s in environmental samples by X-ray absorption spectroscopy: a critical review［J］. Analytica Chimica Acta, 2014（822）: 1-22.

［3］Rizwan M, Ali S, Adrees M, et al. A critical review on effects, tolerance mechanisms and management of cadmium in vegetables［J］. Chemosphere, 2017（182）: 90-105.

［4］Sparks DL. Advances in coupling of kinetics and molecular scale tools to shed light on soil biogeochemical processes［J］. Plant and Soil, 2015, 387（1）: 1-19.

［5］Xu X, Yang J, Zhao X, et al. Molecular binding mechanisms of manganese to the root cell wall of Phytolacca americana L. using multiple spectroscopic techniques［J］. Journal of Hazardous Materials, 2015（296）: 185-191.

［6］Yang J, Wang J, Pan WN, et al. Retention mechanisms of citric acid in ternary kaolinite–Fe（III）–citrate acid systems using Fe K–edge EXAFS and L3, 2–edge XANES Spectroscopy［J］. Scientific Reports, 2016（6）: 26–27.

［7］Yang J, Zhu S, Zheng C, et al. Impact of S fertilizers on pore–water Cu dynamics and transformation in a contaminated paddy soil with various flooding periods［J］. Journal of Hazardous Materials, 2015, 286（1）: 432–439.

［8］Yang Z, Zhang Z, Chai L, et al. Bioleaching remediation of heavy metal–contaminated soils using Burkholderia sp. Z–90［J］. Journal of Hazardous Materials, 2016（301）: 145–152.

［9］邓小龙. 农业生态链视角下现代农业生态经济发展的实证研究［J］. 价值工程, 2015（1）: 31–33.

［10］董立婷, 朱昌雄, 张丽, 等. 微生物异位发酵床技术在生猪养殖废弃物处理中的应用研究［J］. 农业资源与环境学报, 2016（6）: 540–546.

［11］高建峰, 韩国新, 陈雪明, 等. 吴江区畜禽废弃物处理情况调查报告［J］. 上海农业科技, 2016（5）: 22–25.

［12］郭海宁, 李建辉, 马晗, 等. 不同养猪模式的温室气体排放研究［J］. 农业环境科学学报, 2014（33）: 2457–2462.

［13］国辉, 袁红莉, 耿兵, 等. 牛粪便资源化利用的研究进展［J］. 环境科学与技术, 2013（36）: 68–75.

［14］国家统计局. 中国统计年鉴［M］. 北京: 中国统计出版社, 2016.

［15］刘宇锋, 罗佳, 严少华, 等. 发酵床垫料特性与资源化利用研究进展［J］. 江苏农业学报, 2015（31）: 700–707.

［16］刘志云, 刘国华, 蔡辉益, 等. 鸡粪中氨氮降解菌的分离鉴定及除氨适宜条件研究［J］. 中国农业科学, 2016（49）: 1187–1195.

［17］李娜, 韩维峥, 沈梦楠, 等. 基于输出系数模型的水库汇水区农业面源污染负荷估算［J］. 农业工程学报, 2016, 32（8）: 224–230.

［18］刘坤, 任天志, 吴文良, 等. 英国农业面源污染防控对我国的启示［J］. 农业环境科学学报, 2016, 35（5）: 817–823.

［19］李嘉薇, 管旭, 王国强, 等. 基于遥感的饮用水源地农业面源污染负荷估算［J］. 生态学杂志, 2016, 35（12）: 3382–3392.

［20］李凯. 农业面源污染与农产品质量安全源头综合治理——以浙江省蔬菜产业为例的机制与推广研究［D］. 杭州: 浙江大学, 2015.

［21］李丽. 美国防治农业面源污染的法律政策工具［J］. 理论与改革, 2015（3）: 160–164.

［22］陆新章, 王良军, 朱永军. 发酵床养殖新技术在生态循环农业中的应用［J］. 上海畜牧兽医通讯, 2016（5）: 56–57.

［23］王悦. 猪场沼液贮存过程碳氮气体排放及机理研究［D］. 北京: 中国农业科学院, 2016.

［24］魏平, 滚双宝, 张强龙, 等. 不同菌种对猪用发酵床的应用效果［J］. 甘肃农业大学学报, 2015（50）: 18–24.

［25］吴志能, 谢苗苗, 王莹莹. 我国复合污染土壤修复研究进展［J］. 农业环境科学学报, 2016, 35（12）: 2250–2259.

［26］徐勇峰, 陈子鹏, 吴翼, 等. 环洪泽湖区域农业面源污染特征及控制对策［J］. 南京林业大学学报, 2016, 40（2）: 1–8.

［27］杨世琦, 韩瑞芸, 刘晨峰. 省域尺度下畜禽粪便的农田消纳量及承载负荷研究［J］. 中国农业大学学报, 2016（21）: 142–151.

［28］袁京, 杜龙龙, 张智烨, 等. 腐熟堆肥为滤料的生物滤池对堆肥气中 NH_3 的去除效果［J］. 农业环境科学学报, 2016（35）: 164–171.

［29］杨林章, 冯彦房, 施卫明, 等. 我国农业面源污染治理技术研究进展［J］. 中国生态农业学报, 2013, 21（1）: 96–101.

［30］严昌荣, 刘恩科, 舒帆, 等. 我国地膜覆盖和残留污染特点与防控技术［J］. 农业资源与环境学报,

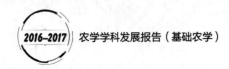

2014，31（2）：95-102.

［31］张杰. 木质素对土壤中氮素转化及其有效性的影响［D］. 北京：中国农业科学院，2015.

［32］张强龙. 模拟发酵床养猪的垫料筛选及菌种优化组合的研究［D］. 兰州：甘肃农业大学，2015.

［33］张海涛，任景明. 农业政策对种植业面源污染的影响分析［J］. 生态与农村环境学报，2016，32（6）：914-922.

撰稿人：朱昌雄　耿　兵　严昌荣　杨建军

农业应对气候变化

一、引言

气候变化科学研究是 20 世纪后期发展起来的一个交叉学科，其研究包括大气科学、地球系统科学、社会科学、经济学等各方面。根据政府间气候变化专门委员会（IPCC）的最新定义，气候变化指气候状态的变化，这种变化可根据气候特征的均值和 / 或变率的变化进行识别（如采用统计检验方法），而且这种变化会持续一段时间，通常为几十年或者更长时间。最近几十年，气候变化已经对所有大陆和海洋中的自然系统和人类系统造成了影响，尤其是农业生产系统对气候变化的响应非常敏感。

农业应对气候变化包括减缓和适应两个方面，其中减缓是指为减少温室气体（GHG）的排放源或增加温室气体的吸收汇而进行的人为干预活动；适应是指针对实际的或者预计的气候及其影响进行调整的过程。在人类系统中，适应是力图缓解或者避免危害或利用各种有利机会。气候变化影响是指气候变化对自然系统和人类系统的影响，可分为潜在影响和剩余影响，这取决于是否考虑适应。潜在影响是指不考虑适应，某一预估的气候变化所产生的全部影响；剩余影响是指采取适应措施后，气候变化仍将产生的影响。

随着对气候变化的科学事实及其产生的影响的广泛认可以及对适应气候变化的科学认识的逐步深入，国际社会认识到即使采取最有效的减缓措施，气候变化的趋势仍将持续很长时间，因此，对采取适应气候变化行动的重要性和紧迫性的认识逐步提高。中国先后于 2007 年、2011 年和 2015 年完成了三次《气候变化国家评估报告》，有关气候变化对中国农业影响的研究有了长足发展，如历史气候变化对中国农业影响取得了新的认识，气候变化影响评估方法趋于多模式、多模型比较；对未来粮食安全的影响评估也引入了社会经济要素。受气候变暖影响，我国农业生产布局、种植结构将发生改变。目前，我国的多熟制正在向北、向西推移，全国复种指数呈现上升趋势；到 2020—2050 年，气候变化将严重冲击我国的农业生产，如不考虑二氧化碳气肥效应，玉米、水稻和小麦单产将减少。同时，由于病虫害及化肥用量增加将大幅度增加农业成本和投资，干旱缺水影响呈扩大、加重趋势，农业生产面临新的挑战，气候变化将考验中国的粮食安全和农业持续发展。近20多年来，中国各地已采取许多适应措施，充分利用气候变暖增加的热量资源调整农业种植结构和耕作制度，在气候变化和灾害加重的条件下取得了农业持续增产，保证了13亿人口的粮食安全。但是，气候变化也使中国的资源承载力与环境容量的制约更加突出，农业灾害的发生也出现了一些新特点，必须采取更加有效的适应措施。此外，许多适应活动具有多个驱动因子，如经济发展和消除贫困，这些行动又被纳入更广泛的发展计划、行业/部门计划、区域和地方规划中，诸如低碳农林业发展和降低灾害风险战略等。

农业活动是温室气体的重要排放源，但农业土壤却是陆地生态系统重要的碳汇。2016年12月提交的《中华人民共和国第一次两年更新报告》表明，中国农业活动2012年排放温室气体9.38亿吨二氧化碳当量，其中排放甲烷2288.6万吨（4.81亿吨二氧化碳当量）、氧化亚氮147.5万吨（4.57亿吨二氧化碳当量），分别占甲烷和氧化亚氮排放总量的40.9%和71.6%；中国2013年1米深土壤有机碳库的总量约为900亿吨，单位面积有机碳储量较低，具有巨大的固碳潜力。农业领域内固碳减排主要通过耕作、施肥、灌溉、饲料、粪便、废弃物管理及放牧管理等综合措施减少农田温室气体排放，增强农田和草地土壤碳储量，提高畜禽养殖生产力。其研究内容主要包括减少农业温室气体排放和增加土壤固碳两方面，前者主要包括通过优化农田和家畜饲养过程的管理，降低农业生产系统的甲烷和氧化亚氮的排放；后者则旨在通过耕作、施肥、品种改良、轮牧禁牧等措施的优化组合提升土壤地力，提高农业生产效率，在确保国家粮食安全的前提下增加农田和草地土壤碳储量。中国是农业大国，农业温室气体排放不仅占全国非二氧化碳温室气体排放较大比重，还影响着全球温室气体排放的格局。研究农业固碳减排技术，降低农业温室气体排放提升农田和草地土壤碳储量，将会有效控制农业碳氮养分的流失，提高农业系统生产力，有力地确保国家粮食安全和应对气候变化国家战略的制定。

2010年，联合国粮农组织（FAO）在海牙关于农业粮食安全和气候变化的会议上提出"气候智慧型农业"的概念。气候智慧型农业（climate smart agriculture，CSA）是一个有关农业可持续发展的新概念，它是一种在气候变化大环境下支撑农业发展战略、确保全球粮食安全的方法。CSA为区域至国家乃至国际水平的投资者提供制定适宜自身农业发展战略的决策依据，是FAO（联合国粮农组织）战略目标下11个区域资源动员合作计划之一。就气候智慧型农业的宗旨来看，其主要研究内容有3个：首先是确保农产品产量及农民收入提升，着眼点是国家粮食安全；其次为应对气候变化，适应其变化规律，通过多组织和机构的共同努力降低气候变化的不利影响；最后是减少或移除温室气体排放。目前，气候智慧型农业全球联盟已经成立，因此开展气候智慧型农业学科相关研究有利于同全球气候智慧型农业人员共同交流、共享成果、讨论在适应和减缓气候变化领域正在进行或亟待解决的工作，更好地服务于我国粮食安全及应对气候变化政策的制定。

二、近年最新研究进展

（一）发展历史回顾

1988 年成立的政府间气候变化专门委员会是评估与气候变化相关科学的国际机构，已经编写了五套多卷册的气候变化评估报告，对有关气候变化的科学技术和社会经济认知状况、气候变化原因、潜在影响和应对策略进行了综合评估。目前，IPCC 正处在第六个评估周期。此外，国际地圈与生物圈计划、世界气候研究计划、人类与发展计划以及美国的对地观测计划等全球性研究计划都从不同角度开展了气候变化及其影响的相关研究。目前研究的热点问题包括农业减排的机理和主要措施，各国农业减排的潜力，气候变化对农业自然资源要素时空分布变化、种植制度、生产布局、粮食安全和农业灾害（包括病虫害和气象灾害）的影响，农业气象灾害的风险特征和管理，农业适应气候变化的措施和决策支持手段。

从《联合国气候变化框架公约》的谈判进展来看，自 1997 年通过《京都议定书》将"土地利用和土地利用变化"列入各国谈判的减排目标体系开始，农业相关议题在气候谈判中的地位日益上升，农业议题作为一个独立主题列入气候谈判中辩论的次数日益增加，主要讨论的技术问题包括农业减排机制和量化方法，发展中国家的农业减排潜力，农业减排与粮食安全（包括粮食价格），农业减排的技术开发、转让和共享，农业适应气候变化，农业灾害风险及其早期预警和保险等。2015 年 12 月巴黎气候变化大会期间，东道主法国的农业部部长还提出了"千分之四计划：服务于粮食安全和气候的土壤"的国际动议，简称"千分之四"计划，即将全球 2 米深的土壤有机碳储量每年增加千分之四，以抵消当年的化学燃料碳排放，并要求参与国家和地区自主提出土壤固碳的目标、措施和方案，提出有利于土壤碳汇增加的政策。同时，联合国粮食和农业组织召开"如何调和气候变化与粮食安全"的会议，将全球的目光聚焦到农业领域的节能减排问题。虽然在随后的相关谈判中，由于发达国家和发展中国家在农业减排问题上的巨大分歧，农业议题谈判并没有取得太大进展，但是农业如何减缓和适应气候变化一直是发达国家和发展中国家共同关注的重要问题。

1. 气候变化农业影响与适应方面

全球气候变化深刻影响人类的生存和发展，是各国共同面临的重大挑战。2001 年，IPCC 发布的第三次科学评估报告中对适应的必要性进行了深入阐述；同年，联合国气候变化公约（《公约》）第 7 次缔约方会议（COP7）决定成立与适应相关的基金。2004 年，第 10 次缔约方会议（COP10）决定委托《公约》附属科学技术咨询机构（SBSTA）组织、制定气候变化影响、适应和脆弱性五年计划，该计划在次年的蒙特利尔第 11 次缔约方会议（COP11）上获得通过，从而使适应目标、预期产出和工作内容更为具体。2006 年 11 月，第 12 次缔约方会议（COP12）即内罗毕会议将五年工作计划内容进一步细化，列举了具体的活动并命名为内罗毕工作计划。内必罗工作计划的主要目的是协助缔约方提高对影响、适应和脆弱性的理解和评估水平，其中主要关注发展中国家尤其是最不发达国家和小岛国；同时，根据科学、技术和社会经济条件，考虑目前和未来的气候变化和变率，确定适应的措施和实际适应行动。近 10 年，全球有关气候变化影响、适应和脆弱性研究成果的科学文献数量成倍增加，适应方面的科学文献数量增加尤甚，有关适应气候变化的各种研究评估报告纷纷发布，反映了国际社会对适应气候变化前所未有的重视。

自 1990 年联合国气候变化框架公约谈判起，中国农业科学院协助国家有关部门主持了近 20 年跨部门的气候变化对农、林、水、海岸带影响与适应的合作研究，解决了农业影响模式参数区域化等技术问题，在国内率先建立了区域气候模式驱动的全球气候变化影响预测系统，定量评估观测到的、短期的和未来 30 ～ 80 年的全球气候变化对农业的影响，建立了与国外同步的气候变化适应框架和支持系统。1997 年，"全球气候变化区域评价中的农业系统模拟及其在环境外交中的应用"获农业部科技进步奖二等奖。1998 年，"全球气候变化对农业、林业、水资源和沿海海平面影响和适应对策研究"获国家科技进步奖二等奖。借鉴 IPCC 发展区域模式的方法，中国农业科学院开展"我国短期气候预测系统的研究"项目中"影响评估子系统的研究"，解决了农作物模型参数区域化及其与区域气候模式嵌套等三项技术，支持了农业生态领域气候影响评估业务系统的建立，该成果获 2003 年国家科技进步奖一等奖。

随着气候变化影响研究的深入，气候变化对人类综合影响的温度临界值、大气温室气体免受危险的人为干扰的浓度水平、温度与温室气体浓度的不确定关系、温室气体可排放总量与浓度的不确定关系等科学问题逐渐引起人们的关注。中国农业科学院环发所熊伟、居辉等学者通过对农业、水、生态系统和海岸带在未来 50 ～ 80 年分别升温 1.5 ～ 3.5℃所产生不同影响的模拟，确定我国适应气候变化能力建设的目标，并就接受哥本哈根协议中有关两度阈值的结论提供了科学支持。有关结论被《第二次气候变化国家评估报告》采纳。

2. 农业减缓气候变化方面

自 20 世纪 80 年代起，中国科学家就致力于农业温室气体排放观测及相关固碳减排技术的研究，围绕稻田甲烷减排、农田氧化亚氮减排、动物肠道发酵甲烷减排和动物粪便管理甲烷和氧化亚氮减排及草地碳储量提升等开展了卓有成效的研究，取得了农业减缓气候变化技术的长足进步。稻田甲烷减排技术主要围绕水分管理、优化施肥、丰产低碳品种选育等方面；农田氧化亚氮减排其核心技术是提高氮肥有效利用率，改进氮肥类型，适当补充添加剂，再配合耕作和节水灌溉等措施共同降低氮素流失率，抑制氧化亚氮排放；动物肠道发酵和动物粪便管理减排技术主要包括饲料生产、家畜喂养环节及粪便处理等在内的"综合养分管理"系列技术，其中也涉及一些饲料添加剂的应用；农田土壤碳储量提升技术的核心是减少碳素的溢出，增加土壤有机碳含量，相关技术包括有机肥的施用、保护性耕作措施的推广等；草地固碳技术则主要围绕围栏轮牧、围栏禁牧、轻牧、中牧、重牧、开垦和补播等管理措施。据联合国粮农组织估计，通过新技术措施及国家宏观政策方针的调控，推广低碳农业模式，每年可以减少 30% ~ 80% 的农业温室气体排放。

3. 气候智慧型农业方面

客观来讲，气候智慧型农业（CSA）并不是每个国家必须要发展的农业模式，但它是在气候变化背景下把各机构联结起来一起来做农业可持续发展的事情，气候变化是各个国家共同面临的问题，这其中既要保证粮食安全，又要提高生产收入水平、固碳减排，CSA就是联系三者并将其升华的一个概念。CSA 的概念非常广泛，不仅包括土地利用、畜牧养殖业、种植业，甚至还包括能源开发、都市农业，涉及非常广。CSA 可以简单理解为在应对全球气候变化背景下进行农业的可持续发展。在气候变化背景下，寻找一种既能保持农业发展和生产能力又能实现固碳减排和缓解气候变化的发展新模式显得非常迫切，而 CSA则充分考虑了应对粮食安全和气候变化挑战的经济、社会、环境等复杂性，提出通过发展技术、改善政策和投资环境实现在应对气候变化条件下的粮食安全和农业持续高效发展。这一理念既强调了缓减气候变化的目标，又突出了通过创新发展来保障粮食安全和经济增长，得到国际社会的普遍认可。

为了更好地发展及交流气候智慧型农业知识，2014 年 9 月联合国气候峰会宣布成立气候智慧型农业全球联盟（Global Alliance for Climate-Smart Agriculture，GACSA）。GACSA是一个独立的联盟，是一个自愿参与的联盟，旨在应对气候变化背景下农业和食品安全面临的挑战。由基于决策委员会及联合主席的联盟成员主导。FAO 主持 GACSA 的简易服务部门，该部门由多方捐助基金支持。需要特别指出的是，其目标之一是将气候智慧型农业方法应用到更大尺度。GACSA 着眼于改善气候变化下人们的粮食安全和营养，致力于帮助政府、农民、学者、企业和社团以及地区及国际组织，以便调整农业、林业和渔业的实践措施、食品生产系统和社会政策。GACSA 的主要任务在于应对农业及食品安全面临的各项挑战，整合各成员的资源、知识、信息和专家，以便达成一致的动议。目前，GACSA 是全球气候智慧型农业领域的牵头机构，多个发达国家和企业及相关机构均加入了该联盟。

（二）学科发展现状及动态

1. 气候变化对农业影响及其适应方面

历史气候变化对农业影响研究取得新认识，县级尺度和国家站点尺度的作物产量调查数据分析表明，我国四种主要作物——水稻、小麦、玉米、大豆对主要气候变量（气温、降雨、辐射以及气候总体）的变化趋势敏感性正负并存。1980—2008 年以来的气候变化引起的小麦单产降低 1.27%，总产降低 3.6×10^5 吨；玉米单产降低 1.73%，总产降低 1.53×10^6 吨；大豆单产降低 0.41%，总产增加 4.16×10^3 吨；水稻单产增加 0.56%，总产增加 7.44×10^4 吨，受气候变化影响最敏感作物是我国北部和东北部干旱和半干旱区的玉米和小麦。气候变化背景下，近年来全球主要粮食作物单产增长速度明显放缓，已引起世界各国的广泛关注。未来气候变化及适应措施评价将转向多模式、多模型比较方式。中国学者积极加入农业模型比较和改进项目（agriculture model intercomparison and improvement program，AgMIP），这是由全球上百位气候、作物模型、全球和区域经济模型以及 IT 专家共同组成的开放式研究网络。它通过各领域专家的协作，提高农业模型在全球的预测能力，并基于新一代农业模型的研发和测试，比较和改进不同农业模型，从而降低模型运用在气候变化影响和适应研究中的不确定性。

"十一五"期间，国家科技支撑重大项目"全球环境变化对应技术研究与示范"对典型脆弱区域气候变化适应技术开展研究示范，在宁夏、黑龙江、甘肃、新疆和西藏建立适应气候变化示范基地，形成一套完整的适应框架，为各级政府制定气候变化适应战略提供了依据，其主要成果"强化农村节能减排管理，增强气候变化适应能力"得到李克强副总理的专门批示。

2. 农业减缓气候变化方面

中华人民共和国第二次国家信息通报表明，2005 年中国温室气体排放总量约为 74.67 亿吨二氧化碳当量，其中农业活动排放总量为 8.20 亿吨，约占全国的 10.97%。中国农业温室气体排放组成中，甲烷 2517 万吨、氧化亚氮 94 万吨，分别占两种气体全国总排放量的 57% 和 74%，主要来源于以下 4 个方面：动物肠道发酵甲烷排放（1438 万吨）、动物粪便管理（甲烷 286 万吨，氧化亚氮 27 万吨）、水稻种植甲烷排放（793 万吨）和农用地氧化亚氮排放（67 万吨）。目前，我国正在制订第三次国家信息通报。

在基础机制研究层面，农田氧化亚氮减排适用性技术侧重养分管理和耕作制度，稻田甲烷减排适用性技术侧重水分管理和品种选择，畜牧业减排适用性技术侧重饲料管理和粪便管理，农田和草地碳汇提升技术侧重土壤有机质的持续输入。在宏观政策层面，近年来国家提出了"一控两减三基本"的政策方针，对化肥减施增效和有机废弃物利用等提出了新要求，这为农业固碳减排研究提出了新挑战，同时也带来了新的机遇。一方面，以往基于点位的单一试验研究较多，今后的趋势则是点面结合、试验与模型结合、试验与集成化数据分析结合，产学研一体化的综合应用研究将成为主导。另一方面，农业固碳减排的机理研究也从单一的土壤学机制向生物信息学、农学、植物学和地理学等多学科交叉的领域扩展，将产气微生物的分子生物学与碳氮基质的稳定同位素特性相结合是挖掘农业固碳减排机理的新手段。

3. 气候智慧型农业方面

在联合国粮农组织、世界银行、各国政府、非政府组织以及私人公司资金的支持下，气候智慧型农作制度在近年来得到了快速发展，各国围绕自身的农业生产特点与抗逆减排需求开展了大量的科学研究与实际应用。由于各国的经济社会发展水平不同，其侧重的领域也存在很大差异，因此其技术应用与政策制定的优先序各有不同。

北美洲是全球农业最为发达的地区之一，其气候智慧型农作制度的实践主要注重于完善的激励政策制定与实施、农业废弃物与副产品资源化技术、可持续土壤管理以及农产品供应链优化等方面。美国是气候智慧型农业研究的主要倡导国和气候智慧型农业全球联盟的主要发起国，2016 年 5 月 12 日，美国农业部（USDA）宣布了关于气候智慧型农业和林业的项目执行线路图，该线路图用以帮助农民、农场主及林场主对气候变化做出响应。其效果依赖于自愿性的、基于集约型的资源保护措施、林业及能源计划，以减排温室气体、增强碳储量并扩展农业和林业部门可再生能源的生产。该路线图提出了十个项目的进程、执行计划和案例研究的框架。

欧洲农业发达，农产品经济效益高，在气候智慧型农作制度实践过程中以发挥农业生态系统的服务功能为主导，通过增强农业基础设施的适应能力，协调农业适应气候变化与减排的政策目标，改善生产者适应气候变化的能力。在具体的研究与应用中，欧洲各国更注重整合高新技术，在提高生产效率的同时，增强农业系统弹性和节能减排效果。

拉丁美洲在气候智慧型农作制度的实践过程中将发展农林复合生态系统和降低畜牧业温室气体排放摆在首要位置。如巴西南部地区推行热带雨林种植可可、咖啡等耐阴经济作物，这一种植模式在不破坏热带雨林结构的同时，还可以生产经济价值较高的产品，改善农民生活水平。阿根廷、智利等国广泛采用林牧复合生态模式发展畜牧业生产，其优势在于一方面为居民提供粮食、木材、牧草、药材、肉类等产品，另一方面也有利于维持土壤肥力、增加土壤固碳、控制水土流失，达到增强农业系统弹性与减少温室气体排放的作用。

亚洲是水稻主要产区，但水稻种植过程中会产生大量的甲烷，因此亚洲实行气候智慧型农作制度的主要目的是要降低稻田甲烷排放。如印度和孟加拉等水稻主产国通过低碳排放品种选择、水稻直播、稻田干湿交替灌溉、施用甲烷抑制剂以及保护性耕作等关键技术的集成应用，在保持水稻产量不降低的情况下减少稻田甲烷排放，效果十分明显。此外，优化种植结构是增加农田生态系统弹性、提高农业生产效率的手段之一。在越南北部，玉米是农民的普遍种植作物，但受气候变化影响，农田土壤肥力下降、种植效益滑坡。在联合国粮农组织的支持下，越南开始采用种植咖啡和茶叶替代玉米，这一方式不仅提升了种植业的经济效益，而且达到了控制水土流失的效果。在缅甸，农民为了解决燃料问题，采用粮食作物与鸽豆间作种植，利用鸽豆秸秆作为生活用燃料，减少了对森林的砍伐。

与国外气候智慧型农作制度研究相比，我国在固碳减排与适应气候变化的单项技术方面进展显著，如以作物高产与资源高效为目标的农作技术、以水稻高产与甲烷减排为目标的农作技术、以旱地增产与氧化亚氮减排为目标的农作技术等领域均取得了显著进展，阐明了有机物料还田、新型肥料应用、节水灌溉、土壤轮耕、作物轮作等关键技术的增产增效、固碳减排效应。近年来，我国气候智慧型农业也在向多目标与集成化的方向发展，形成了一批适应不同区域特点和农作制发展方向的新型模式，如南方水稻主产区的稻田多熟高效农作制模式、麦－稻两熟区高产高效及环保农作制模式、麦－玉两熟区节本高效农作制模式、东北平原地力培育与持续高产农作制模式以及西北地区水土资源高效利用农作制模式等。但总体看，我国气候智慧型农作制度还存在研究深度不够、关键技术集成不足、示范推广力度不大以及配套激励政策欠缺等问题。

非洲是世界上贫困人口最多的地区之一，提高农业生产效率、增强农业应对气候变化的弹性与适应性是该地区发展气候智慧型农作制度的首要任务。联合国粮农组织、世界银行、非洲气候智慧型农业联盟（Africa CSA Alliance）等机构对非洲气候智慧型农作制度给予了大量的技术与资金支持，并且取得了一定成效。如坦桑尼亚在联合国粮农组织的帮助下，对传统咖啡园进行了改造，采取了改种有机认证咖啡、间作经济作物香草、在灌溉水渠中养鱼等方法，这一系列措施的实行不但大幅度提高了农户的经济收益，而且增强了农田抵御干旱气候的能力。在草地管理方面，一是采用轮牧、减少单位面积放牧数量等方法来保护草地资源、降低温室气体排放，二是通过种植高产、抗旱、深根系的牧草来增加饲料，这些方法在肯尼亚、埃塞俄比亚等国得到了广泛应用。在畜牧业管理方面，肯尼亚推行的家禽－水产养殖复合系统是养分循环利用的一个范例，在该系统内，禽类排放的粪便可作为鱼类的食物投入养鱼塘，而不再添加其他鱼饲料。这一系统与传统的水产养殖相比，可显著提高鱼类产量，同时也增加了肉蛋产量，提高了农户收益。

（三）学科重大进展及标志性成果

"十二五"以来，党中央国务院高度重视应对气候变化工作，把推进绿色低碳发展作为生态文明建设的重要内容，作为加快转变经济发展方式、调整经济结构的重大机遇，坚持统筹国内国际两个大局，积极采取强有力的政策行动，有效控制温室气体排放，增强适应气候变化能力，推动应对气候变化各项工作取得重大进展，努力实现国内低碳发展与保护全球气候的融合与统一。

1. 气候变化对农业影响及其适应方面

（1）建立气候变化影响评估技术体系。"十一五"期间，国家科技支撑计划"全球环境变化应对技术研究与示范"项目基于气候变化影响和风险评估结果，完成主要农业种植区域适应气候变化的能力和障碍因素，识别适应优先事项；在宁夏、黑龙江、甘肃、新疆和西藏建立适应气候变化示范基地，形成一套完整的适应框架，对全国各省市制定气候变化适应框架和适应行动具有指导意义。

（2）适应气候能力得到提升。制定并实施了《国家适应气候变化战略》，在生产力布局、基础设施、重大项目规划设计和建设中考虑气候变化因素，适应气候变化特别是应对极端气候事件能力逐步加强。在农业、林业、水资源、气象、卫生健康等重点领域和生态脆弱地区、海岸带等重点地区实施适应气候变化重点项目，研发推广适应气候变化技术，减轻了气候变化对经济社会发展和生产生活的不利影响。

（3）开展适应气候变化技术的研发和应用示范。发展适应方法学与工具模型、实用适应技术清单，开展适应政策制定与实施机制的方法学研究，研发适应政策的动态监控与评估关键技术，构建适应决策支持系统，探索增强适应能力的技术途径。北京大学黄季焜团队结合适应的生态、社会、经济效益目标，开展农村适应气候变化调研，综合集成社会经济数据、资源环境数据、气候数据。2016年，"中央一号"文件提出探索开展天气指数保险试点，激发和规范保险气象服务，完善天气指数农业保险气象服务经费的投入渠道和运行保障机制，促进农业保险气象服务的可持续发展。

2. 农业减缓气候变化方面

（1）开展生物质炭固碳减排技术研究及其应用。以中国农业科学院农业环境与可持续发展研究所、南京农业大学和中国科学院南京土壤研究所等机构为代表，近年来，我国科学家在生物质黑炭固碳减排技术研究及应用方面取得了重大突破。生物质炭是指各种作物秸秆、生活垃圾等有机废弃物在一定程度的无氧条件下高温热解后的固态产物的统称，诸多研究表明它在固碳减排方面有着重要的作用。以往研究结果明确了生物黑炭对稻田温室气体的固碳减排效应，揭示了其微生物学机制，为生物黑炭的广泛应用提供了理论基础。

（2）定量评价农田有机碳动态演变及固碳潜力。以中国科学院、中国农科院和南京农业大学等机构为代表的研究团队针对国家农业可持续发展和温室气体减排需求，持续多年开展了农田固碳减排研究及应用。在建成中国农田土壤有机碳（2000个数据）及温室气体排放（350个实测数据）数据库的基础上，定量评价了农田土壤有机质对作物生产力的控制作用，并从土壤学、生物学和生态学等多学科研究阐明了其多效应生态系统功能，提出了土壤有机质功能演替假说；发展和推进了农田有机碳动态演变及固碳潜力定量评价的方法学，定量评估了农田土壤有机碳固定及其自然与农业技术潜力，并确证有机无机配施的合理施肥是农业固碳减排的最有效途径，延伸发展了农业固碳减排计量方法学并应用于中国农业碳足迹分析评价。

（3）突破反刍动物饲养及粪便废弃物管理温室气体监测和减排技术。中国农业科学院农业环境与可持续发展研究所董红敏团队长期针对性研究了畜肠道发酵和畜禽粪便温室气体排放，提出推广秸秆青贮和氨化、合理搭配日粮降低单个畜禽甲烷排放、使用多功能添砖及营养添加剂减少甲烷排放、建设沼气工程、改湿清粪为干清粪及通过覆盖等不同粪便贮存方式等新技术，系统地指出了从畜禽饲养到其粪便管理全链条饲养效率提升、温室气体减排的技术体系。米松华等（2012）也认为，在保证家畜生产力和不增加生产成本的前提下，探寻粗精料搭配的最佳比例，可达到保证动物健康又减少温室气体排放的目的。日粮控制被认为是当前控制反刍动物甲烷排放比较可行的减排方案。中国农业大学研究团队从微生物生物技术角度提出了控制畜牧业温室气体排放的措施，提出使用甲烷氧化菌降低甲烷排放、调控动物肠道微生物区系和种群平衡减少甲烷排放、添加益生素及驱原虫技术调控肠道微生物等新技术。另外，河北农业大学提出的种养一体化管理模式，通过秸秆回收青贮作饲料、畜禽粪便进入沼气池发酵和替代部分化肥还田、沼液和沼渣还田等接口技术链接种植和养殖生产环节，不仅提高了物质循环效率，而且有效降低了农业源温室气体排放。

3. 气候智慧型农业方面

积极应对，开展国际合作，启动中国气候智慧型农业项目。中国在推动气候智慧型农业发展方面是非常积极的，2013 年农业部就开始与全球环境基金和世界银行等机构接触，谋划设立"全球环境基金——中国气候智慧型农业"项目；2014 年在财政部、发改委支持下，农业部科教司牵头完成了项目设计和项目实施管理机构，并正式签订相关协议；2015 年"全球环境基金——中国气候智慧型主要粮食作物生产项目"正式实施，这是在我国实施的首个气候智慧型农业项目。该项目围绕水稻、小麦、玉米三大作物生产系统，在主产区安徽和河南建立 10 万亩示范区，开展小麦—水稻和小麦—玉米生产减排增碳的关键技术集成与示范、配套政策的创新与应用、公众知识的拓展与提升等活动，提高化肥、农药、灌溉水等投入品的利用效率和农机作业效率，减少作物系统碳排放，增加农田土壤碳储量。项目实施的主要目标是通过试点示范，探索建立气候智慧型作物生产体系的技术模式与政策创新，增强作物生产对气候变化的适应能力，推动中国农业生产的节能减排，为世界作物生产应对气候变化提供成功经验和典范。

三、本学科与国外同类学科比较

（一）气候变化对农业影响及其适应方面

气候变化研究是当前与未来国际地球科学研究的前沿和核心之一。以国际科学理事会（ICSU）为代表的国际学术组织极为重视气候变化研究，自 20 世纪 80 年代以来持续推动气候变化国际研究计划，并于 2012 年在整合四大国际计划的基础上提出了未来地球计划（Future Earth）。美国、欧盟也十分重视气候变化领域的科技创新，分别于近年发布了美国国家全球变化研究计划（USGCRP）、欧盟"地平线 2020"规划（2014—2020 年），以此指导相关部门的气候变化科学研究和技术开发。

我国政府十分重视气候变化领域的科技发展。经过"十一五"和"十二五"期间的努力，特别是《"十二五"应对气候变化科技发展专项规划》的实施，我国已经建立了一批与气候变化研究相关的研究机构和基地，形成了一支颇具规模的研究队伍，初步构建了气候变化观测和监测网络框架，在气候变化的规律、机制、区域响应及与人类活动的相互关系等方面取得了一批国际公认的研究成果，如发展了一系列减缓和适应气候变化技术，形成了百万吨碳捕集利用与封存技术示范能力；开发了 BCC_CSM2、FGOALS-g2.0 数值预报系统，使我国自主研发的气候模式系统进入世界先进行列。

（二）农业减缓气候变化方面

我国学者从 20 世纪 80 年代即开始了农业固碳减排技术的探索，相关技术已经居于国际先进水平。国家已经出台"一控两减三基本"的政策方针，也已经启动了低碳试点和气候智慧型农业项目，这些都为高效固碳减排技术研发及应用提供了巨大的机遇。同时，传统的固碳减排研究面临较多挑战，阻碍了相关机理的探索和实用技术的研发。我国农业减缓气候变化相关研发要取得长足发展，应实现以下几个方面突破，才能真正做到领先国际前沿：①在观测技术层面，老式点位静态箱法已经不能满足区域及国家尺度固碳减排技术的研发与集成，高频在线观测系统与优势研究机构研究网络的构建及生态系统模型的结合是未来观测技术的发展趋势；②在研究方法层面，分子生物学与稳定同位素技术相结合是探索减排固碳机制的必然途径；③在宏观减排固碳措施方面，应紧紧围绕国家政策，培育稳产高产低碳足迹、适应未来氮肥减施的优良品种，既能确保国家粮食安全，又能固碳减排；围绕农业控水政策，培育高效节水的减排措施和高效水分吸收利用的作物品种；针对大量农业废弃有机物，开发科学的废弃物资源化利用途径，做到减少土壤有机质损失、提高作物生产力和有效抑制温室气体排放；加强草原生态保护补助奖励机制等政策的推行，推广围栏、轻牧、禁牧等措施，切实提高草地生产力、增加草地碳储量、减少温室气体排放。

（三）气候智慧型农业方面

中国农科院作物科学研究所张卫健研究员指出，气候智慧型农业将成为农业发展新方向，代表着智慧和新技术创新的气候智慧型农业是未来农业发展的趋势。虽然气候智慧型农业的概念提出时间不长，但是在国外农业发达国家，一些应对或适应气候变化的措施已经开始了探索之路。我国也已经启动了气候智慧型农业相关项目，该类项目对粮食安全、节能减排和适应气候变化"三赢"提供了新的途径，但项目在中国真正的生根发芽还面临着切实的挑战，如农村社会因素较为复杂，可能将面临劳动力女性化和老龄化、村级组织化程度低、科技意识和环境意识不高等制约因素和潜在社会风险。针对可能面临的障碍，国家政策制定部门应以开展培训、加强技术服务、采取激励措施、明确资源分配为主要原则来制定相应对策，以保证气候智慧型农业在我国的推进。

四、展望与对策

（一）未来几年发展的战略需求、重点领域及优先发展方向

"十三五"时期是我国全面建成小康社会的决胜阶段，也是我国实现 2020 年、2030

年控制温室气体排放行动目标的关键时期，我国应对气候变化工作面临着新形势、新任务、新要求。十八届五中全会确立了创新、协调、绿色、开放、共享的发展理念，提出加快推动低碳循环发展、主动控制碳排放，这对做好应对气候变化工作提出了更高的要求。在传统产业增长乏力、国内资源环境约束日益加剧、雾霾天气已成为老百姓"心肺之患"的新形势下，绿色低碳产业已成为新常态下经济发展的新动力。《巴黎协定》的成功达成标志着全球气候治理将进入新阶段，向全球传递了绿色低碳转型的积极信号，进一步推动绿色低碳发展成为大势所趋。为顺应国际低碳潮流，推进国内低碳转型，进一步提高我国在全球低碳发展和气候治理进程中的影响力，下一步我们将重点开展好以下工作。

1. 气候变化对农业影响及其适应方面

（1）战略需求：我国气候变化科技创新仍存在一些亟待解决的问题，突出表现在：①应对气候变化科技创新顶层设计不足，科学研究、技术研发与应用之间协调不够，长期稳定支持的机制建设有待加强；②原始创新能力不强，气候变化领域的基础理论研究有待深化，自主开发的气候模式的模拟性能和预估能力还有很大提升空间；③减缓与适应技术尚不能满足国家应对气候变化的紧迫需求，核心低碳技术只有20%左右拥有自主知识产权，CCUS技术的关键设备、核心工艺等仍然依靠进口，技术综合集成、产业化与技术转移推广能力不足；④缺乏具有国际影响力的机构，研究队伍有待优化；⑤应对气候变化体制、机制与法制不健全，信息共享机制亟待建立，资源整合有待加强。

（2）重点领域：解决我国应对气候变化领域科技创新存在的问题，全面提升科学研究和技术研发水平，提高我国应对气候变化的能力，需要在"十三五"时期进一步加强顶层设计，突出重点，合理规划布局应对气候变化领域的科技创新。

（3）优先发展方向：全面提高适应气候变化能力，发布实施《城市适应气候变化行动方案》，加强基础设施建设，加强水资源管理和海洋灾害防护能力，完善气候变化监测预警体系。

2. 农业减缓气候变化方面

（1）战略需求：农业固碳减排技术研发要与国家粮食安全及"一控两减三基本"等战略需求保持高度一致。

（2）重点领域：氮肥减施增效、节水灌溉、水肥一体化、日粮饲料精粗控制、种养结合、围栏禁牧。

（3）优先发展方向：丰产低碳作物品种选育；推行"4R"肥料管理；高效节水灌溉；保护性耕作、生物炭技术及生物炭基肥料生产；调控饲喂技术，提高畜禽养殖效率，优化废弃物管理，推广示范种养结合模式；通过围栏、禁牧、轮牧等技术措施，加强退牧还草等草原生态保护奖励机制，提高草地生产效率，有效提升草地土壤碳储量。

3. 气候智慧型农业方面

（1）战略需求：纵观当前各国气候智慧型农作制度发展现状，存在以下几个特点：

一是制定了详细的气候智慧型农业发展目标与实施计划，提出符合国家发展水平的实际目标，并且发布了详细的重点领域支持指南，为实现传统农业向气候智慧型农业转型提供帮助；二是注重新材料、新技术与新方法在气候智慧型农业实践中的整合与应用，当前农业科学研究在固碳减排新材料（如硝化抑制剂、减排饲料添加剂）、新技术（如耕作技术、农业模型、遥感技术）与新方法（如生命周期分析方法、信息管理系统）等方面取得的新成果为实施气候智慧型农业提供了必要的支撑；三是长期稳定的项目资金投入，气候智慧型农作制度是一种新型农业发展模式，目前多数国家都启动了一批项目，提供了稳定的资金，用于长期支持气候智慧型农作制的研究与应用；四是全球化的合作方式，实现农业生产的可持续发展需要世界各国的共同努力，而联合国粮农组织、世界银行以及美国、欧盟等发达国家和组织在技术和资金方面具备优势，近年来通过各种形式的国际合作为发展中国家气候智慧型农业研究提供了具体的支持与帮助。因此，中国在发展气候智慧型农作制度过程中应借鉴国外先进经验，为加速我国气候智慧型农作制度发展提供帮助。

（2）重点领域及优先发展方向。

1）尽快出台气候智慧型农作制度发展规划与配套激励政策措施。借鉴国外气候智慧型农业发展的政策体系，结合我国的农业生产现状与社会经济发展水平，尽快出台国家层面的气候智慧型农作制度发展战略，明确固碳减排的总体目标。在配套政策上，建立合理的激励与考核体系，对坚持以气候智慧型农业理念发展的农户与涉农企业给予资金补助与优惠政策扶持。

2）因地制宜选择气候智慧型农作制度发展模式。我国幅员广阔，区域资源禀赋条件不同，气候智慧型农作制发展模式应依据区域农业发展情况与存在问题进行合理规划，以增强适应能力为首、固碳减排为支撑，实现粮食安全、农民生计改善、气候变化减缓的多赢。如在我国东北地区应以增强农田固碳潜力、提升农田应对气候变化的弹性与适应性为主，在水稻主产区应以稻田温室气体减排为首要目标，在西北等生态脆弱地区应以提高水肥资源利用效率、保持农田生物多样性为主，在牧区应以加强草原生态建设、提升畜产品生产效率为重点。

3）加强气候智慧型农业的国际合作与交流。当今世界面临着气候变化与粮食安全等全球性挑战与风险，迫切需要各国携手合作、共同应对。近年来，我国虽然在农业固碳减排上取得了较大成就，但依然存在很大的减排空间，我们应继续加强国际交流合作，学习其他国家包括发达国家和发展中国家的经验，为我们应对全球气候变化提供借鉴。在政府层面本着"互利共赢、务实有效""共同但有差别责任"的原则，积极参加和推动与各国政府、国际机构的务实合作，积极开展与联合国粮农组织、全球环境基金会、世界银行等机构的合作；推进同美国、欧盟、澳大利亚等国的政策与技术经验交流，通过协同攻关，推动农业科技进步，分享气候智慧型农业成果。

（二）未来几年发展的战略思路与对策措施

1. 气候变化对农业影响及其适应方面

（1）面向国家需求与国际前沿。面向国家减缓和适应气候变化的战略需求，凝练社会经济发展急需解决的重大战略性、基础性和前瞻性问题；面向国际前沿，凝练国际热点问题和前瞻性重大科学技术问题，对我国应对气候变化的科技创新进行整体规划布局。

（2）突出全球视野与原始创新。针对气候变化的关键科学和技术问题，协调整合国内外创新资源，加强自然科学与社会科学、基础研究与技术开发之间的融合，促进原始创新，实现应对气候变化科技工作的跨越式发展。

（3）兼顾传统优势与新生长点。统筹考虑减缓与适应、当前利益与长远战略，对我国有明显优势和具有中国特色的领域予以持续支持，在一些气候变化研究的新生长点上抢占先机，并通过"以点带面"的方式实现重点突破。

（4）基础理论创新与应对实践相互促进。总结减缓与适应实践成功案例，发展应对气候变化尤其是适应气候变化的方法学，以方法学创新引领基础理论创新，以基础理论创新促进应对气候变化行动深入开展。

（5）强化能力建设和人才培养。加强气候变化观测、模拟、实验等科技基础设施建设以及减缓与适应气候变化技术研发能力建设，建立具有较强保障能力的应对气候变化科技支撑体系；加强应对气候变化的各类科技人才培养，建立健全人才激励与竞争机制，加大海外优秀人才和智力的引进力度。

2. 农业减缓气候变化方面

以确保国家粮食安全为前提，贯彻落实国家"一控两减三基本"政策；完善并规范农业温室气体排放监测、报告、核查（MRV）制度；推行"4R"肥料管理方案，科学调整肥料施用结构，逐渐改变尿素的绝对核心地位，增加硫酸盐及硝酸盐基肥料、缓控释肥及抑制剂的比重，灵活运用施用时间和位置，做到精准施肥科学施策；创新耕作制度，增强土壤地力，推广旋耕、少耕、免耕；优化水肥配比，推行节水灌溉，推广地膜覆盖、"AWD"湿润灌溉和节水抗旱作物品种；优化畜禽饲养过程，调配日粮精粗比，增加微生物生物添加剂的应用，推广沼气厌氧发酵工程，加强种养结合模式的研究及示范；推进围栏禁牧、退牧还草及生态保护补助奖励机制等措施。

3. 气候智慧型农业方面

气候智慧型农业的发展理念总体上符合中国生态文明建设与农业转型发展的战略需求，对保障国家粮食安全、减缓气候变化、推进资源节约和环境友好农业发展意义重大，有现实的需求和未来发展的广阔前景。首先，气候智慧型农业强调制度创新、利益协调和合作共赢，尤其是针对利益相关方的制度设计，构建部门、行业之间协调机制和有弹性的管理体系，这正是推进我国农业转型发展的关键支撑。其次，气候智慧型农业突出技术模式创新和农民参与，国际上农业转型发展都有一整套与政策与管理体系相适应的生产控制标准和技术体系，强调自下而上，而我国最缺乏的就是整体性、制度性技术推广应用，也忽视技术研发与应用过程的农民、企业等生产主体的参与。第三，气候智慧型农业的核心是建立高产、高效、弹性、可持续的农业生产系统，这也是我国农业转型发展的主要任务，我国的农业资源、环境、经济问题必须通过结构调整和系统优化才可能从根本上解决。第四，积极应对气候变化既是中国广泛参与全球治理、构建人类命运共同体的责任担当，也是实现我国农业可持续发展的内在要求。农业领域的减排任务会逐步加大，这为中国气候智慧型农业提供了更广阔的发展空间。

参考文献

［1］ Jiang Y, Tian Y, Sun Y, et al. Effect of rice panicle size on paddy field CH_4 emissions ［J］. Biology and Fertility of Soils, 2016（52）：389–399.

［2］ Linquist B A, Anders M M, Adviento–Borbe MAA, et al. Reducing greenhouse gas emissions, water use, and grain arsenic levels in rice systems ［J］. Global Change Biology, 2015（21）：407–417.

［3］ Liu Q, Liu B, Ambus P, et al. Carbon footprint of rice production under biochar amendment – a case study in a Chinese rice cropping system ［J］. Global Change Biology Bioenergy, 2016（8）：148–159.

［4］ Qin X, Li Y, Wang H, et al. Long–term effect of biochar application on yield–scaled greenhouse gas emissions in a rice paddy cropping system：A four–year case study in south China［J］.Science of the total environment, 2016（569–570）：1390–1401.

［5］ Qin X, Li Y, Wang H, et al. Effect of rice cultivars on yield–scaled methane emissions in a double rice field in South China ［J］. Journal of Integrative Environmental Sciences, 2015（12）：47–66.

［6］ Simmonds MB, Anders M, Adviento–Borbe MA, et al. Seasonal methane and nitrous oxide emissions of several rice cultivars in direct–seeded systems ［J］. Journal of Environmental Quality, 2015（44）：103–114.

［7］ Su J, Hu C, Yan X, et al. Expression of barley SUSIBA2 transcription factor yields high–starch low–methane rice ［J］. Nature, 2015（523）：602–606.

［8］ Tao FL, Zhang Z, Zhang S. Response of crop yields to climate trends since 1980 in China ［J］. Climate Research, 2012（54）：233–247.

［9］ Xiong W, van der Velde M, Holman JP. Can climate–smart agriculture reverse the recent slowing of rice yield growth in China? ［J］ Agriculture, Ecosystems and Environment, 2014, 196：125–136.

［10］ Zhang A, Bian R, Pan G, et al. Effects of biochar amendment on soil quality, crop yield and greenhouse gas emission in a Chinese rice paddy：A field study of 2 consecutive rice growing cycles［J］. Field Crops Research, 2012（127）：153–160.

［11］ Zhang A, Cui L, Pan G, et al. Effect of biochar amendment on yield and methane and nitrous oxide emissions from a rice paddy from Tai Lake plain, China ［J］. Agriculture, Ecosystems & Environment, 2010（139）：469–475.

［12］ 程琨, 潘根兴. "千分之四全球土壤增碳计划"对中国的调整和应对策略［J］. 气候变化研究进展, 2016, 12（5）：457–464.

［13］ 董红敏, 李玉娥, 陶秀萍, 等. 中国农业源温室气体排放与减排技术对策［J］. 农业工程学报, 2008, 24（10）：269–273.

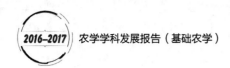

［14］高云. 巴黎气候变化大会后中国的气候变化应对形势［J］. 气候变化研究进展，2017，13（1）：89-94.

［15］郭建平. 气候变化对中国农业生产的影响研究进展［J］. 应用气象学报，2015，26（1）：1-11.

［16］胡璇子. 中国气候智慧型农业的未来［J］. 农村·农业·农民，2014（11）：6-8.

［17］李阔，许吟隆. 适应气候变化的中国农业种植结构调整研究［J］. 中国农业科技导报，2017，19（1）：8-17.

［18］李玉娥，李高. 气候变化影响与适应问题的谈判进展［J］. 气候变化研究进展，2007，3（5）：303-306.

［19］米松华，黄祖辉. 农业源温室气体减排技术和管理措施适用性筛选［J］. 中国农业科学，2012，45（21）：4517-4527.

［20］石鹏飞，郑媛媛，杨东玉，等. 种养一体规模化农场温室气体排放量分析［J］. 生态与农村环境学报，2017，33（3）：207-214.

［21］孙巨青. 全球气候谈判及对农业的影响［J］. 世界农业，2016（5）：145-148.

［22］覃志豪，唐华俊，李文娟，等. 气候变化对农业和粮食生产影响的研究进展与发展方向［J］. 中国农业资源与区划，2013，34（5）：1-7.

［23］王孟雪，张忠学. 适宜节水灌溉模式抑制寒地稻田 N_2O 排放增加水稻产量［J］. 农业工程学报，2015（15）：72-79.

［24］王永生，张爱平，刘汝亮，等. 优化施氮对宁夏引黄灌区稻田 CO_2、CH_4 和 N_2O 通量的影响［J］. 农业环境科学学报，2016，35（6）：1218-1224.

［25］杨春，王国刚，王明利. 中国农业减排效应、潜力及对策［J］. 农业展望，2016（10）：53-57.

［26］殷欣，胡荣桂. 间歇灌溉对湖北省水稻温室气体减排的贡献［J］. 农业工程，2015（5）：119-123.

［27］张卫建. 气候智慧型农业将成为农业发展新方向［J］. 中国农村科技，2014（4）：14.

［28］张文宜，于海洋，张广斌，等. 水稻品种对 CH_4 产生、排放及 $\delta 13CH_4$ 的影响［J］. 生态环境学报，2015（2）：196-203.

［29］张信宜，王燕，吴银宝. 规模化猪场臭气减排的营养和饲养技术研究进展［J］. 家畜生态学报，2017，38（4）：1-7，14.

［30］周广胜，何奇瑾，汲玉河. 适应气候变化的国际行动和农业措施研究进展［J］. 应用气象学报，2016，27（5）：527-533.

［31］邹建文，黄耀. 农业管理措施对 N_2O 排放的影响［J］. 生态与农村环境学报，2002（18）：46-49.

撰稿人：秦晓波　韩　雪　陈敏鹏　胡国铮　高清竹　陈　阜　张卫建

农业气象与减灾

一、引言

农业气象学是研究农业与气象条件之间相互关系及其规律的科学，是以利用、创造有利并抗避不利气象条件为目的，为农业的高产、优质、低消耗而服务的一门边缘学科。光、热、水、气等气象要素的某些组合对农业生产有利，形成农业气候资源；另一些不同的组合对农业生产有害，构成农业气象灾害。农业气象学主要研究农业气候资源和农业气象灾害的时空分布规律，为农业区划和规划、作物合理布局、人工调节小气候和农作物栽培管理等服务；研究农业气象预报和情报服务技术，为农业生产提供气候资源合理利用建议等。现代农业气象学的主要研究领域有作物气象、畜牧气象、林业气象、病虫害气象、农业气候、农田小气候和小气候改良、农业气象预报、农业气象观测和仪器等。

农业气象减灾是农业气象学的一个重点研究领域，是在明确气象灾害对农业造成影响与损失的基础上，研究减轻农业气象灾害的理论与技术方法的科学。主要研究农业气象灾害致灾、成灾机理及其发生规律；评估气象灾害对农业造成的影响与损失；研究减轻农业气象灾害影响、降低灾害损失的理论与技术方法，为农业防灾减灾提供科技支撑。

近年来，围绕国家和社会需求，基于学科发展规律，农业气象学科与农业气象减灾研究领域在农业气象监测预警、作物模型、农业气候资源利用、农业气象灾害损失评估与农业气象灾害风险管理方面取得显著进展。

农业气象监测预警是指通过现代信息技术和信息平台的集成运用，实时/准实时监测农业生产系统中农业气象环境、农作物生长发育产量形成、动物生成长发育与行为等，并对气象灾害影响及其潜在的产量损失进行早期预警预报，以便采取应对措施，防范和化解农业灾害风险。农业气象监测预警包括数据获取、数据分析和数据应用。

农业气象灾害监测预警是农业气象监测预警关注的重点，是灾害评估和防控的基础与前提，是防灾减灾工作的关键环节，是防御和减轻灾害损失的重要基础。只有做到准确监测和及早预警，才有可能对农业气象灾害进行有效防控，从而将灾害损失降至最低程度。

作物生长模拟模型简称作物模型，是基于农业生态系统物质、能量守恒及转换原理，利用数学方程综合气候、作物、土壤、管理、牲畜等各种因素再现作物生长发育、产量形成、水分、养分等动态过程，主要用于评估作物生长、发育对环境和管理措施的反应。作物模型是对整个作物生育系统知识的综合，量化分析作物生理生态过程及其变量间的相互关系是对作物生育过程的定量描述。作物模型的建成有利于农业科学研究成果的综合集成利用，同时也是作物种植管理决策现代化的基础，对指导农业生产和作物管理具有重要意义。

作物模型可分为经验模型、机理模型、功能模型和结构模型。经验模型主要基于系统各成分间经验性统计关系而建立，结构简单、参数较少。机理模型基于作物生长发育过程的生理生态机理而建立，强调模型的解释性和研究性，不仅能表达系统各成分间存在的定量关系，而且能解释系统的行为。功能模型是对系统结构和行为的数值描述，模拟过程和结果均采用抽象的数值表达，包括前述两类（经验模型或描述性模型、解释性模型或机理性模型）。结构模型是利用可视化和虚拟现实技术模拟植物的拓扑结构和几何形态及其变化规律，模拟过程与结果采用三维图像进行可视化表达。

据不完全统计，世界上现有作物专用模型近百种、通用模型 10 余种，广泛应用于气候变化影响评估、农业管理决策支持、作物产量预报、风险评估、农业气象灾害预警、替代大规模跨区域的田间试验等方面的研究，并借助 3S 技术实现了作物生长模型在区域尺度上的应用。

农业气候资源是指一个地区的气候条件对农业生产发展的潜在能力，包括能为农业生产所利用的气候要素中的物质和能量。农业气候资源研究主要研究农业生产系统光资源、热量资源、水分资源、大气资源和风资源等资源的时空分布及其演变规律，为区域农业生产结构和布局、作物种类和品种、种植方式、栽培管理措施和耕作制度的选择与规划提供依据。对于提高农业气候资源利用效率、规避气象灾害风险、实现农作物持续增产等具有重要作用。

农业气象灾害是农业生产过程中能够对农业生物与设施造成危害和经济损失的不利天气或气候条件的总称。不同类型的农业生物对不同气象要素及其变幅的适应性、容忍度要求不同。当气象要素的变化超越生物正常生理活动的要求时，就成为一种胁迫。常见的农业气象灾害主要有干旱、洪涝、台风、低温、风雹等。

农业气象灾害影响评估是研究农业气象灾害事件发生的可能性及其导致农业产量损失、品质降低以及最终经济损失的可能性大小的过程。农业气象灾害影响评估研究农业气象灾害的风险化、数量化和动态化技术方法，对灾害风险进行跟踪评估、灾后评估，为提出灾害应变对策、控制农业气象灾害的发生、防御或减轻灾害对农业生产的危害、制定救灾措施和农业灾害保险政策、进行风险转移提供科学依据。

农业气象灾害风险管理是一门研究农业气象灾害风险发生规律和风险控制技术的新兴科学，主要研究内容有灾害风险识别、风险衡量、风险评估、风险管理决策等。农业气象灾害风险管理的核心是降低气象灾害的损失，即在风险事件发生前预见将来可能发生的损失并加以防范，或者针对预期灾害事件发生后可能造成的损失制定减少灾害损失的应急管理办法。农业气象灾害风险管理并不是要消除风险，而是农业风险管理主体基于自身风险管理目标，在对农业风险环境进行识别、评估和分析的基础上，运用一系列风险管理工具和手段，寻求投入成本、承担风险和未来收益之间的平衡和最佳组合。

农业气象灾害风险管理是农业气象学与灾害学、经济学、金融学等多学科交叉的必然结果，是防灾减灾领域的一项基础工作，在减灾规划与预案制定、国土规划利用、重大工程建设、金融投资、灾害风险管理与经营、灾害保险、防灾减灾效益评估、法律法规制定等方面都起着重要作用，在社会经济建设中有着重要的科学和应用价值，而且也是科学决策、管理、规划的重要内容。农业气象灾害风险管理是灾害风险评价与管理的重要环节和组成部分。

二、近年最新研究进展

（一）发展历史回顾

20 世纪 50 年代起，随着中国农业气象研究、业务和教育机构的逐步建立，农业气象观测、试验、情报、预报和气候调研取得了较快发展。20 世纪 70—80 年代，农业产量的气象预测预报研究取得了重大进展，并迅速在全国推广应用，拓展为气象科技为农业服务的新领域、新业务；紧接着又在基于气象卫星进行冬小麦长势遥感监测和综合估产研究方面取得重大进展，并迅速形成业务监测能力。20 世纪 80 年代以来，农业气象业务服务范围和领域不断扩大，对气象要素、气象灾害、作物关键生育期、作物产量、土壤湿度等要素的长期连续观测为农业气象灾害监测预警研究提供了稳定的数据支持。"九五"至"十二五"期间，国家科技部先后立项了"农业气象灾害防御技术研究""农业重大病虫害和农业气象灾害的预警及控制技术研究""农业重大气象灾害监测预警与调控技术研究""农林气象灾害监测预警与防控关键技术研究"和"重大突发性自然灾害预警与防控技术研究与应用"等重大项目。

1. 农业气象监测预警

"九五"至"十一五"期间，依据国家农业防灾减灾的重大紧迫需要，气象与农业等相关部门密切联合，充分利用气象部门所特有的气象灾害预测预报技术优势，对重大农业气象灾害监测、预警、预测技术进行了持续攻关研究，使得农业气象灾害预测预警研究由最初的统计模式逐步深化为数值模式集成研究，并在此基础上研制了作物主要发育期农业干旱、低温冷害预测预警模型，提高了农业气象灾害预测预警技术及其业务服务水平。但是随着全球气候变暖，中国农业气象灾害的发生规律出现了新的变化，极端严重的农业气象灾害时有发生，一些在 20 世纪 90 年代相对较少发生的农业气象灾害其发生频率也明显增加，并对区域农业生产造成重大危害，这使得之前攻关所获取的预测预警指标、预测预警技术方法无从应对。为此，"十二五"期间在已有的研究成果基础上，继续深化农业气象灾害预测预警的指标构建、技术方法、模型研发与集成、业务平台开发研究，同时拓展对其他主要农作物（如南方双季稻）的、其他主要灾害类型（如干热风）的农业气象灾害监测预警技术研究，以满足区域重大农业气象灾害的动态无隙预测预警与气象防灾减灾业务服务的需求。进入"十三五"以来，随着大数据、云计算、深度学习以及多源异构数据平台技术在农业领域的深入渗透和快速发展，基于现代信息技术进一步提高农业气象灾害监测预警的能力成为可能。"十三五"国家重点研发计划项目"粮食主产区主要气象灾变过程及其减灾保产调控关键技术"已于 2017 年立项，并将重点针对近几十年来气候变化背景下农业气象灾害灾变过程出现的新变化，研发环境友好型、绿色生态型农业减灾保产调控关键技术和产品，利用大数据思想构建农业气象灾害监测预警与评估系统，从而为农业气象灾害预防减损提供业务信息和产品服务。

2. 作物生长模拟模型

20 世纪 60 年代，荷兰 de Wit 创立了作物生长动力学，开创了作物生长模拟模型的新纪元。随着计算机技术和农业科学的发展以及人们对作物生理动态机理认识的加深，作物模型研究得到了初步发展。自 1965 年以来，作物生长模型经历了萌芽期（20 世纪 50—60 年代），作物生理生态过程与环境间的定量模拟研究诞生；发展期（20 世纪 70—80 年代），作物模拟趋向于系统化和机理化，从不同生育过程的模拟到完整的生长模拟，机理性和应用性在深度和广度上同时得到发展，而且更加强调模型系统的通用性和可靠性；成熟期（20 世纪 90 年代至今），更加客观认识了作物模型的应用价值和局限性，该时期出现了许多改良的模型与示范应用，在指导作物、育种、施肥、灌溉等方面获得了成功实践；并与地理信息系统、大气环流模型等有效结合，以便用户更便捷、更有效、更好地将作物模型应用到各个领域中。

我国作物模型研究起步略晚，但发展较快。20 世纪 70 年代初，我国学者率先将统计学方法应用于植物与环境相关性的研究中。80 年代，主要以引进、修改和验证国外作物模型为主，在参考国外模型的基础上建立了一些本地专用模型。与此同时，农业部率先开展作物模型课题研究，如"计算机在农业中的应用研究"等。发展至今，在水稻、小麦、玉米、大豆、温室作物等作物生长发育动态模拟研究与应用上取得较大进展，对于我国作物模拟技术及精准农业的进一步发展起到了相当大的推进作用。

目前，国际上仍以来自荷兰、美国、澳大利亚和中国的作物模型应用最为广泛。作物模型的开发加深了农业学科领域的了解，对作物生产系统中各个过程的研究也提出了新的要求；作物模型可以在计算机上进行探索性栽培试验，缩短田间试验周期，为育种学家提供一个科学可靠的参考；与大气环流模型 GCM 等的结合，可探索性地预测气候变化多作物生产的影响；模拟作物栽培管理，推荐适宜的管理措施也是模型在生产实践中的有效应用。建立适于应用的模型，可使现有的知识更有效地应用于推广、栽培管理与耕作制度研究以及育种，应用模型也使得人们更有效地进行试验以及进一步综合与作物生产有关的学科知识。

3. 农业气候资源利用

我国的农业气候资源利用和区划研究是在气候区划的基础上紧密配合国家农业发展规划发展起来的。20 世纪 50—60 年代，我国在学习苏联等外国农业气候区划的基础上，结合实际开始了自己的农业气候区划研究。

20 世纪 70—80 年代以来，我国科学家开展了多方位的全球气候变化研究，在全球气候变化背景下农业气候资源演变趋势、气候变化农业气候资源有效性的影响评估、气候变化下我国主要农作物高效利用气候资源的过程与调控机制、中国农业气候资源图集编撰、农业气候资源高效利用途径与技术等研究方面取得了显著进展，研究范围涵盖全国层面、三大平原粮食主产区（东北、黄淮海、长江中下游）、热带亚热带山地丘陵区以及省甚至单一县，旨在为合理利用农业气候资源、制定适应气候变化的对策等提供科学依据。在 20 世纪 70—80 年代进行了大规模的气候资源调查和农业气候区划工作，完成了第一次和第二次全国农业气候区划，对当时科学规划、合理利用农业气候资源与布局产业结构起到了重要指导作用；同时，省区级的区划研究也在全国同期展开，建成了以气象站点资料为基础的区划数据库，形成了一系列区划成果，提高了对区划内涵的认识，促进了相关理论方法的发展。20 世纪 90 年代起，为适应传统农业向现代农业转变和农业高新技术的发展应用，中国气象局组织了全国第三次农业气候区划试点工作，其目的主要在于为发展适合当地资源特点的特色农业和提高农产品的质量服务。近几年进行的我国亚热带丘陵山区农业气候资源及其合理利用研究，根据山区农业气候资源及农业气候灾害的分布特点提出的发展多层次的立体农业、因地制宜建立名特优商品生产基地等建议，正在山区农业综合开发、科技扶贫等振兴山区经济的活动中发挥着积极作用。

4. 农业气象灾害评估与减灾技术

农业气象灾害影响评估的理论基础是风险分析。中国有关农业气象灾害风险（影响）评估的研究大致可以 2001 年为界分为两个阶段。第一阶段是以灾害风险分析技术探索研究为主的起步阶段，以风险分析技术为核心探讨了农业自然灾害分析的理论、概念、方法和模型，但是有关农业气象灾害风险评估理论的基础研究仍相当薄弱，农业气象灾害风险评价标准还缺乏统一认识和实践检验，实用性和可操作性强的风险评价模型甚少；第二阶段是以灾害影响评估的数量化技术为主的研究发展阶段，构建灾害风险分析、跟踪评估、灾后评估、应变对策的技术体系，针对农业生产中大范围农业气象灾害影响的定量评估需求将风险原理有效地引入农业气象灾害影响评估，相关成果丰富和扩展了灾害评估的内容（如概念的提出、定义的论述、辨识机理的揭示、函数关系的构建等）。随着人们对农作物受灾机理认识的不断加深，农业评估模型在农业气象灾害评估研究中得到广泛应用。

"九五"以来，国家在农业气象灾害"防、抗、避、减、救"减灾技术方面持续攻关研究，拓展了农业气象灾害防御体系的"理念"，从原"灾后应急"的被动防御发展为"灾前调控"的主动防御新观念。主要针对小麦干旱、干热风和高温热害，水稻干旱、高温热害和寒害以及玉米干旱、低温和高温热害等致灾因素及其影响机理发展了农业气象多灾种防灾集成调控技术与理论，研发了一系列基于生物、物理以及化学调控等的减灾技术和产品，如灾后补偿技术、新型品种、农业保水制剂、液态土壤水分保持剂和抗旱蒸腾制剂以及多位一体综合集成抗逆减灾调控技术等，极大丰富了农业气象灾害的减灾技术手段。

5. 农业气象灾害风险管理

国内外对灾害的研究历史久远。20 世纪 60 年代以前，以气象灾害为主的自然灾害研究主要侧重于灾害机理、形成条件、活动过程和灾害预测方面。20 世纪 70 年代，灾害评价工作正式兴起。在实践上，美国对加利福尼亚州的自然灾害风险评价值包括洪水、台风风暴潮在内的气象灾害评价。进入 80 年代，日本、英国等国家也先后进行洪水、台风等方面气象灾害评价。美国管理协会保险部于 1931 年首先提出风险管理理念之后，风险管理成为一门独立学科。20 世纪 90 年代以来，灾害风险分析与风险管理工作在防灾减灾中的作用和地位日益凸显。气象灾害在内的灾害风险管理研究已成为当前国际减轻灾害领域的重要研究领域。

我国气象灾害风险评估工作最早始于 20 世纪 50 年代，其中以洪涝和干旱为主要研究对象。20 世纪 90 年代以后，包括洪水、干旱、暴风雨以及台风等在内的气象灾害风险评估开始受到重视。"十一五""十二五"期间国家把农业气象灾害风险管理研究成为国家重大自然灾害风险综合防范研究领域的重要内容，在农业气象灾害成灾机理、农业气象灾害指标体系建立、监测预警、风险评估、风险转移等方面取得重要进展。

（二）学科发展现状及动态

1. 农业气象监测预警

随着现代信息技术在农业气象领域的深入渗透和快速发展，农业气象监测预警学科的交叉性更加明显，并展现出创新性发展势头。在气象观测、空天遥感、田间物联网等多种监测平台支撑下，基于多源异构数据融合与再加工，时间重构以及空间协同计算的多层时空尺度监测网络涵盖了从田间地块到区域层面、从突发性灾害到累积性（时相要求）灾害的不同监测预警需求；依托大数据和云计算思想，作物生长模拟、深度学习等建模技术显著提升了农业气象监测预警的精准性和可扩展性；基于移动互联、众包采集技术的农业气象监测预警信息采集、推送与定制服务以其人性化、便携性的服务模式，可切实地面向政府管理部门、农业科技人员、农业企业、农户等农业信息使用主体。未来实现针对农作物生育期内不同时空尺度要求的"精准监测—动态诊断—智能决策"全过程监测预警服务将成为可能。总的来看，农业气象观测服务已经从单一指标、单一技术和单一平台提升至目前的空—天—地一体化集成创新式立体监测预警体系，农业气象监测预警平台的信息化程度向更广泛、更深入的方向发展，从简单技术向综合性信息集成、智慧化方面发展，监测预警服务内容涵盖从作物种植、生产、管理到农业投入产出等各个环节。

2. 作物生长模拟模型

20世纪90年代起，我国"863"计划等科技计划将作物模拟模型开发与相关应用项目列为重点项目，给予重点支持，从我国农业发展的实际需要为出发点大力开展农业专家系统等智能化系统。模型的开发与应用大多集中于大田作物，如以大田作物（小麦、水稻、玉米、棉花）以及一些重要的经济作物（棉花、油菜、大豆等）作为主要的研究对象，研究相对深入，模型较为成熟。高亮之等建立的水稻钟模型，并将作物模拟与水稻栽培优化原理结合，研制水稻栽培模拟优化决策系统；冯利平等建立了小麦发育期动态模拟模型；潘学标等研制了棉花生长发育模拟模型；郑国清等建立了玉米发育期动态模拟模型。随后在此基础上又建立了调控决策系统；南京农业大学的曹卫星等建立了基于作物—环境—技术关系的小麦生长模拟模型，提出了适用于不同时空环境的小麦生育调控指标及栽培管理的动态知识模型，丰富了作物模拟的内容。

作物模型的研究与应用是传统农业从粗放经验管理向数字化、模式化、信息化管理转变的必由之路。随着计算机模拟能力的提高，与作物系统相关学科的发展以及环境信息获取技术的进步等成果相继被应用于模型研究中，作物模拟模型资料获取方法日益成熟，准确性日益提高，模型与计算机技术、地理信息系统技术、遥感技术等的结合应用更加紧密。

3. 农业气候资源利用

气候变化对农业的影响已成全球热点。由气候变化引发的极端气象灾害将使农业生产的不稳定性增加，针对气候变化对农业发展构成的全方位影响，世界各国都加强了气候变化背景下农业气候资源时空演变趋势研究，并采取积极的固碳、减缓措施和适应对策，以减少温室气体的排放、规避气候变化的危害、实现气候智慧型可持续发展。当前，我国利用气候和地理信息资料建立了农业气候资源的空间分析模型，综合应用"3S"技术进行精细网格气候资源推算与分析，使县级区划工作的精度可达到村一级水平；与此同时，农业气候区划的内涵与范畴、理论与方法在实践中也相应地被延伸与扩展、突破与更新。

水资源高效利用受到世界各国重视。针对农业水资源短缺的突出问题，部分发达国家正着力通过现代生物、信息和新材料技术不断挖掘作物抗旱节水潜力，培育抗旱节水农作物新品种，研发生物性节水技术与产品，同时重视农业节水与生态环境保护的密切结合，实现农用水的永续利用。美国、以色列等少数农业发达国家开始研究流域尺度农业水资源可持续利用的整体解决方案及节水新技术途径，积极探索生物性节水、智慧用水以及综合节水系统的管理等新技术与新方法。

4. 农业气象灾害评估与减灾技术

以变暖为主要特征的全球气候变化已对农业气象灾害的发生与灾变规律产生了显著影响，气候变暖不仅影响农业气象灾害致灾因子变化以及灾害形成的各个环节，而且还影响形成农业气象灾害风险的孕灾环境、致灾因子、承灾体和防灾、减灾能力等多个因素，使农业气象灾害风险影响因素变得更加复杂多样。应对气候变化背景下农业气象灾害风险的变化已成为灾害风险管理的新特征和新挑战。

未来随着自然灾害风险分析、风险评估基础理论与技术方法的发展和深化，相关的基础理论与技术方法将不断被引入到农业气象灾害风险评估研究中；同时，农业气象灾害风险评估研究也将在持续吸收农业气象灾害学的最新研究成果的基础上，不断得到丰富和拓展。预计农业气象灾害风险属性要素的科学构成与量化评估、成险过程因子演替及其相互作用等将成为基础研究的重点；作物模拟模型、数值模式、数学仿真技术以及数理统计新技术、新方法等的引入、融合和创新发展，将成为灾害风险评估技术方法发展的重点；在灾害风险形成机制、致险机理等基础理论研究、风险量化、评估模型构建等技术方法研究方面将取得重要突破。

农业气象灾害风险动态评估是农业气象灾害风险研究的主要发展方向，对实时有针对性地开展防灾、减灾意义重大。研究发展重点为动态评估指标、模型构建，其中与指标、模型相关的自然属性和社会属性影响的综合集成研究将得到加强。动态评估指标研究将在灾害风险属性要素的科学构成、要素厘定与量化评估、成险过程因子演替及其相互作用等研究基础上向覆盖农业生产全过程的方向发展，建立基于灾种—承灾体的实时动态指标体系。动态评估模型构建研究将向多模型多方法集成应用方向发展，其中"3S"技术与作物生长模型模拟技术的耦合应用将成为未来发展的重点。未来随着"3S"技术的发展和实验条件的改善，基于天基、地基、实验室模拟和数值模拟等多元数据日益丰富和精细，农业气象灾害风险评价的精细化程度将会得到显著加强。

5. 农业气象灾害风险管理

21世纪，农业气象灾害风险成为热点问题，农业自然灾害防范体系建设和研究受到重视，加强农业气象灾害风险管理，协调人口、资源、环境平衡发展，降低农业气象灾害对作物产量、品质的影响，通过对农业气象灾害风险的管理减少或避免灾害的发生发展成为前沿热点。

目前，我国农业气象灾害风险管理逐步从单一的防范手段转向建设综合防范体系，逐步建立综合性自然灾害风险管理体系，进一步完善农业自然灾害预警机制，建立和完善农业保险制度，建立科学合理的生态环境补偿机制。农业气象灾害风险管理从单灾种向多灾种和复合灾种研究转变，从关键灾变过程到灾变全过程转变，从区域影响向全球影响转变，风险处置手段从单一手段向综合手段转变，并注重多学科、多领域、多行业的交叉。

（三）学科重大进展及标志性成果

"十二五"以来在相关国家科技项目的推动下，我国在农业气象灾害监测预警、风险评估与防控关键技术和作物生长模拟模型集成应用、气候变化背景下农业气候资源区划与利用三方面取得重要进展。

1. 农业气象灾害监测预警、风险评估与防控关键技术

长期以来，农业气象灾害监测预警、风险评估和防控技术一直是农业气象领域的重要研究任务，在解决我国农作物减灾保产和粮食安全等重大战略性问题方面发挥着重要作用。"十二五"以来，实施了"重大突发性自然灾害预警与防控技术研究与应用"和"农林气象灾害监测预警与防控关键技术研究"两个国家科技支撑计划项目以及针对季节性干旱、涝渍、高温等主要农业气象灾害防御关键技术的3个农业行业专项，以"工程防灾、生物抗灾、结构避灾、技术减灾、制度救灾"为总体思路，以主要农作物干旱、洪涝和低温为研究对象，在重大农业气象灾害农田尺度地面监测技术、立体监测与动态评估技术、预测预警技术、风险评估与管理技术以及防控技术方面取得一系列突破性的新技术、新方法和系统性研究成果。

农业气象灾害监测预警研究已经从单一指标和单一方法逐步提升到从地面到空中的多指标、多方法的立体、实时监测预警体系，构成了天—地—空三维监测网，开展了干旱、洪涝、高温和低温灾害等的动态监测及预警，从宏观和微观角度来全面监测农业气象灾害的发生发展过程，并研制了基于地面观测、卫星遥感和作物模式的灾害损失动态评估技术，研发了省区级灾害监测与评估业务平台。在信息耦合上，向集成地面气象、农业气象、田间小气候观测以及农情、灾情和地理信息系统等多元信息方向发展。在技术研发上，向模型化、动态化和精细化方向发展。这些研究成果使得灾害监测的时效性和准确率得到进一步提高，灾害影响动态评估水平得到明显提升。

针对我国农业气象灾害风险评价和管理的理论、方法和技术体系等农业气象灾害基础研究的薄弱环节，以我国主要粮食产区干旱、洪涝、高温、低温灾害等农业气象灾害为研究对象，对农业气象灾害风险形成机理、农作物农业气象灾害脆弱性评价技术方法、农业气象灾害风险评价与预测预警技术方法、农业气象灾害综合风险管理对策等进行了比较系统的研究，农业灾害保险与巨灾保险机制与产品研发取得突破性进展，形成了迄今有关农业气象灾害风险领域最全面和系统的研究成果。

在灾害防控方面，主要以北方和西南地区干旱、低温灾害防控技术研究为突破口，通过筛选与培育适合本区域生态特点的抗旱、耐渍涝、低温的农作物品种，研究与集成应用了耕作覆盖技术、抗逆播栽技术、机械化技术、水肥调控技术等耕作栽培技术以及抗干旱和低温等抗逆减灾生化制剂应用技术、灾害综合防控技术、灾后恢复生产技术等，建立了

分区域、分作物、分灾种、分季节的适合当地农业特点的干旱与低温防控技术体系，为各地区重大农业气象灾害应急和防控提供了科技支撑。

2. 作物生长模拟模型集成应用

近年来，农业气象模拟模型主要以广泛而深入的应用为目的，评价和预测不同环境条件下作物生长发育的状况，如运用有关的农业气象模型来评价作物气候年景、农业对气候敏感性、作物生长的动态预测等。2013年江苏省"作物生长模拟模型资源构建机制与集成模式"将不同作物的生长模拟过程转化为从元模型到模型结构、算法和参数的集成过程，提高了作物生长模型的共享与集成能力。2014年河北省"基于墒情和苗情结合的麦田旱情预警与高效节灌技术"耦合作物生长模型、中长期天气预报等，利用计算机技术和地理信息系统自主研发了麦田墒情/旱情监测与测墒节灌技术专家管理系统，实现了麦田旱情的多尺度图示化实时评价与预报以及节灌技术指导方案的可视化发布。2016年河北省"设施作物生产智慧决策与集群控制关键技术研究应用"综合运用计算机、物联网和农艺技术，研制了集智慧决策、智能管控为一体的软硬件系统。

3. 气候变化背景下农业气候资源区划与利用

在气候变化背景下，农作物品种、种植结构、种植界限等的变化对农业气候资源高效利用技术、途径、模式以及措施等均提出了新的要求。科学分析和评估中国农业气候资源的时空分布特征对高效地利用农业气候资源、合理布局农业生产结构、趋利避害、保障农业可持续发展具有十分重要的意义。近30年来，由于全球气候变暖等因素的影响，我国农业气候资源的时空分布发生了明显改变，农业生产结构和布局也经过了多次调整，与当时有了较大差异。因此，重新修订和编制全国农业气候资源图集、实现学科间数据和成果共享具有深远意义。为此，由中国农业科学院农业环境与可持续发展研究所在国家科技基础性专项的支持下开展了中国农业气候资源数字化图集编制工作，并最终编制完成了中国农业气候资源图集综合卷、作物光温资源卷、作物水分资源卷和农业气象灾害卷共4卷，这是全面反映中国农业气候资源最新研究成果的巨著，在我国农业气象研究领域具有里程碑意义。丛书采用数字化技术，以图集的形式全面分析了近30年来我国农业气候资源光热水等要素的数量、组成与空间分布状况，各主要作物光温资源、水分资源分布状况，农业气象灾害发生与风险分布规律，科学分析和评估了全球气候变化对我国农业的影响以及我国农业气候资源的时空分布特征，为全国范围内高效利用农业气候资源、合理布局农业生产结构、应对气候变化和确保国家粮食安全和生态安全、保障农业可持续发展提供了基础数据支撑。

近年来，我国针对气候变化影响下的农业气候资源演变规律、作物响应、种植环境脆弱性以及适应措施等方面开展了大量的研究工作，并取得了显著进展。中国气象科学研究院联合国家众多气象科研单位详细分析了我国东北春玉米、黄淮海地区冬小麦和夏玉米、南方水稻生长季农业气候资源、气候生产力及农业气候资源利用率等的分布特征和演变趋势，提出了主要农作物生长发育的气候适宜度与农业气候资源有效性的评估模型和方法，评估了气候变化背景下农作物气候适宜度和农业气候资源有效性的演变趋势，并针对气候变化对农业生产影响的敏感带（种植制度过渡带、作物品种过渡带等）示范性地研究了农业适应气候变化相关措施下农业气候资源利用效率的变化。有关各区域主要作物的农业气候资源有效性评估模型等已纳入国家气候中心研发的"气候变化影响评估与服务系统"。

在当前全球水资源短缺程度日益加剧的情况下，应对气候变化与水资源高效利用以及粮食安全和绿色农业协同发展成为农业领域的热点问题。西北农林科技大学联合国内其他农业、水利科研单位对农业高效用水精量控制技术与产品开展了持续公关研究，紧扣国际现代农业高效用水技术的发展前沿，以提高农业用水综合利用率和效率为目标，以作物生命健康需水过程为基础，以生物技术、信息技术、新材料技术等高技术为手段，开展了抗旱节水品种筛选与高效用水种植、作物用水过程调控、精量控制灌溉、作物需水信息诊断与智能控制等研究工作，在农业高效用水前沿关键技术研究和重大关键设备研发方面取得重要进展，获得一批创新性成果。项目共研发设备（系统）44套、技术产品12个，获得抗旱节水作物品种25个，制定国家标准10个及地方、行业或企业标准23个，成果应用26项，为解决我国农业水资源短缺问题提供了重要的技术支撑和人才储备。

三、本学科与国外同类学科比较

俄罗斯、美国、加拿大、英国、荷兰、德国、日本等国是最早开始现代农业气象基础研究的国家。近年来，其基础研究的领域不断拓宽，试验研究方法与监测技术更加先进，应用水平进一步提高，服务能力明显增强。世界气象组织农业气象委员会引领当前农业气象学科的国际发展前沿。美国农业气象体系并不明显，但在基础研究（水分平衡等）、基础资料积累、农业气象模拟、农业小气候等方面领先；日本整体水平较高，在气候适应农业、低温冷害方面的研究领先；苏联在机构设置、资料积累和研究方面有较坚实的基础，但由于基础理论薄弱，近年没有重大进展。而英国在植物小气候、德国在森林小气候、荷兰在农学气象模拟等方面领先。

相比其他国家，我国形成了分支最为齐全的农业气象学科专业结构；农业气象监测预警与农业气象防灾减灾技术取得重要进展；主要作物农业气象模拟模式研究形成特色；农业气候资源利用与气候变化对我国农业的影响研究取得丰硕成果，总体上学科发展处于中等地位。我国在农业气候、农业气象灾害、农业气象预报等领域和其他领域个别环节上达到国际先进水平，比美国、日本、俄罗斯、以色列、英国、德国、法国、荷兰等有一定差距，比其他国家略高，但在应用方面处于世界前列。我国在研究设备和手段、基础资料积累、基础理论研究等方面差距明显。

农业气象由单纯学术问题研究向面向农业生产重大问题靠拢。如由开展气象与作物关系研究、气象灾害危害规律和特征、农田小气候特征、农业气候资源数量评价等研究转向农业水资源及水分问题、农业气象灾害、农业布局和结构调整、重大工程农业气象评价、农业发展战略决策等重大农业生产问题研究。农业气象理论不断发展，农业气象学与信息技术的结合更加紧密。计算机技术的发展和应用推动了农业气象学的发展，使农业气象成果产出的速度加快；遥测遥感等现代信息科学手段使农业气象监测预报理论和方法迅速更新，准确率大为提高。农业气象当前有向微观结构深入、向宏观综合联系扩展的趋势。如霜冻研究中，利用高倍显微镜观察和摄影可以记录到植物霜冻过程的微细结构，对霜冻识别提出了新的见解；湿害、干热风向生理反应的研究方向发展，生物工程微环境研究的开展使生物与气象条件的微细结构研究更加深入。在宏观联系方面，农业气象向大范围、多因子扩展，如农田小气候由单一结构研究转向大面积系统能量与物质传输过程，在气候生产潜力方面从单项气候条件与产量关系研究转向农业多因子与气候的关系，作物栽培研究更关注各要素与气候因子协同关系，农业气候区划由单纯的气候区划转向全面考虑农、林、牧生产和环境等多方面的综合区划，等等。农业气象的这种综合研究动向将使农业气象学在支撑农业生产中发挥更大的作用。

全球性农业气候问题研究成为热点。全球性农业气象科学活动的增加，扩大了我国农业气象学研究的视野，有利于我国农业气象学的发展。

农业生产人工环境小气候调控的研究有加强趋势。由于人口增长、耕地减少、气候环境的不确定性，以小气候调控为主的人工环境设施成为现代农业的重大需求。面向这一重大需求，我国一方面借鉴国际先进的小气候自动化监测、调控仪器、装备、设施研发技术，另一方面结合国情开展经济、适合大范围推广的小气候调控人工环境方法和技术研发。

四、展望与对策

（一）未来几年发展的战略需求、重点领域及优先发展方向

1. 战略需求

"十二五"以来特别是党的十八大以来，我国科技创新步入以跟踪为主转向跟踪和并跑、领跑并存的新阶段，正处于从量的积累向质的飞跃、从点的突破向系统能力提升的重要时期。《国家中长期科学和技术发展规划纲要（2006—2020）》《"十三五"国家科技创新规划》《"十三五"农业农村科技创新专项规划》和"十三五"期间全国各省、市、自治区出台的一系列规划中，均对农业气象发展的目标、方向和重点作出了明确指示，特别是围绕粮食丰产增效、作物提质增效、资源高效利用、农林智能装备以及智慧农业等方面进行了精辟的概括与任务规划。面对新形势下的战略需求，要求农业气象监测预警、农业气候资源利用以及农林防灾减灾技术等寻求新的突破与创新，以提升农业气象理论、技术和

方法的全面应对能力，使农业气象学科焕发新的生命力，从而为国家粮食安全提供坚实保障。

2. 重点领域

农业气象监测预警方面：①农业气象精准监测与预警；②农业气象标准化与信息化服务；③农业气象物联网。

农业气候资源利用方面：①农业小气候调控与设施农业；②农业资源高效利用；③农业适应气候变化。

农业气象灾害评估与减灾技术方面：①农业气象灾害风险防范；②环境友好型农业抗逆减损；③农业气象减灾与生态安全。

3. 优先发展方向

①农业专家对救灾要优先发展农业气象大数据平台与标准化、信息化监测、预警、评估系统；②农业气象灾害风险防范技术体系；③精细化农业气候资源区划；④作物模型与遥感技术耦合。

（二）未来几年发展的战略思路与对策措施

1. 战略思想

（1）找准学科发展定位。探索学科战略规划与前沿方向，邀请国内外著名专家、学者广泛论证学科战略与规划思路；动态跟踪并持续关注学术，对学科未来发展的整体战略进行系统性研究，对相关配套政策进行积极探索；组织不同的学科发展探索方式，明确未来学科发展定位。

（2）差别化对待成果要求。依据学科发展重点申请相关项目立项，根据农业气象各学科领域的本质差别，在成果要求上可有一定的灵活度，如偏基础的农业气象及农业气候资源相关理论、方法和规律等学科可更多关注学科前沿；而偏技术的农业气象监测、预警、评估及抗灾减损等学科应提出关键技术、技术路线图等，对未来的展望和建议可更长远。

（3）注重成果应用的综合集成。成果应用应注重研究过程中对全国研究力量的动员和聚集，加强宣传力度，提高研究成果在相关部门的应用。此外，有的学科子领域相对独立，在形成总报告时易有简单堆砌现象，应强化综合集成。总之，要加强项目管理与服务，从项目启动到中期交流以及结题出版等各环节的工作须加以规范，持续推动成果应用，以结果应用的有效性推动特色农业气象学科的建立和完善，吸引更多更广泛的科学家积极参与到学科建设中来。

2. 对策措施

（1）科技引领，人才强业，创新发展。加大创新力度，努力探索符合农业气象事业发展的新思路、新举措、新优势。加快形成创新驱动的气象现代化体系和发展模式，实现农业气象事业发展提质增效。

（2）明确方向，培育成果，加强交流。梳理新形势下农业气象学科重点发展领域，积极邀请相关专家深入论证，凝练、细化优先发展方向，努力培育标志性研究成果。广泛开展学术交流，提高与增强学科知名度和影响力，提升学科不断向高水平、高层次发展。

（3）深化教育，完善资料，建设文化。以研究生教育和学位点申报为突破口带动学科建设，优化人才培养结构。完善图书资料保障系统，与学科特色相适应，促进学科教研事业蓬勃发展。加强学科文化建设，增强学科凝聚力，保持学科持续的生机和活力。

"十三五"期间初步建成气象灾害模拟大型实验设施；开展渐进适应技术体系研究，寻找转型适应的方法与技术；开展灾害风险管理研究，重点突破灾害损失评估方法与风险转移方法与技术创新。2030年，建立气候智慧型农业的数据、方法与系统平台和农业灾害风险管理系统平台，完善农业灾害风险管理理论、技术体系，更好地服务于国家决策和农业生产经营与金融等。

参考文献

［1］郭建平. 农业气象灾害监测预测技术研究进展［J］. 应用气象学报，2016，27（5）：620–630.

［2］赵鸿，王润元，尚艳，等. 粮食作物对高温干旱胁迫的响应及其阈值研究进展与展望［J］. 干旱气象，2016，34（1）：1–12.

［3］刘丹，于成龙，杜春英. 基于遥感的东北地区水稻延迟型冷害动态监测［J］. 农业工程学报，2016，32（15）：157–164.

［4］赵俊芳，赵艳霞，郭建平，等. 基于干热风危害指数的黄淮海地区冬小麦干热风灾损评估［J］. 生态学报，2015，35（16）：5287–5293.

［5］张建平，王靖，何永坤，等. 基于WOFOST作物模型的玉米区域干旱影响评估技术［J］. 中国生态农业学报，2017，25（3）：451–459.

［6］吴立，霍治国，杨建莹，等. 基于Fisher判别的南方双季稻低温灾害等级预警［J］. 应用气象学报，2016，27（4）：396–406.

［7］王春乙，张玉静，张继权. 华北地区冬小麦主要气象灾害风险评价［J］. 农业工程学报，2016，32（1增刊）：203–213.

［8］张蕾，杨冰韵. 北方冬小麦不同生育期干旱风险评估［J］. 干旱地区农业研究，2016，34（4）：274–286.

［9］张彩霞，肖金香，叶清，等. 1951—2010年南方晚稻气候适宜度时空变化特征分析［J］. 江西农业大学学报，2016，38（4）：792–804.

［10］董蓓，胡琦，潘学标，等. 1961—2014年华北平原二十四节气热量资源的时空分布变化分析［J］. 中国农业气象，2017，38（3）：131–140.

［11］王丽，李阳煦，王培法，等. 基于生态位和模糊数学的冬小麦适宜性评价［J］. 生态学报，2016，36（14）：4465–4474.

［12］李萌，申双和，褚荣浩，等. 近30年中国农业气候资源分布及其变化趋势分析［J］. 科学技术与工程，2016，16（21）：1–11.

［13］胡惠杰，王猛，尹小刚，等. 气候变化下东北农作区大豆蓄水量时空变化特征分析［J］. 中国农业大学学报，2017，22（2）：21–31.

［14］陶苏淋，戚易明，申双和，等. 中国1981—2014年太阳总辐射的时空变化［J］. 干旱区资源与环境，2016，30（11）：143-147.

［15］梁玉莲，韩明臣，白龙，等. 中国近30年农业气候资源时空变化特征［J］. 干旱地区农业研究，2015，33（4）：259-267.

［16］唐余学，郭建平. 我国东北地区玉米冷害风险评估［J］. 应用气象学报，2016，27（3）：352-360.

［17］谷晓平，李茂松. 西南地区农业干旱和低温灾害防控技术研究［M］. 北京：中国农业科学技术出版社，2016.

［18］杨晓光，李茂松. 北方主要作物干旱和低温灾害防控技术［M］. 北京：中国农业科学技术出版社，2016.

［19］王春乙. 农林气象灾害监测预警与防控关键技术研究［M］. 北京：科学出版社，2015.

［20］赵艳霞，郭建平. 重大农业气象灾害立体监测与动态评估技术研究［M］. 北京：气象出版社，2016.

［21］张继权，刘兴朋，佟志军，等. 农业气象灾害风险评价、预警及管理研究［M］. 北京：科学出版社，2015.

［22］郭建平. 气候变化对农业气候资源有效性的影响评估［M］. 北京：气象出版社，2016.

［23］梅旭荣. 中国农业气候资源图集［M］. 北京：浙江科学技术出版社，2015.

［24］莫兴国，章光新，林忠辉，等. 气候变化对北方农业区水文水资源的影响［M］. 北京：科学出版社，2016.

［25］张正斌，段子渊，徐萍，等. 应对气候变化与水资源高效利用以及粮食安全和绿色农业协同发展［M］. 北京：科学出版社，2014.

［26］张红英，李世娟，诸叶平，等. 小麦作物模型研究进展［J］. 中国农业科技导报，2017，19（1）：85—93.

［27］赵彦茜，齐永青，朱骥，等. APSIM模型的研究进展及其在中国的应用［J］. 中国农学通报，2017，33（18）：1-6.

［28］张钛仁，李茂松，潘双迪，等. 气象灾害风险管理［M］. 北京：气象出版社，2014.

［29］张峭，王克. 中国农业风险综合管理［M］. 北京：中国农业科学技术出版社，2015.

［30］王春乙，张继权，霍治国，等. 农业气象灾害风险评估研究进展与展望［J］. 气象学报，2015，73（1）：1-19.

撰稿人：刘布春　武永峰　刘　园

设施栽培农业

一、引言

设施栽培农业是在环境相对可控条件下，采用工程技术手段进行农作物周年高效生产的一种现代农业方式。设施栽培农业环境工程学是在充分掌握农作物生长发育与各环境因素相互作用的基础上，研究如何采用经济和有效的环境调控工程技术手段，创造优于自然气候、更适于农业生物生长发育和高效生产的环境条件，提高农作物产品生产效率的一门学科。

设施栽培农业作为与传统露地生产相对应的一种农业生产方式，在现代农业发展进程中具有不可替代的作用和地位，进行设施栽培农业领域的相关研究对人类社会的可持续发展具有重要意义。

首先，设施栽培农业研究将对人类突破自然限制起到重要的支撑作用。人们在同自然界长期斗争的过程中，一方面要探索生物世界的奥秘，另一方面还要探索如何打破自然的限制，满足人类可持续发展的需要。其次，设施栽培农业研究将为人类探索生物遗传潜力、实现高效生产提供重要的手段。制约农业生物高效生产的自然因素可概括为遗传与环境两个方面，遗传决定着农业生物的生产潜力，而环境则决定着这种潜力能在多大程度上得到发挥。设施栽培农业研究将会更好地创造农业生物的适宜环境要素，提升遗传潜力。再次，设施栽培农业研究为资源高效利用提供了有效的技术途径。设施栽培农业不仅可以实现周年连续高效生产，大幅度提高农业生物的产量和效益，而且还可实现在盐碱地、戈壁、沙漠、荒地、建筑物屋顶等非可耕地上进行生产，提高土地资源、水资源和光热资源的利用效率，实现高产、优质、高效和可持续发展。目前，设施栽培农业已经成为世界各国现代农业发展的重要标志，由于设施栽培农业能大幅度地提高单产、增加总产，并能从根本上提高农产品质量，设施栽培农业成为现代农业最具有活力的新兴产业之一。

二、近年最新研究进展

（一）发展历史回顾

1. 设施栽培农业历史回顾

纵观世界设施栽培农业发展历史，可以大致分为三个阶段：

（1）原始阶段（公元 1900 年以前）：设施栽培农业历史悠久。公元前 33 年，中国已有火屋（简易温室）生产"葱韭菜茹"，利用纸作为透光覆盖材料。古罗马时期，当地居民已经开始采用挖壕覆盖云母板及使用铜烟管加热来生产蔬菜。1590 年，荷兰出现了最早的玻璃覆盖温室。1850 年，随着平板玻璃的问世，英国在伦敦万国博览会上首次展出平板玻璃温室。随后，玻璃温室开始推广应用。

（2）多层阶段（1900—1970 年）：平板玻璃温室逐渐推广，尤其是第二次世界大战之后，塑料薄膜的发明及其农业应用使塑料温室得到快速发展，设施栽培农业环境工程就此开始广泛应用于生产。

（3）飞跃阶段（1970 年—现在）：20 世纪 70 年代以后，大型钢架连栋温室开始出现，岩棉基质无土栽培大面积推广，计算机以及自动控制环境设备投入生产，尤其是植物工厂的发展，标志着人类可以完全控制作物生产全部环节。

2. 设施栽培农业主要构成要素

设施栽培农业是以工程为核心的生产方式，其主要构成要素包括设施结构工程、设施环境工程与设施栽培系统三部分。

（1）设施结构工程。按照结构性能及环境可控水平可将设施分为四类，一类为简易设施，包括遮阴棚、防虫网以及风障、阳畦等设施；一类为塑料拱棚，主要包括塑料大棚、中小拱棚；一类为温室，主要包括玻璃温室、塑料温室和日光温室；还有一类为植物工厂，包括自然光型和人工光型两类。

1）简易设施成本较低，但调节能力也低，包括避雨栽培温室、活动屋面遮阴棚、遮阳网、防虫网、完全敞开屋面温室以及风障、阳畦等。

2）塑料拱棚是以塑料薄膜为覆盖材料的不加温单跨拱屋面结构温室，依据其跨度不同又分为塑料大棚、中小拱棚等多种型式。塑料拱棚一般棚高 2 ~ 3.5m，跨度 8 ~ 15m，长 30 ~ 60m；大棚建设方位多为屋脊朝向南北方向。塑料拱棚主要用于春提前或秋延后作物栽培，在北方地区可实现春提前 30 ~ 50 天、秋延后 20 ~ 25 天；在南方地区，除春提前或秋延后作物栽培外，还具有防雨、防风、保温等性能。塑料拱棚最低温度比室外高 1℃ ~ 2℃，平均温度比室外高 3℃ ~ 10℃，透光率可达 60% ~ 75%，使用寿命为 1 ~ 15 年以上。

3）温室按覆盖材料不同可分为玻璃钢温室、PC 板（PC 中空板和 PC 浪板）、塑料薄膜温室和万通板材料温室等；按照外形结构不同又可分为直壁式塑料温室、斜壁式塑料温室、拱圆顶塑料温室、尖屋顶塑料温室、锯齿型塑料温室、屋脊窗塑料温室以及双层结构塑料温室等众多型式。日光温室是我国独有的一种温室结构型式，具有节能、高效、低成本等突出优点，已经在我国三北地区得到广泛应用。日光温室的透光率可达 60% ~ 70% 以上，室内外温差达 20℃ ~ 25℃，使用寿命一般在 3 ~ 15 年以上。

4）植物工厂是通过设施内高精度环境控制实现农作物周年连续生产的系统，即是利用计算机对植物生育的温度、湿度、光照、CO_2 浓度以及营养液等环境条件自动控制，使设施内植物生育不受或很少受自然条件制约的省力型生产。

（2）设施环境调控工程。温室生产系统中所涉及的环境要素包括：空气环境（温度、湿度、光照、CO_2、气流等）、根际环境［EC、pH、DO 以及土壤（根际）温度等］。

1）光环境调节。与植物生长发育相关的光环境要素主要包括光照强度、光谱分布（光质）和光周期三个方面。光环境控制技术有：①补光调节，当作物的光强、光质和光照时间不能满足植物生产需求时，就需要进行补光调节；②遮光调节，光周期遮光的目的是延长暗期或为了削弱光强、降低室温和植株体温。遮光调节主要有光周期遮光和光合遮光两种；③光质调控，是指调节光的波长区域的比例，主要通过 R/B、R/FR 的比值来调节等。随着 LED 技术和 LD 技术的不断普及，可以自由调节光谱成分、光强和光照时间的光源装置将会得到普遍应用。

2）温度调节与控制。与植物生长发育相关的温度要素按照空间划分为气温、地温（根际温度）。同时，荷兰等国家又将温度按照植物部位进行划分，分为叶温、茎温、花温、果温、根温、分生组织温度等，其中果温与分生组织温度对植物生长发育影响最为明显。气温对作物的光合作用、呼吸作用、光合产物的输送有重要作用，而地温的高低直接影响作物根系的生长发育和根系对水分、营养物质的吸收及输送等过程。温环境控制技术有：①保温调节，主要通过覆盖材料和一定的工程措施来达到系统保温的目的，包括外保温覆盖、使用内部反射型覆盖材料、充气覆盖、使用中空板材等方式；②通风调节，主要为了抑制高温、补充 CO_2、降低室内空气湿度、促进植物群落中的气体交换等，主要调节方式有自然通风、强制通风；③加温调节，通过外部热源加热提高室内温度，主要包括热水采暖、热风采暖、电热采暖以及火炉采暖；④降温调节，包括通风降温、蒸发降温，如湿帘—风机降温系统、弥雾降温、冷水降温等，也可以各种方式同时使用。

3）CO_2 调节与控制，CO_2 对植物的形态、水分利用、蛋白质合成、光合作用、抗性、生长及生物量等均有影响。CO_2 调节与控制技术包括通风调节、增施 CO_2 气肥。主要方式有有机肥发酵、燃烧碳氢化合物以及化学药剂的二氧化碳发生器。

4）湿度调节与控制。湿度会影响作物蒸腾作用及气孔开闭，从而影响光合作用及根系对养分、水分的吸收和输送；此外，湿度与病原微生物的繁殖也密切相关，持续高湿环境会诱发各种植物病害。降湿技术包括通风换气、加温降湿、地膜覆盖与控制灌水、防止覆盖材料和内保温幕结露、其他降湿的技术与设备（如机械制冷、吸湿剂吸湿等）。

（3）设施栽培系统。设施栽培农业主要应用于高附加值的作物生产，主要包括设施蔬菜、花卉、果树栽培工程。栽培方式由早期的土壤栽培逐渐发展到无土栽培，其中无土栽培包括水耕栽培与基质栽培两种方式。

1）设施栽培品种。设施蔬菜生产中应用的夏季遮阴降温技术设备日趋完善，反季节和长周期栽培技术成果得到应用，设施环境和废水调控技术的不断优化和改善，高效授粉技术、病虫害预测、预报及防治等综合农业高新技术的不断得到应用，栽培品种几乎涵盖了所有蔬菜品种。

设施花卉栽培提高了花卉种苗的繁殖速度，提高了种子发芽率和成苗率，使花期提前。设施栽培满足植株生长发育不同阶段对温度、光照、湿度等环境条件的需求，已经实现了大部分花卉的周年供应。与露地栽培相比，设施栽培的切花月季也表现出开花早、花茎长、病虫害少、一级花的比率提高等优点。在设施栽培条件下进行温度和湿度控制，也使原产北方的牡丹花开南国，打破了花卉生产和流通的地域限制。

设施果树栽培可以人为调控果实成熟期，提早或延迟采收期，还可使一些果树四季结果，周年供应。通过设施栽培能克服南方炎热多雨和北方冬季寒冷给生产带来的影响。日本的设施栽培最初就是从防雨、防风为目的开始的。设施栽培条件下由于人工控制各种生态因子，可使一些热带和亚热带果树向北迁移，如番木瓜在山东日光温室栽培条件下引种成功、欧亚种葡萄在高温多雨的南方地区获得成功。

2）无土栽培。无土栽培包括水培、雾（气）培、基质栽培。19世纪中期，W.克诺普等发明了这种方法。到20世纪30年代，这种技术开始应用到农业生产上。进入21世纪，人们进一步改进技术，使得无土栽培不断发展壮大。

无土栽培采用营养液栽培，可通过营养液直接栽培或采用相应的基质进行栽培。随着工业的发展，配制营养液所需的各种矿质营养元素能够实现工业化生产，同时矿质营养元素的纯度也得到了提升，能够配制适宜植物生长的营养液。在长期的试验研究过程中，开发出众多营养液配方，如霍格兰配方、日本山崎配方、田园配方等。

除营养液外，各种新型栽培基质的出现也促进了无土栽培的发展。固体基质的类型多种多样，包括岩棉、蛭石、珍珠岩、砂、砾石、草炭、稻壳、椰糠、锯末、菌渣等，这些基质浇灌营养液后，能像土壤一样给植物提供氧气、水分、养分和对植物的支持。新型固体基质的生产需要工业化技术的支持。按照基质的组成来分，可以分为无机基质、有机基质和化学合成基质三类。砂、石砾、岩棉、蛭石和珍珠岩是无机物质组成的无机基质，树皮、泥炭、蔗渣、稻壳、椰糠等是由植物有机残体组成的有机基质，泡沫塑料为化学合成基质。无论是无机基质、有机基质还是化学基质都需要工业进行加工处理，才能形成相应的基质产品、应用到实际生产之中。

①水培技术是无土栽培技术的一种，即不利用固体基质而单一利用营养液进行栽培的

一种栽培方法。水培技术中作物的养分和水分完全来源于营养液。水培技术包括营养液膜技术（NFT）、浮板毛管水培（FCH）和深液流技术（DFT）。

②基质培作为无土栽培的一个分支，栽培的核心是恰当的基质，基质的选择是栽培成功与否的关键。固体基质栽培简称基质培，它是利用非土壤的固体材料作栽培基质用以固定作物，并通过浇灌营养液提供作物生长发育所需的水分和养分进行作物栽培的一种形式。无机基质栽培包括砾培、砂培、岩棉培等；有机基质栽培主要是将几种基质混合在一起进行生产应用，是一种复合基质。有机基质的原料丰富、容易获得、处理加工方便，很多可以就地取材。

③气雾栽培是一种新型的栽培方式，它是利用喷雾装置将营养液雾化为小雾滴状直接喷射到植物根系，以提供植物生长所需的水分和养分的一种无土栽培技术。

（二）学科发展现状及动态

20世纪80年代以来，随着现代工业向农业的渗透，设施栽培农业发展迅速，并成功突破了气候、资源限制，实现了果蔬、花卉等产品的周年供给。截至2016年年底，我国设施栽培面积已达462.7万公顷，总产值9800多亿元，并创造了4300多万个就业岗位。

1. 设施结构不断改进与创新

在设施结构工程方面，开发出多个系列的新型温室结构，制定出设施区域标准，形成了独具特色的结构体系。目前，日光温室已经成为中国北方最为重要的温室类型，其结构优化也成为研究热点。一方面从日光温室内部热环境、光环境特点出发，研究进一步改变前屋面角度及结构提高温室光温性能，研发出可变屋面倾角日光温室；另一方面从后墙结构、材料进行改进，提出温室结构构件集热方法和轻简装配式温室概念，新型温室结构设计突出温室采光、保温性能，标准化的温室骨架可现场安装。与此同时，将温室后墙保温蓄热功能分离，新温室轻质后墙仅承担保温功能，配套以蓄热系统，实现日光温室后墙的轻简化。同时，设计研制的大跨度外保温温室解决了日光温室土地利用率低的问题。

2. 节能型设施环境调控技术不断取得新进展

设施环境调控与智能化管理技术取得重大进展，温室节能与新能源应用研究受到普遍重视。通过技术引进、自主创新，我国大型连栋温室的通风、降温、加温、补光、CO_2 施肥等环境调控技术得到全面提升，大大发展了智能化、自动化环境调控系统及配套装置技术，并与物联网结合。

3. 设施无土栽培模式与配套技术不断改进

新型无土栽培技术研发。刘文科等发明了"设施蔬菜优质高产高效轻便起垄内嵌式基质栽培技术"，能够克服连作障碍、土传病害的危害和设施土壤、地下水硝酸盐污染难题，提高了根区蓄热保温能力，可有效应对冬季低温。立体化的无土栽培方式利用有限的栽培面积向空间发展，通过树立的栽培柱或栽培架进行垂直栽培。立体多层栽培是一种集约高效的栽培方式，可充分利用温室空间和太阳能，提高土地利用率 3 ~ 5 倍，同时提高单位面积产量 2 ~ 3 倍。多层式栽培以日光温室后墙多层栽培为例，将栽培槽布置于温室后墙，利用固体栽培基质或营养液进行作物栽培，能够充分利用温室空间和阳光，实现作物产量的增加。吴瑞宏等采用投资低、成本低、工作量小的有机生态型无土栽培技术，在生产过程中应施用有机肥、用清水进行灌溉，从而达到低耗能、无污染的目的。

（三）学科重大进展及标志性成果

1. 设施蔬菜连作障碍防控关键技术取得突破

浙江大学喻景权教授牵头完成的技术成果"设施蔬菜连作障碍防控关键技术及其应用"获得 2016 年度国家科技进步奖二等奖。针对设施蔬菜连作障碍、蔬菜农残高以及制约健康可持续生产的瓶颈问题，该研究围绕连作障碍成因不明、土壤连作障碍因子消除困难、蔬菜对连作障碍因子抗性弱三个核心问题，揭示了连作障碍高发成因与规律，发现了连作障碍防控的突破口。明确土壤初生障因消除和蔬菜根系抗性增强是防控核心；攻克了土壤连作障碍因子消除技术难点，实现从化学农药消毒向环境友好型消除的重大技术变革。实现了化学农药零投入的土壤连作障碍因子系统消除；发明了蔬菜根系抗性诱导技术，突破了优质蔬菜连作难的技术瓶颈。解决了蔬菜优质品种因线虫等高发而难于推广的产业瓶颈；创建"除障因、增抗性、减盐渍"三位一体连作障碍防控系统解决方案，为设施蔬菜安全可持续生产提供了技术保障。

近三年，该成果在鲁、豫、冀、浙和闽等省推广 1346.6 万亩，亩增效益 550 ~ 2722 元，经济效益达 220.64 亿元，农药化肥节支 27.9 亿元，辐射近二十个省 70% 设施蔬菜连作障碍高发区，实现了蔬菜稳产高效、安全和生态环保多赢。

2. 智能植物工厂能效提升与营养品质调控关键技术进展

中国农业科学院农业环境与可持续发展研究所杨其长研究员牵头完成的"高光效低能耗 LED 智能植物工厂关键技术及系统集成"获 2017 年国家自然科学奖二等奖；"智能植物工厂能效提升与营养品质调控关键技术"获得北京市科技进步奖二等奖。植物工厂是一种技术高度密集、资源高效利用的农业生产方式，是世界各国保障食物安全的重要发展方向。由于植物工厂在环境精准可控条件下进行生产，能耗大、运行成本高等问题突出，已经成为其发展的重要瓶颈。针对植物工厂在节能降耗、提质增效等方面的迫切技术需求，项目组历经 12 年的潜心研究，实现了植物工厂核心技术的重大突破，使我国成为国际上少数掌握植物工厂高技术的国家。

率先在国际上提出了植物"光配方"思想，探明了基于 LED 的植物光配方优化参数，发明了以 AIGaInP 红光 660nm 芯片与 InGaN 蓝光 450nm 芯片为核心的多光质组合（R/G/B/FR）植物 LED 节能光源；开发出基于植株发育特征的水平与垂直方向可移动式 LED 动态光环境调控技术，显著降低了光源能耗。与荧光灯相比，节能率达 62% 以上；提出充分利用室外自然冷源进行植物工厂环境调节的"光—温耦合节能调控"方法，探明了室外冷源与明暗期耦合的节能降温调控策略，发明了基于室外冷源与空调协同调温的植物工厂节能环境控制技术及配套装备。与传统空调降温相比，节能率达 24.6% ~ 63%。率先探明了植物工厂营养液自毒物质的特征机理，发明了 UV—纳米 TiO_2 协同处理营养液自毒物质的技术方法；发明了基于采收前短期连续光照与营养液氮素水平控制的蔬菜品质调控技术，降低叶菜硝酸盐含量达 30% 以上，并显著提高了维生素 C 和可溶性糖含量；探明了植物工厂叶类蔬菜全生育期各阶段对环境与营养的需求规律，发明了基于物联网的植物工厂智能化管控技术，实现对植物工厂温度、湿度、CO_2 浓度以及营养液 EC、pH、DO 等要素的在线检测、远端访问、程序更新及其基于网络的远程智能化管控。

项目成果已在北京等 20 多个省、市、自治区和部队系统的 200 多个园区和农业企事业单位推广应用，经济、社会效益显著。

三、本学科与国外同类学科比较

设施栽培农业在世界各地均有一定规模的发展，但不同国家和地区的设施栽培面积和技术水平差异较大。地中海沿岸国家发展较快；西北欧国家设施栽培农业得到稳步发展，产业历史悠久，技术优势明显；东亚地区设施面积最大，人口密度大，对蔬菜和园艺作物需求大。

我国已经成为世界上设施栽培面积最大的国家，研究开发了具有自主知识产权、我国独有的节能日光温室，在结构、材料、栽培以及配套装备等关键技术不断取得进展，实现了在北纬 34° ~ 42° 区域冬季不加温条件下也能进行果菜类作物的生产，年节约标准煤 4 亿吨以上；设施环控与装备水平不断提升：针对不同气候特征和作物需求，研制成功湿帘—风机降温、遮阳保温、采暖通风等环境调控技术装备，研发出播种、育苗、肥水一体化等作业机具，并突破了温室热能主动蓄积与释放等新技术。

设施种育与栽培技术更加适合中国国情。筛选培育出一批适合设施栽培的具有耐低温、弱光、抗病、丰产特征的蔬菜、花卉、瓜果等作物专用品种，研制出多种形式的无土栽培模式及配套技术，番茄、黄瓜高产品种亩产达 2 万千克以上；先后突破植物工厂 LED 光源创制、光—温耦合环境调控、营养液循环与控制以及基于物联网的智能化管控等关键技术，实现了植物工厂成套装备的完全国产化，显著提升了我国在该领域的国际地位。

虽然我国设施栽培农业取得了重要的技术进展，但与荷兰、以色列、日本、美国等发达国家相比仍有差距。具体表现为：

（1）设施结构简陋、环控水平低。目前，我国 90% 以上的设施仍为简易型结构，单体规模小、环控水平低、抗灾能力弱，适宜于我国气候特征的大型化连栋温室、集约化养殖设施结构轻简化与装配化以及智能化环境调控等关键技术亟待突破。

（2）机械化水平低、劳动生产率不高。由于设施单体规模相对较小，我国装备水平普遍较低，设施栽培农业机械化率仅为 30% 左右，人均管理面积仅为荷兰的 1/4，劳动强度大、生产率低，机械化装备水平亟待提升。

（3）设施产量低、生产效率不高。与发达国家相比，我国设施动植物产量仍较低，生猪出栏率低 40%、奶牛单产低 50% 以上；番茄、黄瓜产量为 10 ~ 30kg/m²，仅为荷兰水平的 1/3 ~ 1/4，水肥利用效率仅为荷兰的 1/2 ~ 1/3。

四、展望与对策

（一）未来几年发展的战略需求

紧紧围绕设施栽培农业学科发展和国家需求，以大幅度提高资源利用效率、单位土地产出率和可持续发展为目标，在设施新品种选育、结构工程与新材料开发、节能工程、环境模拟与智能控制、营养液栽培、植物工厂以及管理机器人等关键技术领域取得突破，形成具有中国特色的设施结构类型和配套技术体系。

短期将在作物与温、光、水、气、肥等环境因子交互作用规律与仿真模型的研究方面，在以清洁能源为主体的环境调控装备研制、温室自动检测与控制系统软硬件开发、无土栽培营养液循环与控制系统、温室管理机器人的试验研究以及植物工厂的开发等方面取得重要进展。

中期将在温室作物新品种的选育、节能覆盖新型材料的开发、浅层地能和太阳能等新型清洁能源的开发、无土栽培配套系统、基于 WEB 的温室数据采集与智能控制系统成套装置、温室管理机器人的应用以及植物工厂的普及与推广等方面取得重点突破，初步形成我国设施栽培农业高技术产业化体系。

中长期将在温室结构优化、覆盖材料和关键设备的国产化、节能工程、无土栽培配套系统、环境模拟与控制、机器人技术与植物工厂等领域全面取得突破，形成具有完全自主知识产权的设施栽培农业技术体系，总体技术达到发达国家水平。

（二）未来几年发展的重点领域

针对当前我国设施栽培农业存在的突出问题，从国家设施栽培农业的长远战略需求出发，未来几年在一些共性和关键技术领域率先取得突破。

（1）温室结构优化与新型材料的研究与开发。针对不同气候区（如华北、华东、东北、西北、华南等）的气候、资源与环境特点构建气候模型，进行不同区域的国产化温室结构优化研究与配套产品开发；在新型材料的研究与开发上，重点攻克塑料薄膜抗老化、防雾滴、长寿和保温等技术难题；重点开展具有中国特色的节能日光温室结构优化研究与配套技术开发，研制出具有自蓄热功能的轻简装配式节能日光温室，彻底解决土地利用率

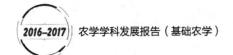

低、环境调控能力弱以及栽培系统配套等关键技术问题。

（2）基于作物模型的温室数据采集与智能化控制系统软硬件的开发。重点进行设施环境下主要作物与温、光、水、气、肥等环境因子交互作用规律的研究，探索不同作物对环境响应的定量关系；同时，运用虚拟技术构建主要作物生长发育的动态模拟模型，开发出基于作物模型和环境模型的温室计算机控制系统；通过先进适用的温室无线传感节点、无线控制节点、无线汇聚节点、优化控制站点的建立以及无线传感器网络中间件技术、无线测控网络系统的开发，建立基于 WEB 的温室数据采集、远程诊断与环境控制的智能管理系统。

（3）温室高效生产综合配套技术关键设备的研制与开发。着重进行温室专用栽培新品种的选育、无土栽培高效生产关键技术与设施的研制、工厂化育苗配套设施、微灌施肥技术、病虫害综合防治技术、熊蜂授粉技术、二氧化碳施肥和无公害蔬菜采后处理、加工与储藏保鲜关键技术与设备的研制与开发，使温室作物产量比现有水平提高 50% ~ 80%。

（4）温室节能与资源高效利用技术的研究。以节能为目标，研究温室光温环境控制的节能模式与工程手段，开发出以浅层地能和太阳能等清洁能源为主体的环境调控系统；开发具有自主知识产权的具有节能、节水、节药、节肥功能的温室配套装备，如节能型加温、降温设备以及营养液闭路循环系统等；研究以 LED 为代表的新型节能光源关键技术等，源源不断地为我国设施栽培农业以及相关产业提供技术支撑。

（5）植物工厂高技术的研究与开发。以设施工程、环境控制以及无土栽培等技术为基础，研制出一批我国自行设计制造的"低成本、节能、高效"植物工厂，以满足国内外市场对高端园艺产品的需求，实现我国设施栽培农业高技术的国产化。

（6）温室管理机器人的研究与开发。进行温室管理机器人的关键技术研发，如基于机器视觉的果实图像信息快速获取与生物信息模式识别技术、机器人前行路径的相对导航和已知位置点的绝对导航控制等技术的开发，逐步使温室管理机器人进入生产应用。

通过上述研究的开展，逐步使我国设施栽培农业形成完备的技术体系，不仅在高新技术领域拥有自己的自主知识产权，而且在关键技术领域形成系统配套的完善体系，实现由设施栽培农业大国向强国迈进。

（三）未来几年发展的对策措施

1. 科学规划，合理布局，构建设施栽培农业优势产业区

设施栽培农业作为一项高效农业产业，是解决我国人口增长、资源不足以及社会对农产品需求不断增加矛盾的重要途径，是新农村建设、农业增效、农民增收促进就业和农村经济快速发展的重要手段。国家应该从战略的高度积极规划设施栽培农业的发展，优化区域布局，并针对不同地区、不同气候条件和社会经济状况制定出相应的优惠政策，引导设施栽培农业不断向优势区域转移。同时，在设施农产品市场体系建设和出口创汇等方面制

定出一系列的政策和措施，促进设施农产品的流通，最终形成我国设施栽培农业优势产业带。

2. 加大政府的财政扶持力度，进一步提高我国设施栽培农业装备水平

设施栽培农业是以现代装备和工业技术为支撑的农业产业，投入成本相对较大，一些发达国家在发展前期都是通过政府补贴、贴息贷款和提高本国农产品价格等措施加以扶持。建议我国政府拿出专项资金，制定出台类似农机补贴那样的扶持政策，对设施栽培农业种植企业和农户实施购置补贴，以促进设施栽培农业装备水平的提高、增强设施农户抵御自然灾害和抗御市场风险的能力。

3. 加大科技支撑和技术推广的支持力度

科技支撑是设施栽培农业发展的核心，是我国由设施栽培农业大国向强国迈进的重要手段。针对我国设施栽培农业关键技术和基础性研究不够、产业化水平低的现状，建议国家以重大项目的形式将设施栽培农业关键技术研发纳入农业科技创新体系，加大资金和项目的投入力度。同时，构建科研、推广和农户三者有机结合的技术推广网络，加快设施栽培农业技术的推广普及步伐。

参考文献

[1] Dilip J, Tiwari GN. Modeling and optimal design of ground air collector for heating in controlled environment greenhouse [J]. Energy Conversion and Management, 2003（44）：1357-1372.

[2] 孙忠富，曹洪太，李洪亮. 基于 GPRS 和 WEB 的温室环境信息采集系统的实现 [J]. 农业工程学报，2006，22（6）：131-134.

[3] 马承伟. 农业设施设计与建造 [M]. 北京：中国农业出版社，2008.

[4] 王宇欣，段红平. 设施园艺工程与栽培技术 [M]. 北京：化学工业出版社，2008.

[5] 杨文雄. 屋面形状对日光温室光环境的影响模拟 [J]. 农业工程，2014（4）：35-37.

[6] 李彦坤. 设施农业发展现状及方向 [J]. 现代农业研究，2017（1）：18.

[7] 蒋卫杰，邓杰，余宏军，等. 设施园艺发展概况、存在问题与产业发展建议 [J]. 中国农业科学，2015，48（17）：3515-3523.

[8] 严斌，丁小明，魏晓明，等. 我国设施园艺发展模式研究 [J]. 中国农业资源与区划，2016，37（1）：196-201.

[9] 张英，徐晓红，田子玉. 我国设施农业的现状、问题及发展对策 [J]. 现代农业科技，2008（12）：83-84.

[10] 谷端银，焦娟，高俊杰，等. 设施土壤硝酸盐积累及其对作物影响的研究进展 [J]. 中国蔬菜，2017，1（3）：22-28.

[11] 冯胜利，肖欢，刘金垒. 日光温室连作障碍因子及防控技术 [J]. 陕西农业科学，2017，63（3）：102-104.

[12] 傅国海，刘文科. 土垄内嵌基质栽培方式对日光温室春甜椒的降温增产效应 [J]. 中国农业气象，2016，37（2）：199-205.

[13] 傅国海，刘文科. 日光温室甜椒起垄内嵌式基质栽培根区温度日变化特征 [J]. 中国生态农业学报，2016，24（1）：47-55.

［14］ 滕星，高星爱，姚丽影，等. 植物工厂水培生菜技术研究进展［J］. 东北农业科学，2017（1）：40-45.

［15］ 周亚波，毛罕平，胡圣尧，等. 植物工厂栽培板自动搬运装置设计及试验［J］. 农机化研究，2017，39（5）：135-139.

［16］ 王瑞，胡笑涛，王文娥，等. 菠菜水培不同营养液浓度的产量、品质、元素利用效率主成分分析研究［J］. 华北农学报，2016，31（S1）：206-212.

［17］ 杨振华. 两种草莓立体栽培模式与高畦栽培适应性比较试验［J］. 陕西农业科学，2015，61（5）：34-37.

［18］ 唐静，周园园，袁利荣. 不同基质配方对立体栽培草莓生长、品质和产量的影响［J］. 江苏农业科学，2016，44（1）：185-187.

［19］ 吴瑞宏. 设施辣椒有机生态型无土栽培技术研究［J］. 新农村：黑龙江，2017（3）：70.

［20］ 杨其长，张成波. 植物工厂概论［M］. 北京：中国农业科学技术出版社，2005.

［21］ 贺冬仙. 日本人工光型植物工厂技术进展与典型案例［J］. 农业工程技术：温室园艺，2016，36（13）：21-23.

［22］ 马太光，陈晓丽，郭文忠，等. 不同红外补光模式对植物工厂生菜生长及品质的影响［J］. 中国农业气象，2017，38（5）：301-307.

［23］ 刘彤，李尧，贺宏伟，等. 基于 ZigBee 的密闭式 LED 植物工厂监控系统［J］. 农机化研究，2015（5）：75-81.

［24］ 刘晓英，焦学磊，要旭阳，等. 水冷式植物工厂 LED 面光源及散热系统的研制与测试［J］. 农业工程学报，2015，31（17）：244-247.

［25］ 涂俊亮，邱权，秦琳琳，等. 微型植物工厂内部环境调控试验平台研制及试验［J］. 农业工程学报，2015，31（2）：184-190.

［26］ 徐圆圆，覃仪，吕蔓芳，等. LED 光源在植物工厂中的应用［J］. 现代农业科技，2016（6）：161-162.

［27］ 杨其长. 植物工厂技术［J］. 中学生阅读初中：读写，2016（10）：42-43.

［28］ 杨其长. 植物工厂系统与实践［M］. 北京：化学工业出版社，2012.

［29］ 余意，杨其长，刘文科. LED 红蓝光质对三种蔬菜苗期生长和光合色素含量的影响［J］. 照明工程学报，2015，26（4）：107-110.

［30］ 张义，方慧，周波，等. 轻简装配式主动蓄能型日光温室［J］. 农业工程技术·温室园艺，2015（25）：36-38.

［31］ 杨其长，张成波. 植物工厂概论［M］. 北京：中国农业科技出版社，2005.

［32］ 邹志荣，邵孝侯. 设施农业环境工程学［M］. 北京：中国农业科技出版社，2008.

［33］ 史宇亮，王秀峰，魏珉，等. 日光温室土墙体温度变化及蓄热放热特点［J］. 农业工程学报，2016，32（22）：214-221.

［34］ 杨其长. 设施园艺工程技术创新［J］. 农业工程技术，2016（22）：16-18.

［35］ 李天来. 日光温室蔬菜栽培理论与实践［M］. 北京：中国农业出版社，2014.

［36］ 周长吉. 中国温室工程技术理论与实践［M］. 北京：中国农业出版社，2003.

［37］ 周长吉. 现代温室工程［M］. 北京：化学工业出版社，2003.

［38］ 曹晏飞，荆海薇，赵淑梅，等. 日光温室后屋面投影宽度与墙体高度优化［J］. 农业工程学报，2017，33（7）：183-189.

撰稿人：张　义　杨其长

食品加工

一、引言

食品加工是指直接以农、林、牧、渔业产品为原料进行的谷物磨制、饲料加工、植物油和制糖加工、屠宰及肉类加工、水产品加工以及蔬菜、水果和坚果等食品的加工活动，是广义农产品加工业的一种类型。按加工程度划分，食品加工可分为初级加工和深加工。其中，食品初级加工是指为了保持产品原有的营养物质免受损失或者为适应运输、贮藏和再加工的要求，对食品原料一次性的不涉及对其内在成分改变的加工。初级加工的过程工艺原理和加工技术简易、易于进行，但商品价值低，如粮食的晒干、烘干、脱壳、碾磨、活畜活禽的屠宰、肉类、蛋品、鱼类的冷冻加工等均属于初加工的范畴。深加工是指对食品原料二次以上的加工，主要是指对蛋白质资源、植物纤维资源、油脂资源、新营养资源及活性成分的提取和利用。其过程加工产品种类繁多，加工工艺原理和技术要求程度高，是增加农产品产值、提高加工食品经济效益的重要途径。初级加工使食品原料发生量的变化，精深加工使食品原料发生质的变化。

食品加工学科是一个综合性强、自身特点突出、理论与应用结合紧密的交叉学科，是以研究原料属性与加工工业所依托的科学理论问题、工程技术及装备的目标实现为基本内涵的学科。在我国，食品加工学科伴随着国民经济农副食品加工业、食品制造业、饮料制造业3个行业的发展壮大而快速发展。

二、近年最新研究进展

（一）发展历史回顾

食品加工业是"为耕者谋利、为食者造福"的传统民生产业，在实施制造强国战略和推进健康中国建设中具有重要地位。中国食品加工业历史源远流长，但是一直以来附属农业的食品学科，发展相对缓慢。新中国成立前，仅有国立中央大学的食品科学系。新中国成立以后，20世纪50年代初成立的无锡轻工学院、大连轻工学院专门开展食品研究。20世纪80年代初，国内农业院校纷纷建立了农产品贮运与加工专业或食品科学系或食品工程（食品加工）专业，80年代后期和90年代初期又发展成为食品科学与工程专业，这其中包括中国农业大学、吉林农业大学、南京农业大学、华中农业大学、山西农业大学、西北农学院（现西北农林科技大学）、上海农学院（现并入上海交通大学）、福建农业大学、四川农业大学、内蒙古农业大学等多所农业院校以及西北轻工业学院（现陕西科技大学）、上海水产大学、淮海工学院等。90年代中期以后又有很多高校相继增设了食品科学与工程专业，近年来已有47所部属或省属院校增设了该专业。如今，全国200多家学校设立了食品专业。伴随着学科的发展，农产品加工业有了长足的发展并逐步形成了农产品加工业体系。

1998年7月，教育部颁布了新的本科专业目录。新的食品科学与工程由原食品工程、食品科学、农产品加工与贮藏工程、制糖工程、粮食工程、油脂工程等专业合并组成，专业覆盖面涉及工、农、贸等几大领域，而且沿用至今。从学科发展性质来看，食品学科是连接基础研究与应用研究的学科。随着科技的发展及各学科的交叉融合，食品加工学科体系正在逐步完善，学科结构划分将更科学，学科交叉更明显，食品学科在我国科学研究体系中已占据相当重要的地位。

进入21世纪，由于大众健康意识的增强、消费观念的改变，营养与健康已然成为人们生活的焦点，国民经济的发展和人民生活水平的不断提高也为营养、食品相关行业的发展创造了良好的外部环境。人们对食品安全、营养的需求和对食品的多样化、优质化的需求明显增强；且随着世界经济和现代科技的发展特别是我国加入WTO后，国际食品与营养产业呈加速发展趋势。这一切都急需一批批受过系统高等教育的"食品营养"学科领域人才来加强对食品与营养的科学引导、管理和监督，以加快我国食品行业的发展和营养工作，从而跟上社会发展乃至世界发展的步伐。目前，有少数高校在食品科学与工程专业下设营养方向，如华南农业大学、深圳大学等。我国与营养专业相关的研究生教育的高校及研究所共46所，其中医学院校占82.6%、农业院校占8.7%、食品院校占4.3%、生命科学院校占4.3%。与营养专业相关的本科高校共6所，为上海交通大学、中南大学医学院、蚌埠医学院、山东中医药大学、中山大学公共卫生学院、扬州大学旅游烹饪学院，其中医学院占83.3%、食品院校占16.7%。在营养健康被逐渐重视的大环境下，社会对食品营养学专业人才的需求也将逐渐增长。

（二）学科发展现状及动态

1. 食品加工学科

自2002年国办印发《关于促进农产品加工业发展的意见》、2003年《农业法》规定

"国家支持发展农产品加工业"以来，我国食品工业依靠农村改革红利、消费结构升级、科技创新支撑和现代农业带动得到了长足发展。

（1）总量迅速扩大。2015年，规模以上食品工业企业39647家，实现主营业务收入11.35万亿元，比2010年增长了87.3%，年均增长13.4%；主营业务收入占全国工业的比重从2010年的8.7%提升到10.3%。

（2）标准法规体系不断完善。食品安全保持较好水平，修订了《食品安全法》，发布了新的食品安全国家标准501项。食品安全示范城市和农产品质量安全示范县创建成效显著，食品安全风险监测能力和保障水平逐步提升。2015年，国家食品质量安全监督抽检合格率达96.8%。

（3）区域发展协调性增强。东部地区继续处于领先和优势地位，中部地区利用农业资源禀赋推动食品工业快速发展，中西部地区食品工业增加值比重增加。绿色发展水平不断提高，食品工业大力发展循环经济，资源综合利用水平进一步提高，节能减排取得积极成效。

（4）结构优化升级。2016年，食用类加工业主营业务收入占农产品加工业比重达53%。主要农产品加工初步形成齐全的国产化机械设备品种，如肉类加工设备国产化达90%以上，粮油加工设备逐步替代进口。山东、江苏、浙江等沿海地区正在推进腾笼换鸟、机器换人、空间换地、电商换市和培育名企、名品、名家，转型升级步伐加快。

2. 食品学科领域

自"十五"以来，国家对于食品加工领域的高度重视促进了一批自主知识产权、高水平科技成果的产出。随着国家整体科技水平和科技投入的增强，食品加工技术领域也水涨船高，高新技术逐渐得到了较为广泛的应用。

（1）粮油加工领域。近年来，涌现出一批具有重要意义的科技成果，如"稻米与副产品高效增值深加工技术"获2005年度国家科技进步奖二等奖、"稻米深加工高效转化与副产物综合利用"获2011年国家科技进步奖二等奖；并涌现出一大批包括成套主食米饭生产技术装备、留胚米生产技术与装备、米糠油加工技术与装备以及米糠功能食品加工等前沿技术成果。小麦在绿色仓储、专用粉加工方面亦曾取得国家科技进步奖。我国玉米加工产业的科技发展受欧美等发达国家影响较多，通过引进转化已接近世界先进水平。目前，在实际生产中应用的玉米加工先进技术包括大型湿磨、密闭循环加工技术、计算机全程控制技术等。国内在玉米淀粉、蛋白质、纤维和玉米油等综合利用方面的技术也日渐成熟，原料的综合利用率可达到90%以上。相比于稻米、小麦、玉米等大宗粮食作物，目前国内更缺少先进的杂粮加工技术设备，杂粮加工仍处于以干燥、磨粉等主的低水平、初级加工水平，产品仍以传统工艺、手工操作为主，深加工也长期停留在制面（片）、膨化、酿酒等方面。杂豆的深加工利用主要是粉丝、油炸豆、豆瓣酱等传统产品。总体而言，杂粮加工产品形式单一、档次低、技术创新不足，前沿研发尚属空白。

　　快速无损检测技术发展迅速，以近红外光谱技术为代表的粮油品质快速检测技术和装备较好地解决了原粮质量快速检测及分等分级问题，在国外小麦制粉设备上有少数已应用该技术。在油脂加工领域，一批前沿技术已经得到应用（表1）。新型低碳链烷烃浸出技术已获得生产企业认可，在连续进料、逆流浸出、低温脱溶等技术方面取得突破，因生产过程温度控制较低，有益于油脂的营养保留。在酶法制油方面，国外从21世纪初年开始连续立项研究玉米胚芽、大豆等国内优势资源的酶法制油技术。结合油料特定预处理工艺，我国也开展了膨化预处理—水酶法提油技术在大豆加工中的应用，除了可避免有机溶剂的使用，水酶法制油还会在一定程度上提升油脂和蛋白质的营养品质。低温冷榨制油技术亦在花生、核桃等高油脂含量的油料加工中得以应用，低温压榨可有效降低油脂中维生素损失且可获得低变性植物蛋白饼粕。此外，对于一些附加值高的油品（如小麦胚芽油）或者油料中高附加值副产物（甾醇、磷脂、维生素E等）的提取也已开始采用超临界、亚临界萃取技术、短程分子蒸馏技术。

表1　油脂加工前沿技术

技术名称	原理或应用
水酶法制油	在水溶剂法应用基础上，采用纤维酶、半纤维酶或果胶酶来破坏油料细胞结构，提高油料蛋白和油脂提取率
生物技术	酶促水解和酶促定向酯交换生产功能性油脂和结构酯质，化学或酶法合成共轭亚油酸
膜分离技术	用膜分离进行水化脱胶，用膜分离对油脂浸出中混合油分离溶剂替代混合油的蒸发与汽提，回收溶剂，节能降耗
短程分子蒸馏技术	利用不同物质分子运动平均自由程的差别实现分离，用于油脂中功能组分的分离
超/亚临界流体技术	油脂提取及油脂加工副产物的加工利用
油料冷榨膨化技术	油料预处理
微波萃取技术	油脂提取

　　（2）肉类加工领域。在生鲜肉方面，形成了羊胴体分割分级技术、肉牛胴体分级技术、高阻隔真空热收缩包装新型技术、冷冻畜禽肉高湿变频解冻技术，并在内蒙古蒙都羊业食品有限公司等10余家企业得到示范应用，大大降低了宰后的损失率。在腌腊肉制品方面，形成了生食宣威火腿加工技术、低盐钠腌制和低硝发色技术、传统腌腊畜禽肉强化高温成熟风味品质调控技术、传统腌腊畜禽肉抗氧化保鲜包装技术；在酱卤肉制品方面，形成了酱肉快速成熟技术、清真酱卤牛羊肉制品加工共性技术；在风干肉制品方面，形成了风干牛羊肉人工模拟气候风干技术、中红外—热风组合干燥技术、风鸭风干高温成熟工艺技术；在添加剂方面，形成了腊肉烟熏材料混合复配技术、亚硝基肌红蛋白合成制备技术。通过技术革新和示范应用，提升了浙江金华、湖南唐人神、广东皇上皇等企业的产品

质量；同时，通过腊肠"酸价"指标的研究验证，推动了国家标准中对"酸价"指标的删除工作，有利于广东中山市等一大批企业的产品生产和市场推广。

（3）果蔬加工领域。目前，国际上果蔬加工的前沿技术包括现代干燥技术（包括变温压差膨化干燥技术、中短波红外干燥技术、玻态干燥技术、真空冷冻干燥技术、热泵干燥技术、真空微波干燥技术、滚筒干燥技术等）、非热加工技术（包括超高压技术、高压二氧化碳技术、高压脉冲电场技术）、超微粉碎技术（包括气流超微粉碎、纳米粉碎、低温粉碎）。在果蔬干燥加工方面，许多企业为了克服传统热风干燥和油炸干燥产品品质较差、营养成分损失严重的情况，广泛采用真空冻干技术进行生产，但真空冻干技术虽然保持了果蔬的营养品质，但费时耗能、经济成本较大。针对这一问题，"十二五"期间，科研机构集中力量研究果蔬干燥的前沿技术，对果蔬变温压差膨化干燥技术、中短波红外干燥技术、玻态干燥技术、热泵干燥技术、真空微波干燥技术、滚筒干燥技术等干燥技术进行了系统研究，并已有企业采用这些新型干燥技术进行果蔬的干燥加工。在果蔬制汁方面，传统的浓缩还原汁工艺营养品质欠佳，鲜榨果蔬汁逐渐获得消费者青睐。以超高压技术为代表的非热加工技术的发展，使果蔬汁低温灭菌成为可能。已有企业利用超高压技术生产NFC 果汁，但规模较小。在制粉方面，虽然传统喷雾干燥过程及各种添加剂对果蔬营养成分造成了一定破坏，气流粉碎、纳米粉碎、低温粉碎得到了一定的应用，但喷雾干燥仍然在果蔬制粉产业上占据优势地位。近年来，科研机构对这些前沿技术进行了一定的研究，但绝大部分缺乏原始创新，模仿创新或二次创新较多，低水平重复研究较为严重，多数研究停留在实验室阶段，缺乏中试规模的研究，无法指导生产。

（4）食品包装与装备领域。近年来，欧美、日本等发达国家和地区都在加快对食品包装的研究与开发，已开发出种类繁多的新型包装材料。日本研究人员采用聚乳酸做原料，成功地开发出具有快速自然分解功能的冷饮食品杯。这种可降解材料属于聚酯类聚合物，乳酸可以从甜菜发酵的糖液中提取，进行开环聚合反应生成聚乳酸。聚乳酸与常用的聚苯乙烯、聚丙烯等包装料有类似的物理性能，并有良好的防潮、耐油脂和密闭性。聚乳酸在常温下性能稳定，但在温度高于55℃或富氧及微生物的作用下会自动分解，为解决以往一次性塑料包装物降解难题开辟了一条实用化的新途径。为了提高包装材料的阻隔性能，世界各国研究人员积极开展研究，成功开发出 EVOH 高阻材料，通过采用先进的多层共挤成型技术与 PA、PE、PET 等普通塑料包装材料多层复合成型，显著提高了包装材料的阻隔性能，所制得的复合包装材料物化性能好、阻隔性高。目前，市场上比较优良的高阻隔包装材料主要有 Besela 与 Kurarister。最近，研究人员将脱水酸化物、多种矿物盐和酶添加到包装材料聚合物中，开发出一种可吸水杀菌多次使用的食品包装袋。富含这些物质的包装袋内表面可吸收多余水分、杀灭细菌，从而改善包装袋内部环境，延长奶酪、香肠等易变质食品保存期。通过运用多次冷冻、解冻技术，解决了该种包装材料中添加物不污染食物的问题。添加物中的酶能调节食物气味，为食物中营养成分营造了生存空间。为使这种新型包装袋能被反复使用，研究人员在包装材料中加入胃蛋白酶，用这种材料制成的包装袋可在一个特定工序中反复使用 9 次，从而减少包装袋耗费、降低生产成本。由此可见，绿色环保、具有高阻性、抗菌性等特殊功能的包装材料已成为包装材料的必然发展趋势。而我国在包装材料领域还远远落后于欧美、日本等发达国家和地区，急需加大这一领域的研究力度。

在包装技术方面，目前国际上食品包装的形式主要包括普通托盘或袋式包装、真空包装、抗菌包装、除氧包装、气调包装、无菌包装等。气调包装的特点是能有效保持食品新鲜而且副作用小，在肉类、干酪、鱼、其他新鲜和预制食品中应用广泛。我国对气调包装保鲜肉的研究始于 20 世纪 80 年代后期，但直至近几年才开始在生产和商业上应用。目前，只有少数大城市的市场上可以看到这类气调包装保鲜肉的产品。

随着研究人员对符合无菌充填所需的各种包装材料性能进行深入的研究和改善，无菌包装得到迅速发展。无菌包装除了具有成本较低、生产效益高等特点外，还能够更好地保留食品营养成分且对食品风味的破坏性较小。无菌包装储存运输简单方便，外观也比较美观，因此受到商家及消费者的欢迎。近年来，随着科技的日益进步，无菌包装技术、设备、材料的市场不断扩大。目前，发达国家的无菌包装在液体食品包装中所占的比例已达到 65% 以上，市场前景极为广阔。而我国在无菌包装这一领域的研究还处于起步阶段。

目前，常用的食品杀菌技术包括巴氏杀菌、高温高压杀菌、高温瞬时杀菌以及紫外线、辐照等物理杀菌与次氯酸钠等化学杀菌。为了减少高温杀菌过程中对食品产生的损害，研究人员开发出了双峰变温热水喷淋、新含气调理杀菌、过热蒸汽杀菌等新型杀菌技术，在有效改善杀菌效果、保证食品安全的同时，显著降低了高温杀菌对食品品质所造成的损伤。随着科学技术的进步，超高压杀菌、脉冲电场杀菌、高密度二氧化碳杀菌等新型非热杀菌技术研究方兴未艾，但由于非热杀菌技术目前存在杀菌效果不稳定、不彻底、设备成本高等问题，还没有得到广泛应用。

（5）协同创新领域。现代食品产业的快速发展对科技成果转化有了更大需求并提出更高要求，科研机构也从单一的国家财政拨款转变到多渠道筹集经费，"农、科、教""产、学、研"相结合（图1）的科研运行模式促进了科技成果的有效转化。"十二五"以来，国家科技部倡导的产业联盟科研合作模式在食品加工领域得到了广泛响应。由龙头企业牵头，高校、科研单位、企业共同参与成立了多家产业战略联盟试点，在促进技术集成与成果转化方面提供了更多渠道。

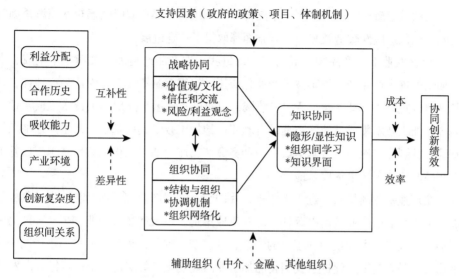

图1　产学研协同创新的理论框架

以小麦面制品——挂面的加工为例，近年来我国在制粉、和面、干燥、包装等小麦粉及挂面加工环节上的技术均有所突破，但相关知识产权分散掌握在不同的权利人手里，有待于进一步集成和整合。经过近五年努力，由中国农业科学院农产品加工研究所牵头，联合河北金沙河面业有限公司、河南东方面机集团有限公司、山东江泷面条机械研究所和青岛海科佳电子设备制造有限公司集成各家优势技术和装备，建成了自动化程度高、高出品率（90%以上）、低能耗、日产达45吨的挂面生产线。

"十二五"期间，政府在科研立项的同时，加强了科技成果的示范与成果转化。一系列新型果蔬加工技术在产业中逐步得到推广，例如果蔬变温压差膨化干燥技术、真空冷冻技术等。但不可否认的是，目前新型果蔬加工技术的成果转化处于瓶颈状态。"十一五"期间，我国农业科技成果的转化率仅为40%左右，远低于发达国家80%以上的水平，70%以上的先进农产品加工成套设备依赖进口。

虽然已有规模企业利用苹果渣生产果胶、利用辣椒副产物提取辣椒碱，但我国关于果蔬副产品的综合利用研究尚处于起步阶段。多数技术创新完成不了"最后一公里"，大量的综合利用技术没有形成现实生产力。我国综合利用技术和装备水平普遍低于农产品加工环节、对外依赖度高、产业化程度低、专业技术人才缺乏，同时大量的科研成果被搁置，未能形成现实生产力，产品稳定性、标准性差，大量的综合利用生产的食品、保健品、医药产品、化工产品和建材产品投放市场后碰到了诸多的营销困难。

在畜禽屠宰方面，针对行业中存在的工业化屠宰率低、损失严重的现状，科研机构积极开展畜禽宰后减损、分级技术装备等相关研究。在畜禽宰前应激与品质控制方面，建立了一套适合中小企业应用的减损控制技术和分级设备。在肉类加工方面，随着我国传统主食工业化行动的逐步推进，中式肉制品加工尤其是工业化生产方面的研究越来越受到重视。

目前，在肉的快速解冻、静态腌制、中红外—热风组合干燥、双峰变温热水喷淋杀菌等传统工艺的工业化适应性改造及装备研制方面都取得了一定进展。

2013年，农业部农产品加工局为有效促进我国农产品产地加工关键技术集成和中试转化、加快推进农产品产地加工技术产业化应用，组织编制了《全国农产品产地加工技术集成基地建设规划》，围绕畜产品加工领域，拟建设畜禽屠宰产地加工技术集成基地、畜禽制品产地加工技术集成基地、畜禽综合利用产地加工技术集成基地、禽蛋产地加工技术集成基地、乳制品产地加工技术集成基地和畜禽产品产地加工工程化共性技术集成基地等一批农产品产地加工技术集成基地。

（6）全产业链创新模式。近三十年来，我国食品加工产业链不断延长，生产集中度不断增加。加工企业向产业链前端延伸了原料供应渠道。以大型龙头企业和生产基地为中心的生产加工模式改变了种植和加工上的"散、乱、杂"现象，将千家万户的生产同千变万化的市场有机联系起来，促进了我国食品加工业向规模化、集团化、全产业链方向发展。

"公司＋基地＋农户"在我国当前形式下被证明是一种有效的产业经营模式。该模式通过签订长期订单合同、建立生产基地的方式来稳定供货渠道，通过标准化来引导种植、统一质量。中大型规模的加工企业可以通过该种模式来稳定供求；小型加工企业则可以考虑以小范围的"订单＋标准"的形式与种植户或杂粮采购商建立联系。

粮油加工业链条的延伸还包括向精深加工、产品再次开发方面的发展。原有的小麦制粉加工企业将产业延伸到挂面、方便面、速冻面制品的加工，乃至延伸至快餐连锁业（康师傅私房牛肉面、德克士等）的发展。同时，产业的集中度也在不断提高。以五得利面粉集团公司为代表的小麦面粉加工企业经历了近十年的快速发展，现已成为日处理小麦能力达3万吨、产销量世界第一的面粉加工企业。同时，作为世界方便面第一生产和消费大国，我国方便面产业经过近20多年的发展，由原来的3000多家企业集中到800多家企业，而仅康师傅、统一、今麦郎、白象等几家大企业的市场份额就占到全国的80%左右。

中粮集团作为我国最大的粮油食品企业、世界500强企业，2009年就提出了"全产业链"发展战略。产业链涵盖了种植、仓储物流、内外贸、初加工、深加工、品牌食品等众多环节，旗下现有中粮生化能源有限公司、吉林中粮生化有限公司、黄龙食品工业有限公司、中谷天科生物工程有限公司、中粮生物质能源有限公司等十余家公司；已建成和正在筹建的全国产业园和产业集群达14个。这种产业集群的创新模式对农业资源进行了高效整合，企业效益和抗风险能力得到进一步增强。

以玉米加工为例，中粮玉米全产业链条中涉及食品原料、食品添加剂、动物营养、清洁能源等多个领域（图2）。

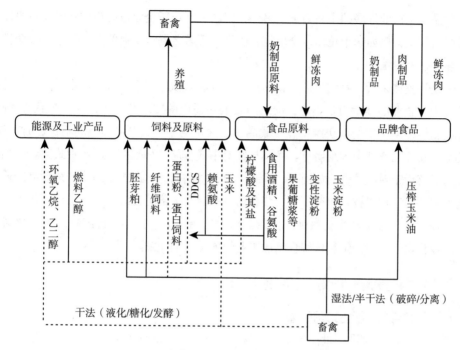

图 2　中粮集团玉米全产业链加工模式

目前，发达国家已实现了果蔬原料生产、加工、销售一体化经营，具有生产基地化、加工品种专用化、质量体系标准化、生产管理科学化、加工技术先进化的特点，最终形成产业集群。以美国为例，农场主一般只专注于 1～2 种农产品，而且种植规模往往达到上万亩甚至几万亩。农产品加工企业与农场主通过签订协议，确定原料的品种、数量、价格和质量，保证原料的稳定供应。农业生产、加工、流通等不同环节之间环环相扣，通过合作共同对接市场，有效解决了原料生产与加工、销售脱节的问题。农场主与企业之间采用合作制或股份合作制度，农场主既是原料供应商，也是企业的社员或股东。

目前，我国政府大力发展食品工业，依托于果蔬的地域性特色，食品工业产业园区在全国各地如雨后春笋般建立，逐渐形成原料生产、加工的一体化产业。大型果蔬加工企业正逐步建立原料生产基地，形成原料的稳定供应，保证原料的品质与质量。但相比于发达国家的果蔬加工企业，我国果蔬加工企业的自主创新能力非常薄弱，多数企业产品处于模仿阶段，竞争企业间成本竞争严重，影响了产品品质。这就需要果蔬加工企业与科研机构展开广泛、深入的合作，一方面加强企业的创新能力，另一方面极力促进科技成果的转化与示范。

现代化传统食品生产企业也在蓬勃发展，例如传统米面制品行业有三全、思念、龙凤、湾仔码头等企业；传统肉类行业有以雨润、双汇、金锣、得利斯等企业为代表的大型肉类生产加工企业。这些大企业在集约化、规模化生产、硬件设备、经营管理、科技研发、经济效益等方面已经处于国内领先水平，接近发达国家某些企业水平，成为引领国内传统食品加工行业发展的中坚力量。另外，国内大型快餐企业也纷纷建立中央厨房，开展烹饪原料加工，例如味千拉面、全聚德、小肥羊等著名餐饮企业的上市引起了公众投资者的聚焦和投资热情。

但是从整体来看，我国大多数食品加工企业和餐饮经营企业规模尚小，多数正处在发展整合中，企业的技术力量不足，缺乏与发展相适应的技术性储备，缺乏产品机理研究，产品更新缓慢。一些企业仍维持在一线品牌二线市场中，其产品质量的不稳定时有发生，尤其是在新开发产品中表现明显。尤其是针对中式食品（如米面产品、中式菜肴产品）的研究远远落后于对西式食品如面包、香肠、火腿等的研究，严重束缚了传统食品产业的现代化发展。由于加工技术研究不足、装备研发落后，大部分传统食品加工产业仍停留在小规模、作坊式、手工或半机械加工的落后状态。市场竞争力弱、传统食品工程化研究薄弱、产业化水平低成为限制传统食品加工业快速发展的瓶颈。

（三）学科重大进展及标志性成果

1. 学科的自主创新能力明显增强

近几年，通过建设一批国家重点实验室、工程技术研究中心、产业技术创新战略联盟、企业博士后工作站和研发中心等，形成了一支高水平的创新队伍，显著增强了农产品加工产业的科技创新能力。在工业化连续高效分离提取、非热加工、低能耗组合干燥等食品绿色制造技术装备上取得了重大突破；解决了一批食品生物工程领域的前沿关键技术问题，开发了具有自主知识产权的高效发酵剂与益生菌等；方便营养的谷物食品、果蔬制品及低温肉制品等一批关系国计民生、量大面广的大宗食品的产业化开发，大幅度提高了农产品的加工转化率和附加值。

中国农业科学院、南昌大学、江南大学等在"油料功能脂质高效制备关键技术与产品创制""果蔬益生菌发酵关键技术与产业化应用""黑茶提质增效关键技术创新与产业化应用""黄酒绿色酿造关键技术与智能化装备的创制及应用"方面荣获 2016 年和 2017 年国家科学技术进步奖。

2. 学科的科技水平大幅提升

我国食品加工科技研发实力不断增强，基础研究水平显著提高，高新技术领域的研究开发能力与世界先进水平的整体差距明显缩小；在超高压杀菌、无菌灌装、自动化屠宰、在线品质监控和可降解食品包装材料等方面取得重大突破，开发了一批具有自主知识产权的核心技术与先进装备，食品科技支撑产业发展能力明显增强；食品物流从"静态保鲜"向"动态保鲜"转变，在快速预冷保鲜、气调包装保藏、适温冷链配送等方面取得了显著成效，有效支撑了新兴物流产业的快速发展。

浙江大学、西北农林科技大学等在"重要脂溶性营养素超微化制造关键技术创新及产业化""中国葡萄酒产业链关键技术创新与应用""金枪鱼质量保真与精深加工关键技术及产业化""番茄加工产业化关键技术创新与应用"方面荣获 2016 年和 2017 年国家科学技术发明奖和进步奖。

三、本学科与国外同类学科比较

国际食品加工学科发展紧紧伴随现代食品加工产业发展变化趋势，总体呈现明显的国际化、全球化趋势，科技创新驱动产业升级特征明显。当前，我国支撑食品加工学科发展的科技研发投入强度不足，与世界第一食品制造大国的地位尚不匹配。学科的科学基础性研究相对薄弱，产业核心技术与装备尚处于"跟跑"和"并跑"阶段。欧美日等发达国家在资源高效利用、节能减排、清洁生产、生物制造、精准适度加工等现代与新型制造技术等方向引领发展，其技术创新投入高、实验条件好、技术基础扎实、装备先进、成套化率高、与技术配套性好、排放与污染控制严格，并由数控化、自动化转向智能化。面对食品产业供给侧结构性改革的新需求，我国企业自主研发和创新能力明显不足，产品低值化和同质化问题严重，国际竞争力仍然较弱。

顺应现代食品加工产业发展新形势和新阶段，我国食品加工产业科技发展只有瞄准世界高技术前沿，面向国家战略和产业发展需求重点围绕食品加工制造、机械装备等主要领域，全面实施创新驱动食品产业发展战略，强化原始创新能力，依靠科技创新推动食品产业持续健康发展，才能引领和支撑食品产业不断优化产业结构，改变增长方式。

（一）加工制造转型升级迫切需要学科科技支撑

人口增加、能源危机、环境恶化、全球化及城市化等给全球食品加工产业的未来发展提出新需求。国际食品加工产业在高效利用、新型加工、生物工程、节能减排、清洁生产、智能物流、现代加工和低碳制造等食品高新技术领域快速发展与不断创新，已成为未来食品加工产业可持续发展的重要方向，对我国提出了严峻挑战。面对我国人多、地少、水少、资源与环境的巨大压力，特别是我国食品加工产业整体上仍然处于高能耗、高水耗、高排放和高污染的滞后局面，我国急需深入研究与集成开发食品绿色加工与低碳制造技术，提升产业整体技术水平，推动食品生产方式的根本转变，实现转型升级和可持续发展。

（二）机械装备更新换代迫切需要学科队伍自主研发

与世界先进水平相比，我国食品机械装备制造技术创新能力明显不足，在食品新型加工与绿色制造技术及装备研究方面明显滞后，国产设备的智能化、规模化和连续化能力相对较低，大型化、精细化、专业型、自动化和工程化食品加工技术装备大量长期依赖进口，成套装备长期依赖高价进口和维护，食品工程装备的设计水平、稳定可靠性及加工设备的质量等与发达国家相比存在较大差距。应全面提升我国食品机械装备制造的整体技术水平，打破国外的技术垄断，实现食品机械装备的更新换代迫切需要提升自主研发能力，提高我国食品产业科技源头创新能力，推动现代食品产业结构调整，增强食品产业核心竞争力。

（三）中式主餐工业化发展迫切需要学科技术引领

近年来，随着科学技术革新化、食品加工工业化、生活社会化及相关技术的迅猛发展，以主餐加工为基础的家庭厨房社会化将成为一种必然趋势。具体地说，以标准代替个性，以定量代替模糊，以机械自动控制代替手工操作，生产美味、方便、安全、营养、安全的主餐系列产品，正在成为一个新型的主餐加工业产业体系。而目前我国的主食（主餐）加工食品仅占食物消费的 15% ~ 20%。相比之下，美、欧、日等国家和地区的加工食品份额已达 70% 以上（面制品达到 90% 以上）。随着我国经济的快速增长、城市化的急速提高，中国主餐加工业的发展显现了巨大的市场空间。早在 20 世纪 80 年代，我国曾提出主食工业化的口号，但推广的却是面包、蛋糕等，而对中式传统餐食的工业化研究几乎是空白。基础研究薄弱、科技含量不高、操作不够规范、机械化程度低、产品缺乏标准等因素成为制约我国主餐产业化发展的瓶颈。目前，我国传统主餐工业化经过了漫长的探索，正在步入快速增长期，方便面、八宝粥、速冻水饺和汤圆等已经实现了向工业化生产的跨越。此外，占全国主餐销量 50% 以上的饺子、馒头、包子、花卷、葱油饼、油条、豆浆以及菜肴类等主餐还停留在原始的手工加工或半机械化阶段。但是，产品在结构、风味、口感等方面与小作坊没有本质上的差别，所以依然缺乏竞争力。

发展适合我国居民饮食习惯的主餐加工食品，第一要做到具有一定的创新性，在开发新型产品的同时，也要避免由于工业化生产使产品失去了传统菜肴的"本味"。第二，建立与发展标准化、科学化的菜肴检测技术，对中式传统菜肴的"色、香、味、形"进行标准化测试（例如利用"电子鼻""电子舌"、红外光谱对菜肴方便食品的气味、口味进行识别），检测菜肴的组成搭配以及每一步的制作过程对终产品的影响，进而设计出标准化的安全卫生菜肴方便食品。第三，要突破关键共性技术问题，例如改善中式菜肴制作时效率低，包装时汁、油渗出溢出的问题；解决中式菜肴在保存时颜色、口味出现感官质量下降的问题；解决中式菜肴产品的适用局限性，如容易刺破包装的带骨菜肴；解决中式菜肴食品货架期与菜肴气味、口感难以兼得的缺陷等。第四，采用适于量化控制的先进烹调手段，使中式菜肴更适于工业化生产。第五，将中式菜肴生产技术由手工化转变为自动化，形成菜肴从原料到终端包装产品的一体自动化生产技术。最后，还要注重相应企业的品牌建设，加强如包装、冷链产业等配套建设。

四、展望与对策

近年来，我国食品工业有了长足发展，已成为农业现代化的支撑力量和国民经济的重要产业，对促进农业提质增效、农民就业增收、农村一、二、三产业融合发展和提高人民群众生活质量和健康水平、保持经济平稳较快增长发挥了十分重要的作用。在确保国家粮食安全和食品安全的基础上，以转变发展方式、调整优化结构为主线，以市场需求为导向，瞄准食品加工产业科技水平的国内外差距，围绕我国食品工业安全、优质、高效、低耗的发展要求，深入开展我国食品加工基础理论、关键技术工艺和装备研究，进一步进行技术集成与熟化、新产品研制、新工艺和标准制定，解决食品工业发展中的基础性、方向性、全局性和战略性问题。重点集中在食品加工制造、机械装备等主要领域，促进资源循环高效利用；推动农产品加工业从数量增长向质量提升、要素驱动向创新驱动发展转变，真正达到"食物营养"向"营养食物"的发展思路转变，促进食品工业持续稳定健康发展。

（一）食品加工制造方面

围绕快节奏、营养化、多样性的国民健康饮食消费需求新变化与新兴产业发展新需求，针对我国食品产业整体上仍处于能耗和水耗高、资源利用率低、食品加工制造技术相对落后、加工副产物综合利用相对不足、加工前沿性基础研究相对薄弱等紧迫问题，在食品加工过程组分结构变化、风味品质修饰、加工适应性与品质调控等方面开展前沿性基础研究，实现食品加工制造理论的新突破。重点开展中华传统与民族特色食品的工业化加工、传统酿造发酵和方便调理食品制造、食品添加剂与配料绿色制造、营养型健康食品创新开发与低碳制造等一批核心关键技术开发研究，实现加工制造过程的智能高效利用与清洁生产；系统开展大宗粮油制品适度加工、薯类和杂粮综合开发、果蔬制品低碳制造、肉蛋奶等畜禽制品和水产制品绿色加工、茶与食用菌等特产资源精深加工和高值利用等一批核心关键技术开发研究及产业化应用，全面提升产业科技创新能力和核心竞争力。力争到"十三五"末，在标准化加工、智能化控制、低碳化制造、全程化保障等技术领域实现跨越式发展。

（二）食品机械装备方面

围绕食品制造关键装备集成创新、引进消化吸收再创新和成套装备制造以及中华传统食品工业化专用装备创新开发等产业发展重大瓶颈问题，开展食品装备的机械材料特性与安全性、数字化设计、信息感知、仿真优化等新技术、新方法、新原理和新材料等基础研究。重点开展具有自主知识产权的智能化、数字化、规模化、自动化、连续化、工程化和成套化核心装备与集成技术开发研究，着力提升中华传统食品专用型关键装备集成与成套装备开发能力；系统开展新型杀菌、节能干燥和高速包装等核心装备创制。力争到"十三五"末，全面提升我国现代食品装备制造业的技术开发与装备创制能力，显著提高我国食品装备自给率、自动化率、工程化能力和国际竞争力，支撑我国现代食品制造业转型升级和可持续发展。

（三）食品加工颠覆性技术方面

瞄准国际前沿和未来发展，系统分析和准确把握全球食品科技的发展新态势，积极探索具有战略性、前瞻性和未来性的食品科技，抢占食品科技制高点，形成创新人才高地。

高度关注未来食品制造已从传统机械化加工和规模化生产向工业 4.0 与大数据时代下的智能互联制造、从传统热加工向冷加工、从传统多次过度加工向适度最少加工、从依赖自然资源开发向人工合成生物转化等方向发展。重点开展"云技术、大数据和互联网+""非热加工、冷杀菌和生物膜分离""生物转化、高效制取和分子修饰"等食品新型加工理论与技术的开发研究；积极开展合成生物、分子食品、3D 制造等概念食品制造理论与技术的探索研究。

（四）国际合作交流方面

以全球视野谋划和推动食品科技创新，充分利用两个市场、两种资源，主动布局和融入全球创新网络，开展多种形式的食品科技交流合作，打造国际食品科技交流与合作基地，加大食品先进制造技术和高端智力引进力度，统筹推进中国食品产业科技走出去，构建与国际接轨的创新体系，抢占若干领域制高点。

紧密结合国家"一带一路"和"食品安全"战略，推进"健康中国"建设，增强"走出去"能力，提高"引进来"水平，建设食品科技创新的国际合作共同体，拓展与相关国际组织的技术合作途径，支持我国食品企业在国外设立联合研发中心、产业技术发展基地和国际食品产业创业基地。

选择与我国有良好合作基础和潜力的食品科技优势国家和地区以及具有代表性的发展中国家和地区，全面加强食品科技交流与合作，与国际一流的人才、团队、企业开展紧密合作，形成食品科技国际合作新格局，提升我国在全球食品科技创新领域的地位，力争实现从"三跑并存""跟跑"为主向"并跑""领跑"为主的转变。

参考文献

［1］Resurreccion FP, Luan D, Tang J, et al. Effect of changes in microwave frequency on heating patterns of foods in a microwave assisted thermal sterilization system［J］. Journal of Food Engineering, 2015, 150（4）：99–105.

［2］乔金亮. 主食加工业提升行动实施　重点开发多元产品［J］. 中国食品, 2017（7）：176.

［3］张泓. 国内外主餐工业化差异分析［J］. 农产品加工·综合刊, 2014（6）：16–17.

［4］赵钜阳, 孔保华, 刘骞, 等. 中式传统菜肴方便食品研究进展［J］. 食品安全质量检测学报, 2015（4）：1342–1349.

撰稿人：王　锋　顾丰颖　魏佳妮

农产品加工质量安全

一、引言

　　农产品加工质量安全关系公众身体健康和农业产业发展，是农业现代化建设的重要内容。改革开放以来，我国农产品供给实现了从长期短缺到总量平衡、丰年有余的跨越，农产品"数量安全"的问题逐步得到解决，人们对农产品的安全问题逐步转移到"质量安全"上来，对农产品的需求从"吃得饱"向"吃得安全"和"吃得好"转变。随着工业化水平的提升，我国农产品加工行业也迎来了快速发展的机遇期。2011—2015 年，规模以上农产品加工业主营业务收入从 13 万亿元增加到 20 万亿元，年均增长 11%，农产品加工业已经成为支撑国民经济的重要支柱产业。伴随着农产品加工业的快速发展，农产品加工过程中存在的质量安全问题逐步显现。不法企业受利益驱动非法添加，农产品加工标准制定滞后，小、散、乱企业的监管困难等给农产品加工产业带来了新的质量安全隐患。针对农产品加工业的发展的新特点，分析加工环节产生的农产品质量安全隐患、研究农产品加工质量安全已经成为关系到农产品加工业健康发展和消费者健康的重要问题。

二、近年最新研究进展

（一）发展历史回顾

　　近年来，随着中国农产品总量增加、品种丰富和消费升级，农产品加工业快速发展，成为产业关联度高、行业覆盖面广、中小微企业多、带动作用强的重要支柱产业和民生产业。2014 年，全国农产品加工企业达 45.5 万家，规模以上农产品加工业主营业务收入18.48 万亿元，近 10 年年均增长 19.4%，占中国工业主营业务收入的 17%，加工与农业产值比值达到 2.1∶1，上缴税款 1.17 万亿元。伴随着农产品加工行业的蓬勃发展，以谷物化学、油脂化学、蛋白质化学、淀粉化学、分子生物学、酶学、营养学、乳品科学、肉品科学、果蔬保鲜学、工程数学和材料学等研究为支撑的农产品加工学科逐步成型。

与发达国家相比，我国农产品加工企业存在着规模小、数量多、分布广的特点，一方面由于自身规模及设备的限制，企业生产及管理技术难以适应现代农产品质量安全的需求，产品的质量安全控制难免存在漏洞；另一方面大量分散的小企业也给农产品质量安全监管部门带来了管理困难，多种原因导致了农产品加工环节质量安全问题的高发，消费者对农产品加工行业特别是农产品加工质量安全问题的关注程度逐步升高，2003年安徽阜阳"大头娃娃"事件、2008年的"三聚氰胺奶粉"事件、2011年"双汇瘦肉精"事件等一大批食品安全事件的集中爆发，也加速了农产品加工质量安全学科研究及相关管理规章的发展。

2003年，《国务院办公厅关于促进农产品加工业发展的意见》中首次将健全农产品加工制品的质量安全标准和技术规范列为促进农产品加工业发展的重点工作任务。2006年4月《农产品质量安全法》正式颁布实施，2009年2月《食品安全法》出台，2015年4月《食品安全法》《农产品质量安全法》的修订工作也在稳步推进。2015年，农业部启动了农产品加工质量安全舆情跟踪与分析项目，通过对我国农产品加工行业质量问题持续稳定的跟踪分析，及时发现趋势性、苗头性问题，立足产业，从原料生产、技术装备、标准化等角度深度解析农产品加工质量安全问题产生的根源及影响因素，从源头上杜绝农产品加工环节质量安全问题的发生。2016年，农业部农产品加工局将农产品加工质量安全舆情跟踪列入当年工作要点。

（二）学科发展现状及动态

1. 农产品加工质量安全风险评估

农产品加工质量安全风险评估是通过科学技术手段发现和验证可能影响农产品加工质量安全的危害因子及其代谢产物，并对其危害程度进行评价的过程。农产品加工质量安全风险评估侧重于对农产品中影响人的健康、安全的因子进行风险探测、危害评定以及产品本身的营养功能评价，突出农产品从种养殖环节到进入批发、零售市场在进入加工企业前的环节进行科学评估。开展农产品加工质量安全风险评估不仅是完善质量安全标准体系、科学指导农业生产的重要依据，更是保障农产品健康消费的前提和基础。

近年来，风险评估技术受到广泛关注并得到飞速发展。WHO组织实施的全球环境监测系统 / 食品规划（GEMS/Food）为开展国际暴露评估已经建立了全球13个地区性的膳食数据库。欧盟和美国的相关研究更加成熟，分别建立了比较成熟的从点评估、分布评估到概率评估的一套解决不确定度的方案，并通过收集各国食品消费量和污染水平建立数据库为重点，建立在个体数据基础上的概率分布模型，从而获得高百分位数的精确估计。这些技术已逐步被JECFA采纳，如在镉限量的国际标准制（修）定中采用。基准剂量（BMD）

模型及以生理学为基础的药动/药效（PBPK/PD）模型、暴露边界（MOE）法相关技术和软件也在不断推进，有关 BMD 软件也由美国 EPA 和荷兰公共卫生与环境科学研究院（RIVM）开发成功。美国毒物和疾病注册所（ATSDR）在各种方法研究的基础上，提出了对化学污染物的联合效应评估、从致癌效应和非致癌效应两个方面进行系统研究的模式指南。欧盟食品安全局《2012—2016 年科技战略》重点开展风险评估及风险监控的科学理论基础、食品供应链中风险评估方法研究，以进一步增强食品安全科学研究和风险评估能力。根据该战略规划，欧盟将开展环境风险评估、化学混合物风险评估等技术方法的研究，并就内分泌干扰物的健康与环境风险、一般性风险评估原则、科学指导活动的中长期规划和多部门活动计划等加强欧盟各成员国之间的科学合作和交流活动。最终实现以下战略目标，即进一步增强农产品加工质量安全科学研究和风险评估能力、开发食品供应链中风险评估方法并应用、加强风险评估及风险监控的科学理论基础研究。

风险评估技术在我国也呈现迅速发展的态势，目前已经建立和开发了基于中国居民膳食消费习惯的暴露概率评估模型与软件，实现了与 CAC 食品编码协调桥梁数据库的有效衔接，使我国成为继美国、欧盟之后第 3 个实现概率性评估的国家，提高了我国食品安全风险评估的精度；研究建立的食物消费量高端暴露中国人群参数，成为联合国粮农组织、世界卫生组织短期膳食暴露国际评估软件中的重要参数（仅 14 个国家进入），结束了过去依赖欧、美、加、日、澳等少数发达国家的历史。

2. 农产品加工质量安全检测与标准化

检测与危害识别技术开始由定向检测到非定向检测初步转变，精度和广度得到一定提升。截至目前，我国共研发出 500 多项实验室检测方法，其中农药多残留确证检测从最初的不到 30 种发展到 700 种，覆盖了国内注册农药的 64% 和有标准农药的 90%；兽药多残留确证检测可覆盖 20 大类 300 余种（占兽药总数的 70% ~ 80%），可同时检测 50 种内外源性激素，在应对 2010 年"圣元奶粉疑致婴儿性早熟"事件中发挥了重要作用。研制的基于症状查询的毒物数据库和基于化学结构特征的毒理学质谱库，能够同时对食品和生物样品中的 2136 种化学物质进行非定向筛查，提高了应对公共卫生事件的能力，在"南京小龙虾""北京怀柔山吧"群体食物中毒等多起不明原因食物中毒事件和非法添加案件侦破中得到了应用。此外，研发的二噁英和多氯联苯等超痕量检测技术将国际传统方法检测周期从 2 ~ 3 周缩短到 1 天完成，研发该技术的实验室在历时 10 年考核中处于靶心地位，被国际标准物质制备机构邀请为定值实验室，并纠正了美国国家标准技术研究所对于全氟有机物的定值错误，提升了我国在农产品加工质量安全检测技术领域的国际地位。

快速检测试剂和装备产业化水平明显提升，市场监管和应对突发事件能力显著增强。通过组建食品安全检测技术及装备技术创新战略联盟，加强产学研结合，使我国食品安全快速检测试剂和装备基本实现了国产化。制备各种抗体近 300 种，研发快速检测产品 600余种，在全国 2000 家检测机构和内蒙古伊利、山东六和等 200 余家大中型食品生产加工企业广泛应用，产品的市场占有率从"十五"末期不到 10% 上升至目前的 80% 以上，打破了国外的技术和市场垄断，基本覆盖当前国家监控的重要农产品加工质量安全危害物，尤其在国内外重大自然灾害救援、国内维稳、国际维和及国事安保等一系列重大任务的农产品加工质量安全保障工作中发挥了不可替代的作用。

在标准方面，我国共牵头和参与制定了 11 项国际标准。牵头制定的"预防和减少蔬果中黄曲霉毒素污染的生产规范"实现了我国国际标准"零"的突破，牵头研究制定的"大米中无机砷限量"和"控制规范"首次实现将中国国家标准（全球唯一稻米无机砷限量标准）直接转化为国际标准。此外，主导并参与了二噁英、氯丙醇、丙烯酰胺、真菌毒素等国际控制操作规范的制定，提升了我国农产品加工质量安全地位并保护了我国经济利益。如利用监测纯发酵酱油无氯丙醇污染的结果，改变了因欧盟标准导致我国酱油批批被检的被动局面，并将其国际标准从 0.05 μg/L 提升到 0.4 μg/L，保护了我国年产 200 亿元的酱油行业贸易。

3. 农产品加工质量安全溯源与预警

溯源技术就是通过一些物理、化学、生物学的方法来追溯产品的品种、饲养制度和地理起源以及产品在加工和储存中所经历的过程。其特点是在不知背景的前提下获得各环节的信息，用于鉴别产品的真伪和来源。目前，国内外已建立了一系列方法进行追溯，包括植物标记法、DNA 标记法、近红外反射光谱法、稳定同位素法。

中国农业科学院农产品加工所已经初步构建了牛羊产地溯源的同位素指纹、矿物元素指纹、虹膜识别技术以及猪个体 DNA 指纹溯源技术，并作为主要参加单位参与课题"猕猴桃产品安全因子的全产业链识别、溯源及控制技术研究与集成示范""清真牛羊肉生产运销过程中危害物及穆斯林禁忌物控制、溯源关键技术研究及示范"以及"水果（黄桃、梨）中农药残留污染溯源及控制关键技术研究与示范"的课题研究，在已有成果基础上开展集成创新，将已有的技术大规模推广应用在水果及其制品、牛羊肉产品的溯源中。在电子标签溯源技术方面，深圳检验检疫科学研究院借鉴国际统一标识系统（EAN·UCC 系统）并结合我国食品种类和生产实际，建立了一个具有示范性和指导性的以电子标签跟踪过程、条形码标注最终产品的食品信息分类与编码规范体系，实现了 RFID 读写器与食品污染溯源系统之间的信息交互，经济有效地实现了 RFID 读写器与食品污染溯源系统之间的信息传递；建立的数据实时、快速采集、处理和传输机制为一体的全程电子溯源系统，实现了对供港活猪从饲养、免疫、用药、饲料、临床检查到出口申报等各环节的全过程监管，可快速、准确地确认供港活猪的来源和合法性，加快了查验速度和通关效率，提高了查验的准确性并改善了现场查验的工作条件，进一步确保了供港活猪安全卫生质量。运用该技术的供港猪和鸡的养殖基地 3 年未出现质量安全问题，溯源业务系统提供准确率达到99.99%，达标率 100%。

农产品加工质量安全预警是通过对加工农产品质量安全管理运行状况和发展态势的调

查与分析，对可能出现的问题提前发出警告，使政府有关部门和机构、相关企业和生产者及时采取对策，避免出现重大的农产品加工质量安全事件给人民生命健康造成损失。我国农产品加工质量安全预警的研究起步较晚，与发达国家有较大差距。2009 年，中国农业科学院杨艳涛以食物安全基本理论、经济学理论和经济预警基本理论为依据，应用系统研究、定量与定性相结合、比较研究、理论与实证相结合的研究方法，对加工农产品质量安全预警进行了研究。现阶段，针对农产品加工领域的质量安全预警研究报道仍然较少。

4. 农产品加工质量安全过程控制

（1）加工过程危害物控制。农产品生产、加工、储运等过程成为近年来重大农产品加工质量安全事件发生的重要源头。化学危害物是引起农产品加工质量安全问题的重要因素。化学危害物存在于从农田到餐桌的整个农产品产业链，包括原料种养殖环节环境污染造成的重金属、多环芳烃等污染，农业投入品的不当使用造成的农产品农兽药残留超标，食品加工过程中形成的丙烯酰胺、杂环胺和三氯丙醇危害等。一直以来，由于缺乏对农产品加工过程中危害物形成和转化规律的认识，因农产品加工导致的农产品加工质量安全问题层出不穷。因此，世界各国纷纷制定农产品加工质量安全控制技术领域长期战略研究发展计划，不断加大科技投入。

欧美、日本等发达国家和地区纷纷加强了针对农产品加工过程导致的安全问题和质量安全控制技术研究，在深入研究危害物形成机制的基础上，在不影响食品感官和品质的前提下，采用物理、化学或生物的方法控制危害物的形成过程。

2002 年，英国 Leeds 大学 Mottram 和瑞士雀巢研发中心 Stadler 等首次提出食品中氨基酸和还原糖等组分在加热过程中通过美拉德反应生成丙烯酰胺。近年来，荷兰 DSM 公司和丹麦 Novozymes 公司分别开发了耐热 L—天冬酰胺酶，可以有效控制丙烯酰胺生成。美国、加拿大、WHO/FAO 等国家与机构率先制定了反式脂肪酸相关标准。氨基甲酸乙酯是发酵食品中产生的致癌物质，日本、韩国、WHO/FAO 等许多国家与机构已经建立了其含量标准。此外，2013 年美国 FDA 食品安全与营养应用中心（CFSAN）公布了科学研究战略计划，欧盟制定第 7 框架计划《2012—2016 科学战略》和《2014—2016 科学合作路线图》，从营养健康和食品制造两方面同时关注食品质量问题。国际上在食品质量安全控制技术领域，一方面注重包括农产品原料在内的食品加工过程的安全管控、新型危害的控制与预防，降低危害物污染的风险；另一方面也在大力开发检测技术、强化追溯体系建设，不断提升重点技术领域发展创新能力，保持竞争优势。

近年来，我国对加工过程中的危害因子如热加工中的苯并［α］芘、杂环胺、丙烯酰胺，发酵过程中的亚硝酸盐、生物胺，以及其他途径可能产生的有毒有害物质如反式脂肪酸、氯丙醇形成机理、检测方法、风险评估以及有效的抑制措施等展开了大量研究，并获得可喜的研究成果。为了控制毒素、重金属、硝酸盐和农药对粮食、油料、蔬菜和水果及其制品的污染，通过先进的品种筛选、物理化学去除、生物酶解和辐射降解技术进行再创新，以我国大宗农产品为突破口，以示范基地为引领，规范生产、加工与贮运、消费的全过程，突破关键控制技术瓶颈，降低农产品加工质量安全风险。重点研究了粮油、蔬果、畜禽及其制品、水产、茶叶等生产、加工和运输过程中的控制技术，形成了操作规范。

例如，安徽农业大学通过技术集成创新，研制出国内首条茶叶清洁化生产线并在黄山5家大型茶叶生产企业应用，实现了从鲜叶到干茶的全程连续化加工，包括鲜叶管理工艺（鲜叶的低温恒湿处理技术）、杀青工艺（合成式杀青技术）、做形工艺（条形名优茶成型技术、扁平形茶连续成型烘干技术、紧形茶的推进式成型干燥技术、松散形茶的热风解块动态烘干技术）、干燥工艺（微波缓苏脱水技术、高温定形冷却技术），实现了生产全程采用自动控制清洁化加工。西北农林科技大学研制出苹果及苹果汁生产、储藏、加工过程生物毒素、农药残留控制新工艺，并在陕西恒兴果汁饮料有限公司、陕西海升果业科技发展有限公司进行了综合应用，提高了我国鲜果及果汁的国际竞争力。

（2）加工过程营养品质保持。营养品质保持是农产品加工所关注的又一关键点。在粮食加工领域，近年来涌现了一批具有重要意义的科技成果，如"稻米与副产品高效增值深加工技术"的科研成果曾获2005年度国家科技进步奖二等奖；"稻米深加工高效转化与副产物综合利用"获得2011年国家科技进步奖二等奖；并涌现出一大批包括成套主食米饭生产技术装备、留胚米生产技术与装备、米糠油加工技术与装备以及米糠功能食品加工等前沿技术成果。小麦在绿色仓储、专用粉加工方面亦曾取得国家科技进步奖。

我国玉米加工产业的科技发展受欧美等发达国家影响较多，通过引进转化已接近世界先进水平。目前在实际生产中应用的玉米加工先进技术包括大型湿磨、密闭循环加工技术、计算机全程控制技术等。国内在玉米淀粉、蛋白质、纤维和玉米油等综合利用方面的技术也日渐成熟，原料的综合利用率可达到90%以上。杂豆的深加工利用主要是粉丝、油炸豆、豆瓣酱等传统产品，产品形式单一、档次低，杂粮加工技术上创新力不足，前沿研发尚属空白。

在油脂加工领域，一批前沿技术已经得到应用。新型低碳链烷烃浸出技术已获得生产企业认可，在连续进料、逆流浸出、低温脱溶等技术方面取得突破，因生产过程温度控制较低，有益于油脂的营养保留。酶法制油方面，国外从21世纪初年开始连续立项研究玉米胚芽、大豆等国内优势资源的酶法制油技术。结合油料特定预处理工艺，我国也开展了膨化预处理—水酶法提油技术在大豆加工中的应用，除了可避免有机溶剂的使用，水酶法制油还会在一定程度上提升油脂和蛋白质的营养品质。低温冷榨制油技术亦在花生、核桃等高油脂含量的油料加工中得以应用，低温压榨过程可有效降低油脂中维生素损失，且可获得低变性植物蛋白饼粕。此外，对于一些附加值高的油品（如小麦胚芽油）或者油料中高附加值副产物（甾醇、磷脂、维生素E等）的提取也已开始采用超临界、亚临界萃取技术、短程分子蒸馏技术。

在生鲜肉方面，形成了羊胴体分割分级技术、肉牛胴体分级技术、高阻隔真空热收缩包装新型技术，冷鲜肉包装保鲜加工一体化技术在南京雨润食品有限公司得到示范应用，冷冻畜禽肉高湿变频解冻技术在内蒙古蒙都羊业食品有限公司等10余家企业得到示范应用，大大降低了宰后的损失率。在腌腊肉制品方面，形成了生食宣威火腿加工技术、低钠盐腌制和低硝发色技术、传统腌腊畜禽肉强化高温成熟风味品质调控技术、传统腌腊畜禽肉抗氧化保鲜包装技术；在酱卤肉制品方面，形成了酱肉快速成熟技术、清真酱卤牛羊肉制品加工共性技术；在风干肉制品方面，形成了风干牛羊肉人工模拟气候风干技术、中红外—热风组合干燥技术、风鸭风干高温成熟工艺技术；在添加剂方面，形成了腊肉烟熏材料混合复配技术、亚硝基肌红蛋白合成制备技术。通过技术革新和示范应用，提升了江苏雨润、浙江金华、湖南唐人神、广东皇上皇等企业的产品质量；同时通过腊肠"酸价"指标的研究验证，推动了国家标准中对"酸价"指标的删除工作，有利于广东中山市等一大批企业的产品生产和市场推广。

在果蔬干燥加工方面，许多企业为了克服传统热风干燥、油炸干燥产品品质较差和营养成分损失严重的情况，规模企业广泛采用真空冻干技术进行生产。真空冻干技术虽然保持了果蔬的营养品质，但费时耗能、经济成本较大。针对这一问题，"十二五"期间，科研机构集中力量研究果蔬干燥的前沿技术，对果蔬变温压差膨化干燥技术、中短波红外干燥技术、玻态干燥技术、热泵干燥技术、真空微波干燥技术、滚筒干燥技术等干燥技术进行了系统研究，并已有企业采用这些新型干燥技术进行果蔬的干燥加工。在果蔬制汁方面，传统的浓缩还原汁工艺营养品质欠佳，鲜榨果蔬汁逐渐获得消费者青睐。以超高压技术为代表的非热加工技术的发展使果蔬汁低温灭菌成为可能，已有企业利用超高压技术生产非浓缩还原果汁（NFC果汁），但规模较小。制粉方面，虽然传统喷雾干燥过程及各种添加剂对果蔬营养成分造成了一定破坏，气流粉碎、纳米粉碎、低温粉碎得到了一定的应用，但喷雾干燥仍然在果蔬制粉产业上占据优势地位。

（三）学科重大进展及标志性成果

1. 贮藏加工过程真菌毒素形成机理及防控技术取得重大突破

真菌毒素具有强毒性和致癌性，被联合国粮农组织和世界卫生组织列为自然发生的最危险的食品污染物，是恶性肿瘤的主要诱因之一。真菌毒素污染广泛，尤其对大宗农产品的污染严重威胁着人们的健康饮食。据联合国粮农组织统计，全球每年有25%的农产品受到真菌毒素的污染。我国是世界上受真菌毒素污染最严重的国家之一，真菌毒素严重影响我国粮油作物产品质量和加工质量安全，直接制约着农产品的国际贸易。2013年，中国农业科学院农产品加工研究所牵头组织实施"973"计划项目"主要粮油产品储藏过程中真菌毒素形成机理及防控基础"，开展了我国主要粮油农产品储藏过程中真菌菌群变化规律、真菌毒素形成的分子机理、真菌毒素的防控策略研究。

通过项目实施，明确了花生和小麦储藏过程中真菌菌群的演变规律；揭示了黄曲霉不产毒的分子机理，阐明了水分通过 HOG（高渗透甘油）信号途径、温度通过 TOR（雷帕霉素靶标）信号途径调控真菌生长和毒素产生的分子机制；揭示了花生白藜芦醇、乙烯抑制黄曲霉毒素合成的分子机理，解析了真菌毒素的微生物降解和酶解机理。建立了真菌生长活动早期监测预警体系和黄曲霉毒素产生预警模型；研发出安全高效的挥发性储粮防霉制剂及其配套技术，在中型仓和小仓应用毒素防控效果非常显著，评价了真菌毒素降解产物和解毒制剂的安全性；研发出真菌毒素解毒菌制剂和酶制剂，企业应用解毒效率高。同时，在真菌毒素研究领域形成了一支国际一流的创新团队，成立了国家真菌毒素防控科技创新联盟、中国菌物学会真菌毒素专业委员会和中国农学会农产品贮藏加工分会农业生物毒素专业委员会。

2. 大宗农产品加工原料重金属污染调查取得可喜进展

当前，农产品加工原料重金属污染已成为不争的事实，耕地污染与粮食数量安全、安全监管与污染区农民利益损失、污染农产品加工原料与市场流通等矛盾突出，导致污染农产品加工原料的积压、滞销和不当利用，造成严重浪费和极大的经济损失。农产品加工原料重金属污染情况家底不清，农产品加工企业盲目选择加工原料，导致食用农产品重金属污染安全事件频发，加上媒体宣传、社会舆情导向，引起民众消费的极度恐慌，进一步加剧市场波动和国际贸易壁垒，严重威胁我国粮食安全和农业可持续健康发展。2015 年，中国农业科学院农产品加工研究所牵头组织实施科技基础性工作专项"我国大宗农产品加工原料重金属污染调查"，开展了我国大宗农产品加工原料（稻谷、小麦、玉米、大豆）重金属污染调查。

通过项目实施，对全国优势主产县区市（产量占全国产量的 80% 以上）及工矿企业周边污染区、污水灌区、大中城市郊区、优势主产区等重点区域进行了跟踪调查，采用样品、数据、地域、含量、年代相结合的数据挖掘模式，通过整合与管理、归纳和基本描述统计分析、可视化呈现、挖掘和建立模型分析，系统掌握了我国大宗农产品加工原料重金属污染区域、污染重金属种类、污染农产品种类等基础数据。编制了我国大宗农产品加工原料重金属污染分布表和关联图，形成了大宗农产品加工原料重金属污染综合调查报告。建立了大宗农产品加工原料重金属数据集，基于地理信息系统技术绘制空间分布电子地图集，构建了我国大宗农产品加工原料重金属污染基础数据库，实现了网络数据库信息共享、动态更新、数据查询和分析导出。全面摸清了我国大宗农产品加工原料重金属污染现状，为我国大宗农产品加工原料重金属污染的监测预警、风险监控、风险评估以及防控技术研究奠定了基础，为政府农业种植结构调整宏观决策、维护农产品加工质量安全与健康消费、保障农产品加工业健康发展提供了必要支撑。

3. 农产品加工过程安全控制理论与技术取得丰硕成果

食品组分、外源添加物和加工过程的多样性使得危害物产生过程复杂多变，同时，高效实时检测手段和快速评价体系的缺乏造成目前食品加工过程危害物甄别与测定、追踪与回溯、预测与干预、优化与控制等理论与技术严重不足。2012 年，江南大学牵头组织实施"973"计划项目"食品加工过程安全控制理论与技术的基础研究"，开展了危害物产生途径和转化规律的分子基础、加工安全性预警机制与风险等级确定依据、安全加工全程优化原理与控制策略研究。

通过项目实施，突破了农产品加工质量安全关键科学问题，系统阐明了典型加工过程中危害物形成的分子基础和调控机制，发现了新危害物和潜在危害物的生成途径和转化规律，明确了食品加工过程中对目标危害物干预、阻断与控制的关键分子机制，解析了食品加工过程中食品组分—加工条件—危害程度的相互作用规律。建立了高容量危害物分子靶标和分型数据库，形成了食品加工过程感知网络，实现了食品加工全程监控，建立了新型和潜在危害物高通量组学筛查模型，获得了食品中多种危害物协同作用的高通量毒理学分析平台，建立了基于暴露评估的我国人群膳食中危害物的风险阈值和预警体系。建立了交互式多尺度优化控制系统，开发出耦合式的食品组分—加工方法—危害物关联模型，优化了再造发酵食品、油炸 / 烘焙高淀粉体系、加工油脂等重要食品的加工体系，彻底解决了末端糖基化衍生物、生物胺、丙烯酰胺、反式脂肪酸、蛋白质高级氧化产物等食品中长期存在的重大潜在危害物问题。构建了针对典型加工单元过程的农产品加工质量安全研究平台，开发出针对食品加工过程产生危害物的毒理学信息数据库，发展了基于多学科交叉消除导致食品安全的危害物的理论体系。

4. 农产品加工质量安全风险评估工作取得突出进展

目前，我国农产品质量安全研究主要集中在种植环节，针对农产品产后贮运加工环节的研究目前尚处于起步阶段。2013 年以来，在农业部农产品质量安全监管项目的支持下，我国构建了农产品产后贮运及加工环节质量安全风险评估技术团队。近年来，团队围绕农产品产后贮运及加工领域开展风险评估工作，特别在防腐剂、保鲜剂类、重金属类、生物毒素类风险因子的评估方面取得了很大进展：①在农产品加工过程中农药残留变化规律研究方面取得突出进展，通过对黄瓜腌制、番茄酱加工、苹果酒加工几种加工过程进行评估，确定了农产品加工过程对食品中农药残留及其变化规律的影响；②建立了农产品中硒蛋白、硒多糖、硒代氨基酸的分析鉴定方法，开展富硒农产品在加工过程中硒形态变化对其安全性与营养功能评价的研究；③针对典型农产品生物毒素，如四季豆中的凝集素、马铃薯中的龙葵碱，探究加工过程对其毒素风险的影响，提供农产品加工技术建议；④研究典型产地初加工农产品如辣椒、黄花菜、龙眼等产地初加工过程的风险，形成加工技术规范和指南等技术成果，并研发相应的小型加工设备产品，全面保障农产品加工环节的质量安全。

5. 农产品加工标准化体系进一步完善，取得突出进展

长期以来，农产品加工标准分散在多部门和多系统，各行业标准体系之间既交叉重复、又有许多遗漏。农业行业标准以有关农业生产标准为主，而农产品加工标准仅仅是拾

遗补缺，标准的配套程度低、互补性不强，特别是缺乏主要农产品初加工相关的系列标准。在 5000 项农业行业标准中，农产品加工标准 579 项，占总数的 11.6%。

农业部针对农产品加工标准存在的问题，设立农产品加工标准化技术委员会，执行农产品加工标准制修订、农产品加工国际标准跟踪、国际标准官方评议项目工作。通过项目实施，在农产品加工标准化科技创新、技术推广、成果转化等方面取得了明显进步，基本实现了科技创新体系"从建到用"的转变，初步形成了大联合、大开放、大协作的创新格局。依托于农产品加工技术研发体系及农产品加工标准化技术委员会体系，相关产业加工领域岗位专家在农业产业技术体系框架下，针对制约行业发展的关键、共性技术装备瓶颈问题开展联合攻关和协同创新。完成制定农产品加工标准 122 项，搭建完成"农产品加工质量安全舆情监测分析平台"，跟踪信息逾 50 万条；针对农产品加工环节存在的质量安全舆情，立足产业深度解析农产品加工质量安全共性问题产生的根源和关键控制技术，发布舆情分析报告 24 份，正面引导和带动加工企业，预防和控制加工质量安全问题的发生，从源头上杜绝农产品加工环节质量安全问题的发生，构筑加工领域主动防控的质量安全管理模式。

三、本学科与国外同类学科比较

（一）国际上本学科的发展趋势与特点

通过国内外农产品加工现状对比可发现，世界发达国家已将农产品的贮藏、保鲜和加工业放在农业的首要位置。从农产品的产值构成来看，农产品的产值 70% 以上是通过产后贮运、保鲜和加工等环节来实现的，因此，发达国家在农产品加工质量安全学科的基础理论方面的研究和应用方面取得了快速发展。

传统发达国家如德国、荷兰、法国等一贯重视农产品加工质量安全，并在资源配置上对该领域的研究给予倾斜，在很多共性及关键性技术研发能力上，如在危害物鉴定评价、污染规律研究、检测预警、防控治理与安全质量保障体系的基础理论方面的研究和应用等方面处于世界一流。其学科主要特点为：农产品质量安全问题突出集中在加工、储运和消费环节，重点对象为食品真伪鉴别、一般致病微生物、添加剂和新型污染（如转基因）等。在畜禽产品（及其制品）方面，以致病微生物（人畜共患病）、环境污染物为主构成西方农产品加工质量安全研究重点；在植物性产品方面，新的农产品安全生产问题暴露少。

当前，国际农产品加工质量安全研究呈现六大趋势：一是研究手段方面，多学科交叉、融合与渗透日益加强，一些新兴学科如材料学、结构生物学、信息学等越来越多地渗入到农产品加工质量安全科技创新研究中；二是研究对象方面，危害因子由单一化向多元化转变，如将基因组学、蛋白质组学等与检测技术研究紧密结合，以发现和确证危害因子 / 作用新靶点；三是科技资助保障方面，欧盟先后在其框架计划项目及"地平线 2020"项目中对农产品加工质量安全领域的研究进行优先支持，保障了持续而充足的研究经费；四是专家资源统筹方面，为明确食品及农产品质量安全的科技创新导向，形成了食品及农产品质量安全研究领域大同行科学家专家联席会，成立了欧盟食品安全局。五是配套人才支撑方面，欧盟通过欧盟框架计划项目、"地平线2020"项目等此类项目中设计及配套的人才项目，将全球优秀的科研人员及科技资源整体纳入其科学研究活动；六是学科基础研究配套体系方面，完善的参考实验室体系为学科发展提供了理想平台，结合定期组织的实验室能力验证计划，为开展科学研究及实行有效监管提供了准确而可靠的基础数据，成为学科发展的有力基石。

（二）我国农产品加工质量安全学科在国际上的总体水平界定

我国农产品加工质量安全学科正在迅速成长。在我国设置的88个一级学科中，与农产品质量安全相关的有9个，381个二级学科中相关的有30个，在许多农业高校和理工类高校学科建设中成为重点学科，培养了一批批的专业技术人才。再加上与许多企业有合作，兼具社会公益性和市场配置双重属性，使得我国的农产品加工质量安全学科正在不断完善、走向成熟。

我国农产品加工质量安全学科紧跟国际发展前沿，大力加强学科设置建设和基础研究工作。我国在农业和理工院校中已大力加强了《农产品贮藏》《农产品加工与食品工程》《农产品质量安全》《食品安全学》的课程设置与学生培养工作，为我国相关行业、企事业单位培养了大批农产品加工和食品质量安全控制方面理论基础扎实、专业技能熟练的研究型、专业型和实用型人才，在我国农产品加工业发展和食品质量安全保障工作中发挥着重要作用。

在"十二五"和"十三五"前期，我国在科技领域设置了多个与农产品加工和农产品食品质量安全相关的"973"专项、"863"专项、科技基础性工作专项、重点研发专项等重大研究项目，广大科技工作者在这一学科领域开展了大量深入的基础研究：从化学与生物分子水平互作关系、食品内源组分和化学危害物间驱动过程、加工过程与微环境关系等角度研究了危害物农产品加工危害因子产生的途径和转化规律；从危害物快速精准识别、膳食摄入模式、中式加工模式与加工因子领域为农产品加工安全预警机制与风险等级确定依据；从食品加工过程组分模拟、危害物以及品质精确测量、结果与过程在线实时监测等角度对农产品加工全程化原理与控制策略开展了深入研究。

依靠特有品种可研究资源丰富开展大量工作。例如，中国海洋大学依靠近海优势开展了一批特色优势海产品加工与质量安全检测；云南农业大学充分利用云南传统的民族农产品资源结合社会经济发展，在普洱茶、宣威火腿的生产与质量安全控制方面起到重要作用；广东海洋大学利用自身在水产品研究和开发上的优势，将水产品保鲜加工质量与安全作为食品质量与安全的专业特色进行建设；中国计量学院是国家质量监督检验检疫总局下属的以检验检疫为特色的院校，质检特色是该院食品质量与安全专业建设目标，其培养方案除强调三大检验外，还着重食品安全的生物学快速检验，同时加强学生在管理、认证方面的基本技能培养。

但是，由于农产品加工质量安全这一学科的发展与我国经济社会发展水平、农产品加工产业整体水平和农产品加工质量安全保障水平基本上同步，尽管在国家重视和鼓励下、在全国科研人员的努力下，近几年我国农产品加工质量安全学科取得了快速的发展，但就目前发展整体水平来说，与国外还存在一定差距。主要表现在基础理论研究较弱、研究成果转化率低和核心领军人才相对缺乏，这三个方面的不足导致了我国虽然在某些领域取得了国际领先，但整体水平差距较大，有待提高。

农产品加工质量安全学科基础理论研究较弱，虽然我国在农产品加工质量安全学科基础理论研究方面做了很多工作，尤其在加工过程中危害物的降解和转化规律开展了大量研究，并且对部分危害物的加工变化基础理论开展了深入研究，但还有很大一部分的危害物停留在加工过程变化规律的研究，基础理论尚未建立，严重制约了对其加工过程中控制技术的研究，难以形成危害物加工过程的整体管控技术。对于我国特色加工过程对农产品加工质量安全影响的研究不足，我国幅员辽阔、历史悠久，加工方式多样、复杂程度远超西方国家的加工方式，目前我国对于我国特色的加工方式对农产品加工质量安全的影响研究较少，缺乏足够科学的数据和基础研究；对于新型加工方式对农产品加工质量安全的研究不够，农产品加工技术日新月异，而对其质量安全方面的研究存在一定的滞后性，需紧跟加工技术的步伐、跟进相关研究工作。

学科科研体制还需进一步深化改革，随着我国农产品加工质量安全学科的快速发展，初步形成了一系列重要的学科理论及成果，有一些领域接近或达到世界先进水平，但整体科研成果转化率较低，没能起到快速推动农产品加工业质量安全水平快速提升的作用，这也是当前国家急需解决的学科科研体制问题。

学科领军人才相对缺乏。近年来，我国通过重点培养结合国外引进两种方式，构建了一支农产品加工质量安全学科人才队伍，虽人数不少，但学科领军人才相对缺乏，在国际上农产品加工质量安全学科领域出名的专家数量更少，整体农产品加工质量安全学科人才队伍梯度不够合理，主要表现在年轻研究人员多、研究水平和经验不足、领军人才不足，也一定程度造成了年轻研究人员进步较慢、科研走弯路的现象。因此，要加快引进培养一批农产品加工质量安全学科的科研工作者，搭建好整体研究团队梯度，培养一批在国际上知名、能真正引领农产品加工质量安全学科向前发展的领军人才。

四、展望与对策

（一）未来几年发展的战略需求、重点领域及优先发展方向

1. 营养品质评价与保持

针对我国大宗和特色农产品，开展其化学物质基础研究，结合分子、细胞、器官、动物、感官水平建立农产品品质评价、营养功能评价以及特征成分鉴别技术和评价指标体系，构建农产品特征营养成分和功能因子基础数据库，建立农产品品质营养快速评价技术和装备体系。在此基础上，开展农产品贮运、加工过程营养功能成分变化规律研究，针对特征营养成分和功能因子的稳定性、变化、生物利用率等开展研究，对其在贮运、保鲜、加工、烹饪过程中的变化规律、化学修饰、营养及有害的中间物质的产生开展过程评价研究。开展危害物与营养功能成分互作研究，探索外源危害因子对农产品质量、营养与功能的影响，利用危害物组、食品组学和营养组学的机理与方法构建基于质量安全与营养健康两极的质量型危害评价体系，实现农产品加工质量安全与营养健康的双控格局。

2. 加工过程危害物评估与控制

以杂环胺、反式脂肪酸、多环芳烃等加工过程产生的内源危害物及龙葵碱、毒式、凝集素等农产品内源产生的危害物为研究对象，研究评估农产品在贮藏加工过程中内源危害物的产生机制与转化规律、有害中间物质的产生，确定内源性危害物安全性预警与风险等级，开展相应分析速测、未知物鉴定、毒理学分析、加工因子影响等相关研究，建立加工过程危害预报和货架期预测技术，优化农产品贮藏加工过程，建立农产品安全加工与内源危害物阻断、控制、去除技术和基于现代冷链物流的产后加工减损技术，实现加工安全和品质双重控制。

3. 农产品加工在线监测技术与装备

以"快速化、高效化、绿色化"和"高分辨、动态化、可视化"发展趋向为主线，基于高光谱成像、近红外、计算机视觉等技术开展典型加工、储藏过程中主要危害物（生物碱、生物胺、植酸、胰蛋白酶抑制剂、苯并比、反式脂肪酸、氯丙醇、氯丙醇酯等）在线监测、农产品成分分析、损伤探测理论、技术及装备研究。重点突破高光谱图像定量识别和基于特征波长多光谱设备研制，近红外图像适时解析系统和图像—危害物含量关系模型建立，高分辨率图像传感器、3D 图像快速数字转换、图像快速解析技术等重点技术难点，开发针对典型加工过程的成套在线监测装备，形成危害物在线检测、成分分析、损伤检测技术标准与操作规程。

（二）未来几年发展的战略思路与对策措施

1. 全面推进协同创新

"十三五"开局阶段，国家大力倡导"科技创新联盟"机制，初步形成了农产品加工、

农产品质量安全领域多个创新联盟；同时，农业部产业技术体系也大幅增设了农产品加工、质量安全与营养评价专家岗位。未来几年应以此为基础，全面推进农产品加工、质量安全联盟内以及联盟间的协同创新，强化农产品质量安全基础理论与技术在农产品加工领域具体问题中的研究与应用，满足农产品加工质量安全跨学科领域的交叉，带动学科融合发展。

2. 深化国际交流合作

针对真菌毒素防控等代表我国农产品加工质量安全的优势领域以及加工过程控制、营养评价与保持等农产品加工质量安全重点发展领域，建立稳定、通畅的国际合作渠道，形成政府间、机构间、实验室间多层次合作交流模式，积极主动参与国际科学研究计划，增强科技竞争实力和科技发展能力，提升创新研究水平，促进农产品加工质量安全科技实现跨越发展。

3. 大力助推产业升级

农产品加工质量安全学科的发展源于农产品加工产业的发展，并将伴随产业发展逐步深入。作为一门应用基础研究，应全面对接产业，从产业需求出发，针对产业中急需解决的共性问题阐明机制规律、突破关键技术、研制装备设施、配套技术标准，在此基础上开展产业示范应用，形成农产品加工质量安全管控综合方案，大力助推产业升级。

参考文献

［1］ Sorrenti V, Giacomo C D, Acquaviva R, et al. Toxicity of Ochratoxin A and Its Modulation by Antioxidants：A Review［J］. Toxins, 2013, 5（10）：1742.

［2］ Richard J L. Some major mycotoxins and their mycotoxicoses-an overview［J］. International Journal of Food Microbiology, 2007, 119（1-2）：3.

［3］ Speijers G J, Speijers M H. Combined toxic effects of mycotoxins.［J］. Toxicology Letters, 2004, 153（1）：91.

［4］ Hussein H S, Brasel J M. Toxicity, metabolism, and impact of mycotoxins on humans and animals.［J］. Toxicology, 2001, 167（2）：101-134.

［5］ Daly S J, Keating G J, Dillon P P, et al. Development of surface plasmon resonance-based immunoassay for aflatoxin B（1）.［J］. J Agric Food Chem, 2000, 48（11）：5097-104.

［6］ Škrbić B, Živančev J, Đurišić-Mladenović N, et al. Principal mycotoxins in wheat flour from the Serbian market：Levels and assessment of the exposure by wheat-based products［J］. Food Control, 2012, 25（1）：389-396.

［7］ Kabak B, Dobson A D, Var I. Strategies to prevent mycotoxin contamination of food and animal feed：a review.［J］. Crit Rev Food Sci Nutr, 2006, 46（8）：593-619.

［8］ Jouany J P. Methods for preventing, decontaminating and minimizing the toxicity of mycotoxins in feeds［J］. Animal Feed Science & Technology, 2007, 137（4）：342-362.

［9］ Fu J, Zhou Q, Liu J, et al. High levels of heavy metals in rice（Oryzasativa L.）from a typical E-waste recycling area in southeast China and its potential risk to human health［J］. Chemosphere, 2008, 71（7）：1269-1275.

［10］Fu J, Zhang A, Wang T, et al. Influence of e-waste dismantling and its regulations：Temporal trend, spatial distribution of heavy metals in rice grains, and its potential health risk［J］. Environmental science & technology, 2013, 47（13）：7437-7445.

［11］Lee J S, Lee S W, Chon H T, et al. Evaluation of human exposure to arsenic due to rice ingestion in the vicinity of abandoned Myungbong Au-Ag mine site, Korea［J］. Journal of Geochemical Exploration, 2008, 96（2）：231.

［12］Liang F, Li Y, Zhang G, et al. Total and speciated arsenic levels in rice from China［J］. Food Additives and Contaminants, 2010, 27（6）：810.

［13］Li Q S, Chen Y, Fu H B, et al. Health risk of heavy metals in food crops grown on reclaimed tidal flat soil in the Pearl River Estuary, China［J］. Journal of hazardous materials, 2012（227）：148.

［14］Ok Y S, Usman ARA, Lee S S, et al. Effects of rapeseed residue on lead and cadmium availability and uptake by rice plants in heavy metal contaminated paddy soil［J］. Chemosphere, 2011, 85（4）：677.

［15］Qian Y, Chen C, Zhang Q, et al. Concentrations of cadmium, lead, mercury and arsenic in Chinese market milled rice and associated population health risk［J］. Food Control, 2010, 21（12）：1757.

［16］陈京都, 戴其根, 许学宏, 等. 江苏省典型区农田土壤及小麦中重金属含量与评价［J］. 生态学报, 2012, 32（11）：3487-3496.

［17］陈天金, 郑床木, 贡锡锋, 等. "一带一路" 框架下我国农产品质量安全科技国际合作方向探讨［J］. 农产品质量与安全, 2015（6）：44.

［18］冯金飞. 高速公路沿线农田土壤和作物的重金属污染特征及规律［D］. 南京：南京农业大学, 2010.

［19］郭天宇, 李健. 构建我国农产品加工安全体系［J］. 轻工标准与质量, 2007（4）：35-36.

［20］刘小兰. 农产品质量安全研究：基于批发市场交易模式视角［M］. 北京：中国社会科学出版社, 2015.

［21］刘贤进. 农产品质量安全学科发展刍议［J］. 农产品质量与安全, 2011（1）：30.

［22］仝致琦, 段海静, 阮心玲, 等. 路旁土壤公路源重金属含量空间分布数值模型的探讨［J］. 环境科学学报, 2014, 34（4）：2631.

［23］徐静. 我国生鲜农产品有效供给保障研究［D］. 江苏：江苏大学, 2016.

［24］肖梦颖. 农产品生产与加工过程中的安全问题与解决对策［J］. 内蒙古民族大学学报（自然汉文版）, 2013（3）：299-301.

［25］杨艳涛. 加工农产品质量安全影响因素分析［J］. 中国食物与营养, 2008（5）：7-10.

［26］杨信廷, 钱建平, 孙传恒. 农产品质量安全管理与溯源［M］. 北京：科学出版社, 2016.

［27］杨军, 陈同斌, 郑袁明, 等. 北京市凉风灌区小麦重金属含量的动态变化及健康风险分析［J］. 环境科学学报, 2005, 25（12）：1661.

［28］杨军, 宋波, 杨苏才, 等. 北京市小麦籽粒的重金属含量及其健康风险分析［J］. 地理研究, 2008, 27（6）：36.

［29］谢文彪, 杨军华, 陈穗玲, 等. 福建沿海稻谷 Cd、Pb、Hg 等重金属含量变化规律［J］. 生态环境, 2008（1）：42.

［30］赵多勇, 魏益民, 魏帅, 等. 工业区土壤和农产品镉污染状况及暴露评估［J］. 安全与环境学报, 2012（1）：114-118.

［31］周航, 曾敏, 刘俊, 等. 湖南 4 个典型工矿区大豆种植土壤 Pb、Cd、Zn 污染调查与评价［J］. 农业环境科学学报, 2011, 30（3）：476.

［32］张驰, 张晓东, 王登位, 等. 农产品质量安全可追溯研究进展［J］. 中国农业科技导报, 2017, 19（1）：18-28.

［33］赵多勇, 魏益民, 魏帅, 等. 小麦籽粒铅污染来源的同位素解析研究［J］. 农业工程学报, 2012（8）：258-262.

［34］赵多勇, 魏益民, 郭波莉, 等. 铅同位素比率分析技术在食品污染源解析中的应用［J］. 核农学报,

2011, 25（3）：534-539.

［35］赵多勇，郭波莉，魏益民，等. 重金属污染源解析研究进展［J］. 安全与环境学报，2011, 11（4）：98-103.

撰稿人：郭波莉　范　蓓　单吉浩　魏　帅　刘佳萌

食品营养与功能

一、引言

食品是人类赖以生存和发展的物质基础。传统认为食品主要有三大作用，即营养、感官和补充。其中，营养作用是指参与机体组织组成，为机体提供生命活动所需的能量；补充作用主要指对人体生理功能的调节作用，即为通常所说的营养健康功能。食品的营养和补充作用使其不仅能够为人体生长发育和维持健康提供所必需的能量和营养物质，而且在众多疾病的预防和治疗中起着重要作用，因此成为食品领域研究的热点和重点。

食品营养是指机体通过摄取食物，利用食物中对身体有益的物质作为构建机体组织器官、满足生理功能和体力活动需要的过程。营养素是指天然存在于食品中的具有营养价值的物质。研究表明，人体需要400多种营养素，其中蛋白质、脂肪、碳水化合物、维生素、矿物质和水是最重要的营养素，被称为六大营养素。蛋白质、脂肪和碳水化合物在食品中存在和摄入的量较大，称为宏量营养素或常量营养素；而维生素和矿物质在平衡膳食中仅需少量，故称为微量营养素。目前，已被明确公认的人体必需营养素有44种，包括9种必需氨基酸（赖氨酸、色氨酸、亮氨酸、异亮氨酸、缬氨酸、甲硫氨酸、苯丙氨酸、苏氨酸和组氨酸）、两种必需脂肪酸（亚油酸、α-亚麻酸）、7种常量元素（钠、钾、钙、磷、硫、氯和镁）；10种微量元素（铁、锌、硒、碘、铜、铬、钼、钴、锰和氟）、14种维生素（维生素 A、维生素 D、维生素 E、维生素 K 4种脂溶性维生素和维生素 B_1、维生素 B_2、维生素 B_6、维生素 B_{12}、维生素 C、泛酸、烟酸、叶酸、胆碱、生物素10种水溶性维生素）、葡萄糖和水。另外，膳食纤维也是人体所必需的，不少学者称其为第七大营养素。

食品中，除含上述营养素外，还含有大量具有医疗保健价值的非营养素，即功能成分，如多不饱和脂肪酸、多酚类、黄酮类、多糖类、萜类、甾体类、有机硫化合物和生物碱类等，具有平衡膳食结构、调节人体机能、维持机体良好代谢等功效，在癌症、心血管病、糖尿病和肥胖等严重危害身体健康的疾病的预防和治疗中发挥着重要作用。

食品营养与功能学是研究食品中的营养 / 功能成分与人体生长发育和健康的关系及其开发利用的学科，是一门与食品科学、营养科学、医学、药学、分析化学、有机化学等多学科有机结合的交叉学科。其主要研究内容包括营养与功能学基础，包括营养素及功能成分、健康与亚健康、营养 / 功能与人体健康、人体营养平衡与膳食指南等；食品的营养 / 功能价值及其形成和调控途径；提升营养与功能价值的方法、技术和手段；食品资源和功能成分的开发与利用；功能食品制造等。食品营养与功能学是为满足人们生活水平的不断提高、健康保健意识的增强、对食品营养 / 功能价值及保健品的迫切需要以及食品行业持续高速发展的需要而产生的，其研究成果对促进食品工业高效发展、加强食品资源利用、提高人们营养与健康水平等方面均有重要意义。

二、近年最新研究进展

（一）发展历史回顾

食品营养与功能学起源于营养学，其历史源远流长。约 2400 年前的中医理论典籍《黄帝内经·素问》就指出"五谷为养、五果为助、五畜为益、五菜为充"的平衡饮食模式，系统全面地阐述了食品营养的重要意义，成为世界上最早、最全面的膳食指南，至今仍有重要价值。之后又先后出现几十部关于食物药理学著作，充分体现了"药食同源"的重要思想，也体现了滋补和食疗的悠久历史。如《本草纲目》中记载了 350 多种药食两用的动植物，并分别根据热、温、凉、寒、有毒和无毒等性质进行区分记录，对人们的营养与食疗具有重要的参考价值；《食物本草》中以中医的观点对其中的 1017 种食物以中医的观点逐一加以描述，分别加以归类，这些书籍都反映了我国古代在营养学方面的成就。但是受限于当时自然科学的发展，对营养学的认识只限于对感性经验的总结和假说。

18 世纪中期，有"营养学之父"之称的法国化学家 Lavoisier 阐明了生命过程是一个呼吸过程，并提出呼吸时氧化燃烧的理论，开启了现代营养学的发展之路。整个 19 世纪到 20 世纪初是发现和研究各种营养素的鼎盛时期。19 世纪初发现了钠、钾、钙、磷、硫和氯等元素；1810 年发现第一种氨基酸——亮氨酸；1838 年首次提出蛋白质概念；1842 年德国化学家、农业化学和营养化学奠基人之一 Liebig 提出，机体营养过程是对蛋白质、脂肪和碳水化合物的氧化过程；后来他的几代学生又通过大量的生理学和有机分析实验，先后创建了氮平衡学说，确定了三大营养素的能量系数，提出了物质代谢理论；1910 年德国科学家 Fischer 完成了简单碳水化合物结构的测定；1912 年波兰科学家 Funk 发现了第一个维生素——硫胺素（维生素 B_1），开辟了维生素研究的新领域，1947 年最后一种维生素——维生素 B_{12} 被发现；1914 年美国科学家 Kendall 证实碘与甲状腺功能的关系，并获得诺贝尔奖；1926 年法国科学家 LeRoy 证明镁是一种必需营养素；1929 年美国科学家 Burr GM 和 Burr MM 证实亚油酸为人体必需脂肪酸；1935 年最后一种必需氨基酸——苏氨酸被发现，并确定了各种必需氨基酸的需要量；1931 年，美国威斯康星大学研究团队证明锰为必需微量元素，掀起微量元素的研究热潮。当时认为世界各地出现的某些原因不明的疾病可能与微量元素有关。在之后的 40 多年，陆续发现了锌、铜、硒、钼等多种微量元素为人体所必需。

20 世纪中后期，营养学的研究工作日益深入，营养素尤其是维生素和微量元素对人体的重要生理作用机制不断得到深入研究，营养与疾病的关系也得到进一步阐明，食品中功能成分的生理功效及其健康作用成为新的研究热点，食品营养与功能学也应运而生。随着营养与功能学、医学及生物学的发展以及天然产物提取分离新技术的进步，形成多学科的交叉融合，并应用于食品营养与功能的研究。人们不仅探讨了食品的主要营养成分及其价值，并应用平衡膳食调理健康，而且进一步研究了食品相关产品中主要功能成分的种类、功效及其提取分离与开发利用，同时探讨其生物合成和调控机理 / 途径，从而进行营养与功能成分的富集及其资源开发利用。

（二）学科发展现状及动态

随着我国经济的高速发展和人民生活水平的不断提高，老年性疾病、糖尿病等慢性代谢疾病、肥胖、营养失衡等"现代文明病"人群爆发式增长。公众对营养健康的需求不断提升，国家近期提出"健康中国 2030"计划，营养健康产业对营养功能性食品制造提出了新的科技需求。食品营养与功能学科的现状与进展主要体现在营养功能成分活性保持与递送、营养功能成分分析检验技术、基于大数据的个性化营养功能性食品设计、营养功能食品品质改良与制造技术、营养功能食品功效评价技术几个方向。

1. 营养功能成分活性保持与递送

随着营养功能食品在食品领域中受到越来越广泛的关注，用于生产营养功能食品的营养功能成分活性稳态化保持与有效递送技术也得到了较快发展。功能因子在食品中的传递是生产功能食品的关键，近年来食品级运载体系成为食品工业重点发展的高新技术，可用来包埋、保护生物活性物质，提高其在食品体系中的稳定性和溶解度，微胶囊、乳液、水凝胶、脂质体等一系列不同结构、不同类型、不同功能特性的食品运载体系被广泛应用和开发。然而，目前不同结构类型运载体系中的功能活性物质在人体消化系统中的消化释放规律及其进入小肠后在体内的转运递送代谢机制尚不清晰，难以实现针对不同类型结构的功能活性物质靶向转运递送体系的理性化设计和精准化调控。故而，如何设计构建运载体系结构、实现食品中功能活性物质体内靶向释放及定向分布、促进其体内生物活性的发挥，是近年来营养功能成分活性稳态化保持与有效递送技术研究的重要方向。

2. 营养功能成分分析检验技术

随着现代食品营养与功能学的发展和公众对营养健康功能需求的提高，食品中功能成分的开发利用受到越来越广泛的关注，而开发利用的首要任务和基础是检测分析，因此食品功能成分的检测分析技术成为研究热点之一。科学技术的进步极大促进了食品功能成分检测分析技术的发展。目前，常用的食品功能成分检测分析技术主要有薄层色谱（TLC）、气相色谱（GC）、毛细管电泳色谱（CE）、高效液相色谱（HPLC）、超临界流体色谱（SFC）、生物色谱等色谱技术及其联用技术和（近）红外光谱、荧光光谱、拉曼光谱等光谱技术以及核磁技术等。检测技术灵敏度、准确度不断提高、快速检测技术实时化、现场化、仪器小型化趋势不断加强，量子化学、光谱学、质谱学、分子生物学、纳米科学、高分子材料学等学科中的新理论新技术不断应用其中；同位素技术、生化指纹图谱技术、电子条形码技术等新技术应用于食品中危害因子的溯源；大数据分析、新数学模型的建立与引入、新兴信息技术对风险分析、风险评价、风险预警、风险信息交流等风险评估阶段的影响日益深远。

3. 基于大数据的个性化营养功能性食品设计

随着社会的发展和人们生活的不断改善，一些与饮食习惯相关的代谢综合征（如肥胖、高血糖、高血脂、高血压等）急剧增加，而现代快节奏生活也加速了亚健康与慢性病人群比率的增加，使其成为严重影响人们健康和生活质量的社会问题。传统的食品营养与功能学已经不能完全适应新世纪营养科学的发展，除传统食品营养学中探讨的生命必需营养素外，迫切需要阐明食品中营养及功能物质的营养健康效应及其作用机制，并通过合理的膳食结构和营养平衡对慢性疾病或人体亚健康状态进行食品营养干预，实现个性化营养设计。

个性化营养设计即精准营养，旨在考察个体遗传背景、生活特征（膳食、运动、生活习惯等）、代谢指征、肠道微生物特征和生理状态（营养素水平、疾病状态等）因素基础上，进行安全、高效的个体化营养干预，以达到维持机体健康、有效预防和控制疾病发生发展的目的。大数据在个性化营养设计过程中发挥着重要作用。2014 年，"大数据"首次进入我国政府工作报告，李克强总理提出在疾病预防、社会保障、电子政务等领域开展大数据应用示范。从此，大数据引发推动人类进步的又一次新的信息技术革命，给公共卫生领域带来了巨大的变革机遇，作为公共卫生的分支营养学科也进入了大数据时代。大数据在营养健康领域的应用可归纳为六个类别，即食物成分电子数据库的管理、营养调查和监测信息的管理和共享、食品安全和食品风险评估、手机的"营养"相关应用程序的评估、慢病管理中可穿戴设备数据的挖掘、公共卫生预警与流行病预测。同时，通过应用大数据的相关理论，结合我国营养健康领域的实际情况，探讨了大数据对慢性病防控、疾病预测、个性化健康管理、食品风险评估等方面的影响，为营养健康领域的研究提供了新的视角。

4. 营养功能食品品质改良与制造技术

食品的营养健康价值不仅取决于食品中营养和功能成分的种类和含量，还受食品加工、烹饪和贮藏等因素的影响。食品加工过程可以改善感官性状、除去人力不利因子、提高消化吸收率，同时还会引起营养功能成分结构的变化，从而影响其品质和营养健康功效。因此，明确加工过程中营养功能成分的变化规律和调控机制具有重要意义。但是目前加工过程对食品营养价值的影响主要集中在单一必需营养素的变化上，而对于加工过程中食品复杂基质中组分的变化及其相互作用对食品营养和功能作用的影响及机制缺乏系统研究。食品加工过程中物质构效变化的分子基础及调控措施的"动态"系统研究将成为食品营养与功能学的重点突破难题。

食品是一个多组分共存并相互作用的复杂体系，虽然目前一些基本营养素和功能成分的化学结构和营养健康功能已得到阐明，但是食品的色、香、味、形、安全性和营养功能是食品中多组分整体作用的体现，而非各组分单独作用的简单叠加。因此，食品品质和营养功能的提升，单单从食品孤立组分的物化性质、营养特性和生物活性着手，已远远不能满足现代食品发展和人们对食品营养健康功能的需求。

5. 营养功能食品功效评价技术

近年来，国内基于体内、体外评价技术，从生物活性、代谢通路、代谢产物的角度开展了食物及其营养组分、活性功能因子活性评价，研究食品中营养成分、功能因子对于人体健康及疾病特征指标影响的技术手段与方法已然逐渐成熟。随着组学技术在食品领域的应用，应用多组学贯穿技术实现从元基因组、血液/尿液代谢物、蛋白、micro-RNA 等多个层面追踪、印证的肠道元基因组对人体健康的影响及关联机制，开展多组学功效评价与精准化营养干预效果的验证研究也不乏其例。

随着对肠道菌群结构和功能的不断挖掘，越来越多的证据表明肠道菌群与宿主健康密切相关，被认为是"被忽略的人体器官"。基于"人类微生物组计划"和"人类肠道宏基因组计划"等研究项目的开展，人们对肠道菌群的关注达到了空前的高度。人们发现不仅包括炎症性肠病、肠易激综合征、结肠癌、感染性肠道炎症和肠结核等在内的肠道疾病，其他多种非肠道疾病如心脑血管疾病、代谢性疾病、免疫性疾病、肝肾疾病及神经性疾病等，均与肠道菌群结构和功能异常有着密不可分的关系。营养代谢基因组学和肠道微生物菌群与人类健康的关系等现代营养与功能学研究的新进展和新发现，证实膳食因素是影响肠道菌群结构和功能的重要因素，肠道菌群也成为膳食功能因子调控健康研究的着眼点，有关膳食—肠道菌群—人体健康关系的研究成果凸显出广阔的发展前景。

（三）学科重大进展及标志性成果

1. 营养功能成分活性保持与递送

食品级运载体系是近年来食品工业重点发展的高新技术，可用来包埋、保护营养功能成分，提高其在食品体系中的稳定性和溶解度。近年来，纳米技术在食品级运载体系构建中的应用越来越广泛。纳米乳液不仅能够将非水溶性物质包埋其中以提高其生物利用度，而且具有较好的稳定性，可用于延长商品的货架期。纳米乳液的液滴非常小，加入澄清产品中不影响产品的透明度，如强化软饮料以及水产品。相比于传统乳状液，纳米乳液在很低浓度下仍可保持高黏度或凝胶状的性状，因此可以用于制备具有特殊质构性质或者低热量的产品。江南大学钟芳教授利用纳米技术构建包载转运 β– 胡萝卜素和维生素 E 的纳米运载体系，其研究发现纳米乳液具有良好的贮藏稳定性，能有效保持体系中所包载的 β– 胡萝卜素和维生素 E。

2. 营养功能成分分析检验技术

传统的食品组分分析局限于较为宽泛的物质组成，如蛋白质、脂肪、碳水化合物、纤维素、维生素、微量元素和灰分等，但代谢组学技术的出现使得食品组分分析变得细致，可以检测到成百上千种有机化合物单体。这种"化整为零"的策略可赋予人们了解某种食品之所以具有独特口味、质地、芳香或色泽的分子基础。例如，Hu 等利用一维 1 H 谱和二维 HSQC 谱对牛奶中的脂肪、乳糖、柠檬酸、N– 乙酰类有机化合物、三甲胺、丁酸、三酰甘油的总单不饱和脂肪酸和总多不饱和脂肪酸等进行了定量，其中，N– 乙酰类有机化合物和三甲胺在牛奶中被首次定量；戴志远等建立了基质辅助激光解吸电离 – 飞行时间质谱快速分析三文鱼肌肉组织磷脂质组学的方法，快速分析了三文鱼肌肉组织中磷脂酰胆碱和磷脂酰乙醇胺的分子种类，并根据磷脂脂肪酸链长度与不饱和度对三文鱼进行了营养评价。

3. 基于大数据的个性化营养功能性食品设计

瞄准"治未病"，中国农业大学与华大基因联手研发"精准食品"。营养食品是人类健康长寿的核心，将基因科学和食品科学相结合、靶向设计食品营养、精准制造个性化食品、让"治未病"理念实现产业落地，是人类健康的发展方向，更是食品科学、营养工程的使命。华大基因已经测试了 100 种药食同源产品，比如菊芋（洋姜）、芦荟、黑枸杞等。截至目前，华大基因在 *Nature*、*Science* 等国际一流的杂志上发表论文近百篇，参与完成国际人类基因组计划中国部分，已经将其基因研究的领域拓展至医学、环境和农业等多方面，奠定了中国基因组科学在国际上的领先地位。基因免费测序后将带来巨大的产业上升空间，打通基因测序产业链，从精准医疗到精准食品将是一个千亿元甚至万亿元的市场。

4. 营养功能食品品质改良与制造技术

现有研究明确了食品加工过程中组分互作形成的宏观结构是其品质功能的关键，但关键结构与品质功能的关联机制仍需深入研究。如挤压技术在食品制造领域应用已超过 70 年的历史，利用该技术可对多种原材料进行改性，制备种类多样的方便食品、休闲食品、儿童营养食品，然而现有产品多为单一组分如蛋白、淀粉等。采用多糖、生物活性物质等组分改善其品质功能的研究鲜有报道，且挤压过程中多组分间相互作用机制尚未明晰，挤压过程、三维网络结构、品质功能之间的相关关系仍未系统阐明，这也是阻碍挤压技术在现代食品精准调控与高效制造中进一步发挥作用的瓶颈问题。如 Li 等采用球磨和辛烯基琥珀酸酐处理淀粉，探究其理化与加工品质变化，其结果表明淀粉粒的崩解、无定型化及辛烯基琥珀酸化会显著增强淀粉膨胀能力、溶解度、冻融稳定性、乳化性能、流动性和稳定性，并且降低其稠度、黏度、热阻和弹性模量。Wang 等研究了热处理条件下面筋网络形成过程中蛋白构象改变及组分间相互作用规律，发现在加热过程中面筋蛋白分子逐渐展开，且蛋白构象由无规卷曲（40℃~50℃）向分子间 β–折叠（90℃）转变，进而蛋白分子发生聚集，产生空间位阻，形成三维网络结构，表现出面团的黏弹性。

5. 营养功能食品功效评价技术

国内多家科研单位和团队在营养基因组和肠道菌群的研究方面处于领先地位，并在国际相关领域中占据一席之地。深圳华大基因研究院利用新一代基因元计算平台 BGIOline，先后参加"人类微生物组计划"和"人类肠道宏基因组计划"，建立了人肠道元基因组大于 330 万个非冗余基因的参照图谱，该成果被 *Science* 评为 2011 年 21 世纪前十年"重大科学突破"之一，并将基因集扩展到了约 1000 万个基因；上海交通大学和中国科学院上海营养所也共同参与了"中法肠道元基因组合作"项目，获得欧盟第七框架的资助；上海交通大学赵立平教授提出的"慢性病肠源性学说"和内蒙古农业大学张和平教授提出的肠道菌群"功能性核心类群"的观点，均得到较为普遍的认可。2016 年，一项来自中国四川的长寿老人肠道菌群研究发现长寿老人的菌群具有较高的 α 多样性，并确定了 50 个菌属作为"长寿信号"，其中 11 个菌属与先前一项意大利长寿老人的菌群分析结果一致。未来几年，膳食—肠道菌群—人体健康的关系研究将为膳食调控人体健康提供新的思路。

三、本学科与国外同类学科比较

现代食品营养与功能学经过一百多年的发展，研究内容不断拓展和深入，积累了大量的相关知识和信息，在促进食品行业发展和提高人们生活质量及健康水平方面发挥着重要作用。但是，目前食品营养与功能学的研究范畴中仍有众多问题有待解决，同时随着相关学科如生物学、医学等学科的发展，不断涌现出新的研究热点，在未来的一个阶段，食品营养与功能学的发展趋势和研究重点主要集中于以下几个方面。

1. 营养功能成分活性保持与递送

近年来，我国在营养功能成分包埋运载体系构建技术方面的相关研究与世界一流研究单位保持同步水平，处于世界领先地位。但是，我国在新型运载体系结构创制及新型递送技术开发方面的研究相对薄弱，为满足人们对营养健康型食品的需求，应根据实际食品体系着力开发能与应用食品体系完美结合的、天然的、能够实现营养功能成分靶向递送的新型包埋运载体系结构及相应的制备技术。同时，对运载体系中的功能活性成分在消化系统及体内的消化释放代谢机制亦需进一步明确其相应的内在机制，为功能活性物质运载体系的理性化设计和精准化调控提供理论依据和指导。

2. 营养功能成分分析检验技术

我国已在食品功能成分检测分析方面取得了非凡的成绩，传统的检测分析技术较为成熟，处于世界领先地位。但是为顺应食品功能成分检测分析技术的发展要求和发展趋势，应着力开发高效、快速、简便、直接的新型检测分析技术和手段，其中组学技术和联用技术是未来的重要发展方向。同时，基于食品功能成分的特殊性和复杂性，还需积极建立功能成分标准的检测分析方法。

现有的检测分析技术普遍存在分析时间长、效率低、难以实现现场检测等缺陷，难以满足食品功能成分检测的需求。因此，开发新方法、新技术和新手段，实现食品复杂基质中功能成分高效、快速、简便、直接的检测分析，成为食品和分析化学家不断努力的目标。

3. 基于大数据的个性化营养功能性食品设计

中国营养学会根据循证结果的充分性提出了有助于慢性疾病预防的部分植物成分摄入的特定建议值，但是我国在食品营养及功能物质健康作用方面的研究相对薄弱，多停留在生物学效应的观察阶段，对内在机制的研究相对匮乏，所开展的机制研究也多局限于传统已知的通路探讨，其理化性质、构效关系及体内消化、吸收和代谢机理也缺乏创新性，无法满足公众对食品营养健康日益增长的需求和"健康中国"目标的实现。

大量研究表明，饮食干预能够调节肠道菌群的组成和功能。最早的文献发表于100年前，过去几十年人群干预的相关实验进一步证明了这一点。饮食对肠道菌群的影响主要表现在以下3个方面：①肠道菌群能够快速响应饮食的改变；②虽然能够快速响应，但长期的饮食习惯在决定人体肠道菌群组成中起主导作用；③由于先天肠道菌群的差异，不同个体对相同的饮食干预产生特异性的响应。Zeevi 等对 800 名志愿者进行持续的血糖监测并记录饮食细节，发现即使吃相同的食物，不同人的血糖水平也会有明显差异。研究人员利用个体的血液指标、身体参数、生活方式和肠道菌群等数据建立了一套"机器学习"算法，精准预测了受试者对特定食谱的血糖响应。基于该算法对 100 名志愿者进行随机单盲饮食干预，其餐后血糖水平显著降低，肠道菌群的改变也和预测结果一致。这项研究被 *Cell* 杂志评为 2015 年十佳论文之一，可能为实现"个体化营养"奠定广泛基础。

4. 营养功能食品品质改良与制造技术

随着人们营养健康意识的不断增强，对食品营养健康的需求不断提升，营养功能性食品的开发成为当今世界食品产业发展的热点和重大发展趋势，国外已将功能性食品研究作为新世纪增强国际竞争力具有战略意义的研究课题。我国功能性食品正呈现良好的增长态势，已经具有一定规模，并且所占比重正在逐年加大，国内市场需求热旺。但是与发达国家相比，我国营养功能性食品的发展相对落后，存在诸多问题，主要表现在产品功能比较集中、新品研发不够；产品质量良莠不齐；产品技术含量不高，许多产品存在低水平上的重复；市场售价偏高，偏离大众消费水平；功能评价体系有待完善。未来，我国营养功能性食品的重点发展方向应集中在营养功能性食品中功能因子的结构、作用机理、功效明确等基础研究；充分开发利用国内丰富的中草药资源；针对不同人群开发不同的营养功能性食品，实现营养功能性食品的靶向设计、个性定制、精准制造，进而改善我国营养健康食品缺乏的现状。

近年来，有关食品组分间相互作用的研究备受关注。美国、日本和英国等发达国家投入大量的人力和物力从事食品组分间相互作用及作用机理的研究，并已取得了较大成功，这对提升食品品质和营养功能、改善加工工艺和新产品的开发具有巨大的推动作用。我国相关研究起步较晚、相对落后，缺乏系统深入的研究，在今后的工作中应加强食品组分的相互作用及其机理研究，寻找调控作用点，并以此为基础调控食品多尺度结构的形成，系统考察食品组分相互作用—食品多尺度变化—体内构效变化—品质与营养功能之间的关联关系，建立食品设计新理论，实现色、香、味、形及营养功能的最优化传输，达到组分协同功效、提高品质及营养功能的目的。

5. 营养功能食品功效评价技术

近年，采用代谢组学和基因组学手段，从分子、细胞和器官水平上进行营养素及功能物质生理代谢机制、基因表达调控和营养干预原理的研究成为当前食品营养与功能研究的热点问题。目前，国外已经建立了较为完善的食品营养健康功效的研究和评价体系，单一功能成分的健康功效评价技术已经非常成熟，但对于营养功能食品的复杂多组分体系，食品中其他组分的存在会干扰单一成分功效评价时中间生化指标的变化，并因此影响最终评价结果。基于组学手段的新功效评价技术更适用于营养功能食品的功效评价。

四、展望与对策

（一）未来几年发展的战略需求、重点领域及优先发展方向

当前，我国经济社会发展进入"新常态"，随着居民生活水平的提高，膳食需求已经由满足温饱发展向追求营养与健康方向转变。立足健康中国2030的背景之下，大力发展营养健康膳食和功能食品相关产业，保障国民营养健康、增强国民身体素质，是我国未来几十年经济升级转型、产业换代发展的战略机遇，对于促进我国经济持续稳定健康发展具有十分重要的战略意义。新的经济社会发展形式和背景下，对食品营养与功能学科的发展也提出了新的要求和挑战，如何结合社会发展与民众健康需求，围绕国际营养科学热点与功能食品的生产与应用等关键科学问题，开展相关基础研究与应用研究，为我国营养功能食品产业发展提供理论与技术支持，也是食品营养于功能学科未来几年发展的重点。

1. 营养功能成分活性保持与递送

营养功能组分稳定性通常较差，容易受外界影响导致有效成分降解、生理活性部分或全部丧失，如活性肽、功能油脂、酚类及黄酮类物质、植物化学素、维生素、益生菌等容易氧化，活性降低。如何在加工和贮存过程中实现营养功能组分的活性保持是亟待解决的关键问题。应重点研究加工过程中内因（食品其他组分）、外因（加工技术手段、工艺参数、环境因素）对功能组分稳定性的影响，优化加工工艺；改进食品加工中功能因子的动态稳定监控技术、互配增稳、增效等技术；研究纳米脂质体、微胶囊、微乳、多重乳状液等物理包埋以及生物、化学协同稳定因子对营养功能因子活性的影响；新型纳米材料、微胶囊壁材、靶向性修饰剂、载体材料等的选取及多重组装包埋技术、成型技术等；研究低温贮藏技术、真空或充氮包装、包装材料选取等活性包装技术，通过加工过程和贮存过程联合控制，有效实现营养功能组分的稳态化。功能因子的体内代谢、靶向递送及调控技术研究也是近年来的研究热点。营养功能成分活性保持与递送关键核心技术的攻破和建立，将有利于降低食品的营养和功能活性损耗、提升产品功效性。

2. 营养功能成分分析检验技术

不断更新和进步的分析技术及装备手段促进食品营养功能成分的精准、快速分析及检测，生物学技术、分析化学技术、光谱技术、色谱分离技术、质谱技术等已经成为食品组分含量及其结构解析等定量、定性分析的主要手段。针对目前营养功能成分检测方法复杂、繁琐、标准不统一和食物基质成分复杂、干扰大等特点，宜采用酶联免疫、量子点标记、免疫化学发光、生物传感器、分子印迹仿生免疫分析技术为基础的生物技术和分离技术手段和 GC–MS、LC–MS、NMR、毛细管电泳等现代仪器，实现功能成分的精准定量和定性分析，确保分析结果的准确性。针对食物基质成分复杂、干扰大等特点，采用宏基因组学、蛋白质组学、代谢组学、基因组学等多组学分析技术手段和多维色谱技术以及高光谱成像耦合图像分析技术、指纹图谱等分析手段，开展功能性食品基质中的干扰因素去除技术及机制研究，典型食品因素样本前处理方案研究、特定基团分子标记技术研究以及同类成分批量、精准定性、定量检测技术研究；开展基于生物识别分子技术的功能因子高通量筛选技术，开发食品营养因子的灵敏、快速检测分析技术和特定功能因子高通量精准分析及快速筛查技术，为食品 / 成分潜在功能作用分析提供支持，具体包括抗氧化活性、胰蛋白酶抑制活性、淀粉葡萄糖苷酶抑制剂活性等，或结合统计分析技术开展功能食品的资源筛选。

3. 基于大数据的个性化营养功能性食品设计

基于肠道微生态、多组学技术与人类健康的最新进展，利用现代生物学、电子信息技术、大数据等技术手段开展我国食品原料及制成品营养健康的大数据库构建；开展营养成分—肠道微生态—宿主表型变化的数学模型研究，构建以精准营养为目的的数据平台；结合不同人群的营养素需求、生理、肠道菌群及基因特点，研发主食营养配方软件和全价食品配方软件，建立"膳食—营养—特定人群"关联的大数据平台；基于食品原料的储藏、加工、食用等特性，开展细分人群的食品设计闭环研究、个性化营养功能设计及膳食解决方案研究。新的技术手段实现了精准营养设计，可满足消费者个性化的营养健康需求，实现精准对接、靶向营养设计，符合现代营养健康发展趋势。

4. 营养功能食品品质改良与制造技术

营养功能食品制造是食品工业的重要组成，对其转型升级、提质增效具有重要意义。营养功能食品品质改良与制造技术应贯穿食品原料、加工过程、产品整个食品加工环节，以实现营养功效明确、感官品质好、产品质量稳定的营养功能食品制造。

（1）开展高功能活性食品原料筛选。选择功能组分含量高、加工性能稳定的原料品种进行加工，开发专用优质原料品种资源，研究构建食品原料与产品品质加工适宜性评价与调控体系。

（2）食品配方的靶向设计研究。利用现代生物学、电子信息技术、大数据研究技术手段开展营养组分——宿主表型变化数学模型研究，构建以精准营养为目的的数据平台。在此基础上，结合不同人群的营养功能需求、生理、肠道菌群及基因特点，开展食品营养成分配方科学靶向设计，实现精准营养设计和个性化营养功能食品创制。

（3）加工过程中营养功能品质调控研究。开展食品原料在加工、储运过程中生理生化变化及由此带来的色香味形、质构等食品基本属性品质及营养功能品质变化规律的研究，明确导致营养功能品质劣变的分子机制，并针对性开展营养功能品质保持、提升等调控技术研究，创建营养功能性食品品质改良调控理论与技术体系。

（4）加工装备先进制造。重点开展通用装备的关键技术研究，通过技术创新与集成提升通用装备水平；通过数控加工、快速制造、互联网＋等先进制造技术，开展装备全自动化、车间网络自动化管理和远程监控、食品质量在线监控和自动跟踪管理体系等研究，实现食品加工及装备制造的自动化、现代化，提升产业制造水平。

5. 营养功能食品功效评价技术

营养组学是后基因组时代营养食品科学与组学交叉形成的一个新学科，主要从分子水平和人群水平研究膳食营养与基因的交互作用及其对人类健康的影响，进而建立基于个体基因组结构特征的膳食干预方法和营养保健措施，实现个体化营养，为广义系统生物学的分支学科。通过蛋白质组学、基因组学等多种营养组学手段，从物种、功能通路、代谢产物的角度开展膳食及其营养组分、功能因子在慢性病代谢性疾病发展中的作用研究，探讨食物/营养功能成分—人类健康的关联机制。从细胞、分子水平解析食品营养组分对健康影响的作用机制及分子通路，明确基因特性及可能的分子标记物，考察食品加工技术手段对健康的影响等。通过多组学贯穿技术，最终构建食物—人类健康评价体系。

近年来，肠道菌群对人体健康的影响已经得到证明，营养慢性病和肠道菌群的关联研究已经成为研究热点。肠道菌群在肥胖、糖尿病、胃肠道疾病等发生过程中具有一定作用。基于宏基因组学技术发展手段，开展肠道微生物、营养代谢产物及组学分析，建立营养成分—肠道微生态变化—宿主表型变化数学模型，从元基因组、血液／尿液代谢物、蛋白、micro-RNA 等多个层面追踪、印证肠道元基因组对人体健康的影响及关联机制，完善"食物—肠道菌群—基因多态性—特异性代谢调控或生理响应—功效评价"这一多组学营养功能食品产品功效评价技术体系。通过多组学和多学科交叉、融合和促进，促进食品营养与功能学科的创新发展，提升了食品营养健康产业的科技含量，推动了产业发展进步。

（二）未来几年发展的战略思路与对策措施

近年来，我国已经步入营养健康产业的快速发展期，营养和健康问题已成为国民和社会经济发展的基本问题。在"健康中国"的战略目标下，结合食品工业发展和民众健康新需求，立足国际食品营养与功能学科研究前沿，注重提升营养与健康科技创新能力，构建食品营养与功能的科技创新体系，以满足不同人群多样化营养健康消费需求为目的，为实现精准营养设计和营养功能性食品创制提供理论和技术支撑。

1. 加强协同科研工作机制，构建食品营养与功能学科创新体系

以食品营养和功能为主题，融合上下游产业链，覆盖食品加工原料选育和种养殖、加工、营养健康评价和工作机制探讨等多个环节，进行多层次和多维度的科研大协作。明确食品中的关键营养功能成分，为上游育种提供理论依据，有利于深入挖掘原料种质资源，重点开展原料种质创新，针对性选育营养素含量高的新品种，实施有利于营养素积累的种养殖技术。同时，对下游开展营养素有效性评价，探讨其预防慢性疾病的作用及相关机制研究提供有力的参考依据，加快构建膳食营养改善体系。搭建食物与营养健康科技交流的学术平台，将全国从事农产品加工、食品科学、营养健康事业的优势单位、科学家和企业家们聚集起来，通过建立跨行业、跨部门和跨领域的协作工作机制，构建以营养功能需求为导向的食品营养与功能学科的创新体系，实现推进营养功能性食品制造和产业发展，改善国民营养和健康状况，同时提升我国在全球营养健康创新发展中的影响力。

2. 加强基础理论和共性关键技术攻克，实现营养靶向设计和健康食品精准制造

营养靶向设计与健康食品精准制造已经列入《"十三五"国家科技创新规划》中。规划强调要以营养健康为目标，突破系列高新技术，开发多样性和个性化营养健康食品，有力支撑全民营养健康水平提升。结合蛋白质组学、代谢组学、宏基因组学、生物信息学等组学发展新技术，开展食品营养功能组分与人体健康关联研究，研究营养组分抗慢性疾病作用机理，构建营养功能成分的基础理论体系；突破营养功能组分筛选、稳态化保持、成分精准分析、功效评价等共性关键技术，掌握营养功能组分高效运载及靶向递送、营养代谢组学大数据挖掘等核心关键技术以及基于改善肠道微生态的营养靶向设计与新型健康食品精准制造技术，构建营养功能性食品制造关键技术体系。通过基础理论和共性关键技术体系联合攻克，实现个性化营养功能性食品设计，满足不同层次消费人群的需求。

3. 加快特殊人群营养功能食品创制，拓宽营养功能食品范畴

在上述基础上，进一步加强特殊人群营养功能食品创制，立足运动员、军人和特定环境工作人群（航海人员、航空航天人员、矿工、高原工作人员、农牧渔业人员等）不同营养膳食和健康需求，针对性进行营养功能食品拓展，实现针对特殊人群的营养功能食品的设计、创制与生产，拓宽营养功能食品的产业范畴。

4. 加快营养健康食品智能化制造技术突破，推动食品工业转型升级

当前，我国经济发展进入新常态，资源和环境约束不断强化，劳动力等生产要素成本不断上升，调整结构、转型升级、提质增效成为食品工业经济转型发展、驱动食品工业创新能力、提高产品质量和生产效率的必然要求。在自动化基础上，将大数据、移动互联网、物联网、云计算、先进机器人、3D 打印机等新型信息技术与工业制造技术深度融合，实现智能制造技术融入营养健康食品的加工设备、生产和管理。采用智能化在线控制车间技术、机器人物流管理系统技术、高度自动化在线监控生产线、全程质量安全追溯和监管系统、大数据信息分析与控制平台等先进技术，实现装备自动化、加工智能化、促进营养健康食品产业的智能化转型升级。

5. 注重食品营养功能领域高端人才引进和培养，打造一流学科人才团队

学科的建设与发展离不开学科带头人和人才团队建设，高层次人才引进和人才队伍培养在学科建设中至关重要。采取切实有效措施，创造良好工作环境，根据食品营养与功能学科发展、岗位和能力需求制定合理的多层次培养计划。做好国内人才培养、吸引和用好各方面人才，大力引进食品营养与功能领域的高水平和高层次科研人才，重点吸引高层次人才和紧缺人才，加强团队引进、核心人才带动引进、高新项目开发引进。培养具有国际影响力的学科领军人物；建立创新、务实的科研氛围，制定科学合理的科研考评制度，加快培育一批具有创新能力和发展潜力的学术骨干和高素质专业人才，加大力度支持中青年优秀人才和高水平创新团队，着力造就一支结构合理、勇于创新的食物与营养健康科技创新。

6. 加强国际交流与合作，拓展和提升学科研究水平和层次

积极参与国际科研项目，加强与同领域国际知名科研机构的交流与合作，通过学科交流、合作研究与联合研究平台建设等"走出去"和"请进来"的方式，充分开发利用好国际人才资源。加大吸引海外高层次留学人才回国工作的力度，积极邀请世界知名学者来访与讲学，吸引全世界的科研人员前来从事研究与开发，选派青年科技力量到发达国家研究机构开展交流学习和访问研究。进一步拓展我国相关学科研究领域，提升研究水平和层次。

参考文献

［1］ Abrahams M, Frewer L, Bryant E, et al. Factors determining the integration of nutritional genomics into clinical practice by registered dieticians ［J］. Trends in Food Science & Technology, 2017（59）：139–147.

［2］ A Manousopoulou, Y Koutmani, S Karaliota, et al. Hypothalamus proteomics from mouse models with obesity and anorexia reveals therapeutic targets of appetite regulation ［J］. Nutrition & Diabetes, 2016, 6（4）：204.

［3］ Beatriz Vieira da Silva, Joao C M Barreira, M Beatriz P P Oliveira. Natural phytochemicals and probiotics as bioactive ingredients for functional foods：Extraction, biochemistry and protected–delivery technologies ［J］. Trends Food Sci. Tech, 2016（50）：144–158.

［4］ Chiara Murgia, Melissa M. Adamski translation of nutritional genomics into nutrition practice：the next step ［J］. Nutrients, 2017（9）：366–340.

［5］ Daniel Granato, Domingos Savio Nunes, Francisco J Barba. An integrated strategy between food chemistry, biology, nutrition, pharmacology, and statistics in the development of functional foods：a proposal ［J］. Trends Food Sci. Tech, 2017（62）：13–22.

［6］ Daniel Mcdonald, Gustavo Glusman, Nathan D Price. Personalized nutrition through big data ［J］. Nature Biotechnology, 2016, 34（2）：152–154.

［7］ David Julian McClements, Long Bai, Cheryl Chung. Recent advances in the utilization of natural emulsifiers to form and stabilize emulsions ［J］. Annu. Rev. Food Sci. Technol. , 2017（8）：205–236.

［8］ Dolores Corella, Oscar Coltell, George Mattingley, et al. Utilizing nutritional genomics to tailor diets for the prevention of cardiovascular disease：a guide for upcoming studies and implementations ［J］. Expert Rev. Mol. Diagn, 2017, 17（5）：495–513.

［9］ Jing Lu, Xinyu Wang, Weiqing Zhang, et al. Comparative proteomics of milk fat globule membrane in different species reveals variations in lactation and nutrition ［J］. Food Chem, 2016（196）：665–672.

［10］ Khalid Gul, A K Singh, Rifat Jabeen. Nutraceuticals and functional foods：the foods for the future world ［J］. Crit. Rev. Food Sci, 2016（56）：16, 2617–2627.

［11］ Klaus W Lange, Joachim Hauser, Katharina M Lange, et al. Big data approaches to nutrition and health ［J］. CICSJ Bulletin, 2016, 34（2）：43–46.

［12］ K M Maria John, Farooq Khan, Davanand L Luthria, et al. Proteomic analysis of anti–nutritional factors（ANF's）in soybean seeds as affected by environmental and genetic factors ［J］. Food Chem, 2017（218）：321–329.

［13］ Laura V Blanton, Michael J Barratt, Mark R Charbonneau, et al. Childhood undernutrition, the gut microbiota, and microbiota–directed therapeutics ［J］. Science, 2016（352）：9359.

［14］ Li N, Niu M, Zhang B, et al. Effects of concurrent ball milling and octenyl succinylation on structure and physicochemical properties of starch ［J］. Carbohyd. Polym, 2017, 155（1）：109–116.

［15］ Millen BE, Abrams S, Adams–Campbell L, et al. The 2015 dietary guidelines advisory committee scientific report：development and major conclusions ［J］. Adv. Nutr, 2016, 167（3）：438–444.

［16］ Mohamed A Farag, N M Ammar, T E , et al. Rats' urinary metabolomes reveal the potential roles of functional foods and exercise in obesity management ［J］. Food Funct, 2017（8）：985–996.

［17］ Naglaa M Ammar, Mohamed A Farag, Tahani E Kholeif, et al. Serum metabolomics reveals the mechanistic role of functional foods and exercise for obesity management in rats ［J］. J. Pharmaceut. Biomed, 2017（142）：91–101.

［18］ Naoki Harada, Ryo Hanaoka, Hiroko Horiuchi, et al. Castration influences intestinal microflora and induces abdominal obesity in high-fat diet-fed mice［J］. Sci. Rep，2016（6）：23001.

［19］ Nicolien C de Clercq, Albert K Groen, Johannes A Romijn, et al. Gut microbiota in obesity and undernutrition［J］. Adv Nutr, 2016（7）：1080-1089.

［20］ Paola M Hunter, Robert A Hegele. Functional foods and dietary supplements for the management of dyslipidaemia［J］. Nat. Rev. Endocrinol, 2017（13）：278-288.

［21］ Pasquale Ferranti, Paola Roncada, Andrea Scaloni. Foodomics-novel insights in food and nutrition domains［J］. J. Proteomics, 2016，147（16）：1-2.

［22］ Sonnenburg J L, Bäckhed F. Diet-microbiota interactions as moderators of human metabolism［J］. Nature, 2016, 535（7610）：56-64.

［23］ Wang K Q, Luo S Z, Zhong X Y, et al. Changes in chemical interactions and protein conformation during heat-induced wheat gluten gel formation［J］. Food Chem, 2017, 214（1）：393-399.

［24］ 陈卫，田培郡，张程程，等. 肠道菌群与人体健康的研究热点与进展［J］. 中国食品学报, 2017，17（2）：1-9.

［25］ 王强，石爱民，刘红芝，等. 食品加工过程中组分结构变化与品质功能调控研究进展［J］. 中国食品学报，2017, 17（1）：1-11.

［26］ 陈培战，王慧. 精准医学时代下的精准营养［J］. 中华预防医学杂志，2016，50（12）：1036-1042.

撰稿人：王　艳　周素梅　郑金铠　钟　葵　赵成英

农产品贮藏保鲜

一、引言

果蔬色泽艳丽、风味独特、营养丰富，为人类的健康增益，是人们膳食结构中不可或缺的部分。我国是果蔬生产大国，据统计，2009 年我国蔬菜、水果产量仅次于粮食作物，居种植业的第二位和第三位；2014 年，我国果品产量占世界总产量近四分之一；蔬菜种植面积达到 2000 多万公顷，年产量超过 7 亿吨，人均占有量达 500 多千克，居世界第一位。我国果蔬产量与产值已超过粮食，成为我国第一大农产品。因此，果蔬产业的发展对改善农村经济、调整农业结构、增加农民收入至关重要。

果蔬采后仍然是活的有生命的有机体，进行着一系列生理活动。呼吸作用是主要的生理代谢活动，加速细胞内糖的氧化分解，导致贮存物质消耗、果蔬品质迅速下降。由于采后贮藏不当，造成果蔬大量腐烂，导致附加值效益低下、安全隐患多，严重影响商品价值和农民经济收入。据统计，全国水果采后平均损失率约 15% ~ 20%，蔬菜采后平均损失率约 20% ~ 25%，年均经济损失约 2000 亿元，相当于每年有大约 1.4 亿亩宝贵耕地的全部产出被浪费掉。因此，果蔬品质的保持对于保证居民健康、经济发展和社会稳定具有重要意义。

果蔬贮藏与保鲜是保持果蔬色、香、味、质地和安全的学科，是研究果蔬贮藏过程中物理特性、化学特性和生物特性的变化规律，解释果蔬腐败劣变机理，研究果蔬贮藏保鲜原理及其贮运与保鲜保质技术的一门学科，是食品科学学科的重要分支之一，在整个学科门类中具有重要的学术地位和影响力。同时，果蔬贮藏与保鲜学科也是理论研究和生产应用结合最为紧密的学科领域，不仅涉及采后生物学、食品化学、食品微生物学、食品安全等内容，还涉及园艺作物采后自身特有的成熟生理、贮藏生理、工程技术以及物流学等内容。果蔬采后生物学的基础研究的深入以及保鲜技术的不断创新共同决定了果蔬贮藏保鲜学科的发展。

二、近年最新研究进展

（一）发展历史回顾

果蔬贮藏与保鲜是保持果蔬品质、延长贮藏期、减损增值的学科。国际上"果蔬贮藏与保鲜"基础研究起源于 20 世纪 30 年代，乙烯对植物的生理作用研究是果蔬品质调控研究的核心。我国果蔬采后的研究最早可以追溯到 1952 年全国高校院系调整，园艺学系中开始增设"果蔬贮藏加工学"课程；从第六个五年计划开始，国家攻关计划中就安排了果蔬采后贮藏保鲜技术研究项目。果蔬的品质与环境因素（温度、湿度、光、气体成分）密切相关。因此，环境因素对果蔬品质的调控也一直是采后生物学基础研究的重点以及调控技术的重要理论依据。受学科研究技术和手段的发展影响，果蔬采后生物学的研究进展显著。20 世纪 80 年代以前，我国果蔬采后生物学的研究主要侧重于品质相关组分与含量的鉴定及代谢相关酶活性；80 年代以来，随着 PCR 技术的应用，相关研究开始转向品质相关基因的克隆及功能解析；21 世纪起，随着基因组、转录组、代谢组、蛋白组等技术手段的快速发展与应用，生鲜食用农产品产后品质研究进入了转录机制研究和调控网络解析。

低温能限制果蔬微生物和酶的活性、延长果蔬存放时间，因此，冷链果蔬是保障果蔬安全的重要保障。中国的冷链物流萌芽于 20 世纪 50 年代的肉制品外贸出口。1982 年《食品卫生法》颁布，农产品冷链物流体系开始建立，但进展缓慢。随着经济的发展，人们对生鲜农产品的需求日益旺盛、对农产品品质要求提高，冷链物流也随之得到快速发展。然而，由于冷链成本占总成本比例居高不下，农产品冷链流通率、运输能力、冷藏运输率、预冷保鲜率、冷库容量显著低于欧美、日本发达国家，国外的果蔬冷链流通率高达98% ~ 100%，损耗为 5% 左右；而国内果蔬冷链流通率不足 20%，损耗高达 30% 左右。尽管如此，2000—2008 年，中国农产品冷链物流年均增长速度达到 26%，2009—2010 年更是达到了 34%，我国冷链物流市场潜力巨大。

果蔬贮藏保鲜产业的发展与国家政策密不可分。2010 年发改委颁布《农产品冷链物流发展规划》，为我国果蔬冷链物流的发展初步指明了方向。2015—2017 年冷链物流相关政策不断出台，为我国冷链物流市场的快速发展提供了重要支持，包括 2015 年中央一号文件提出创新农产品流通方式，加快建设跨区域冷链物流体系，支持电商、物流、商贸、金融等企业参与涉农电子商务平台建设。2016 年商务部和国标委出台《关于开展农产品冷链流通标准化示范工作的通知》。2017 年中央一号文件《关于深入推进农业供给侧结构性改革加快培育农业农村发展新动能的若干意见》。2017 年 4 月国务院提出聚焦农产品产地"最先一公里"和城市配送"最后一公里"等突出问题，抓两头、带中间，因地制宜、分类指导，形成贯通一、二、三产业的冷链物流产业体系。

（二）学科发展现状及动态

果蔬贮藏保鲜技术的进步离不开食品贮藏与保鲜学基础理论研究的发展。近几年来，随着国家投入的加大，基础研究正开始逐步与国际同类研究并轨。围绕园艺产品采后生物学基础开展了系统的研究工作，从分子生物学、蛋白质组学和细胞生物学等方面揭示了果实采后成熟衰老和品质保持的调控机理，探讨了果实对环境胁迫的生理应答机制，阐明了外源化学物质对果实采后病害的调控机制，研究了控制果实采后病害的生物技术及调控机制。特别针对温度、气体等影响贮藏物流农产品品质的重要因子，借鉴模式植物拟南芥的研究进展，发现 ICE、CBF、WRKY 等转录因子和 COR、PLD 等各类结构基因以乙烯、JA、ABA 等多种植物激素或生长调节物质广泛参与了植物对低温的应答。芳香物质代谢相关的 LOX 和萜类途径调控正在被解析；CiS、Aco、IDH、MDH、ME、SPS、AGPase 等基因介导了有机酸和糖代谢；DGK、PLD、SFR2 等介入了植物细胞膜结构完整性和流动性的调节；完成了对造成果实腐烂的扩展青霉和意大利青霉两种青霉菌全基因组测序，为解析棒曲霉素生物合成调控的分子机制以及青霉属真菌寄主专化性等生物学问题提供了科学依据。

同时，我国在果蔬保鲜技术和设施以及成果转化等方面的研究与创新取得了较大进步。

1. MCP 技术在果蔬贮藏保鲜中的应用

乙烯作为植物生长发育过程中的一种生长调节剂，对植物的代谢调节贯穿于整个生命周期，可以调控果实生长发育，促进其成熟、衰老和脱落。因此，在果实贮藏过程中使用一种可以有效抑制果实内源乙烯合成和外源乙烯活性的物质，使其在激素水平上抑制乙烯引发的果实后熟和采后病害，意义重大。1-MCP 可与乙烯竞争乙烯受体，同时利用其所螯合的金属原子和乙烯受体结合，从而阻断乙烯与受体的常规结合，1-MCP 很难从受体中剥离脱落，可长时间使受体保持钝化，因而隔断乙烯正常代谢的进行，并且抑制乙烯诱导果实成熟后的相关反应。同时，1-MCP 还可以抑制乙烯合成过程中 ACC 合成酶（ACS）和 ACC 氧化酶（ACO）的两个关键酶，影响 ACS、ACO 基因的表达或相关 mRNA 的积累，从而抑制乙烯生成。

1-MCP 处理可显著减缓香蕉、苹果、番木瓜、梨、猕猴桃和壶瓶枣等呼吸跃变型果实的后熟和软化进程，抑制跃变型果实乙烯的合成，阻止或延缓乙烯作用的发挥。果实采收后施用 1-MCP，能明显减缓跃变型果实呼吸速率的上升、推迟呼吸高峰的到来并降低呼吸速率的峰值，从而延缓果实的成熟衰老，大大地提高贮藏品质。同时，1-MCP 可以减少柿、猕猴桃冷害的增加，降低柿的果实褐变和苹果虎皮病的发病几率。对于非呼吸跃变型果实来说，产生乙烯反应的乙烯临界浓度是 $0.005\mu L/L$，远低于跃变型果实的乙烯临界浓度 $0.1\mu L/L$，更容易受到乙烯诱导而导致衰老腐烂。研究证明，1-MCP 的作用方式受到果蔬的种类、作用浓度、温度、时间以及包装形式的影响。同时，有报道称 1-MCP 可以抑制非跃变型果实侵染性病害的发生。然而，由于跃变型和非跃变型果实乙烯合成作用系统不同，1-MCP 处理对非跃变型果实的作用相对复杂，具体机理还有待进一步的研究探索。

2. 短波紫外线在鲜切果蔬保鲜中的应用

短波紫外线（200 ~ 280nm，尤其是波长 254nm）能穿透微生物的细胞膜，引起同一DNA 链中相邻的胸腺嘧啶和胞嘧啶发生交联，导致 DNA 翻译和复制受阻，危害细胞的功能，最终导致细胞死亡。短波紫外线穿透能力较弱，主要用于产品表面的消毒杀菌。美国农业部和食品药品监督管理局于 2002 年开始允许将 UV-C 作为一种杀菌消毒技术用于食品的表面处理，其有效性类似次氯酸钠或臭氧。近年来，人们发现采用适宜剂量的 UV-C 照射处理，能够改善鲜切即时果蔬的保鲜品质。$1.18 ~ 7.11kJ/m^2$ 的 UV-C 照射处理能有效减少鲜切红叶莴苣的微生物数量，有效延长产品的货架期；低剂量的 UV-C 照射处理能够有效减少鲜切菠菜的致病菌和腐败菌，而且不影响产品的感官品质。鲜切甜瓜用 UV-C 照射处理后在 6℃放置 14 天，产品的菌落总数和肠杆菌数较对照组显著减少，并且产品的色泽和硬度未受到显著影响。同时，UV-C 照射主要是通过减少表面微生物、非生物胁迫效应等来延长果蔬贮藏保鲜期，并在产品表面形成一层干燥的薄膜，因而能够减少果蔬汁液的流失和风味物质的散失，改善产品品质。

3. 气调贮藏对高附加值果蔬的保鲜

果蔬保鲜的根本途径是抑制果蔬的呼吸强度，减缓或延迟果蔬的呼吸速率。气调贮藏可以通过影响气体成分、温度、湿度和微生物因素共同进行。1918 年，英国科学家 Kidd 和 West 提出了气调贮藏理论，系统研究了环境中二氧化碳浓度和氧气浓度对果蔬新陈代谢的影响，为商业气调贮藏奠定了基础。气调包装（modified atmosphere packaging，MAP）可以延缓食品营养成分的损失，有效抑制食品腐败、保持食品高品质以及延长其货架期。近年来，随着消费者对于食品安全问题的重视，更加趋向于选择不含化学添加剂的新鲜果蔬食品，而气调包装工艺恰恰可以在不使用化学添加剂的情况下有效延长果蔬食品的货架期、维持果蔬较高的品质，因此，气调包装（MAP）在果蔬贮藏保鲜方面得到迅速发展。

气调包装分为自发气调包装和控制气氛包装两种。其中，自发气调包装又称薄膜包装技术、平衡气体包装技术，它是利用包装薄膜中产品的呼吸作用和薄膜透气性之间的平衡在包装内形成一种高二氧化碳、低氧气浓度的微环境，并由此抑制包装内产品的代谢作用；控制气氛包装又称气调包装、限气包装，是指将包装抽真空，然后根据不同产品的生理特性选用两种或多种气体组成的混合气体充入包装袋内，再借助包装内产品的呼吸作用与包装材料的选择透过性使包装内形成一种更适合产品保鲜的环境气氛，以有效降低鲜品的生理活动及其消耗、延长保鲜贮运周期。气调包装技术的关键在于寻求适合果蔬气调贮藏的最佳气体比例及包装材料。果蔬的成熟度、加工方式、有无预处理和贮存温度等会对其气调贮藏时的初始气体比例产生影响。研究发现，气调包装可有效抑制果蔬的品质劣变、降低贮藏期间的呼吸强度和乙烯的释放，抑制抗氧化酶 PPO、POD 活性和木质素含量的增加，较好地保持果蔬的营养及食用品质，极大延长保鲜期。根据不同果蔬种类，设计不同的气调贮藏时采用的初始气体比例也不同，进行相关果蔬气调贮藏，可达到较好的保持果蔬品质的目的。目前，MAP 适用的果蔬种类有苹果、杏、鳄梨、香蕉、葡萄、柚子、猕猴桃、柠檬、芒果、橙、香木瓜、桃、梨、菠萝、草莓等水果以及朝鲜蓟、豆、椰菜、苗芽、卷心菜、胡萝卜、红辣椒、甜玉米、黄瓜、叶用莴苣、蘑菇、番茄、洋葱等蔬菜。

目前，新型的高氧气调保鲜技术，对果蔬采后生理与品质变化影响的研究逐渐增多。研究表明，一定的高氧环境可抑制某些细菌和真菌的生长，减少果蔬贮藏中的腐烂现象，降低果蔬的呼吸作用和乙烯合成，减缓组织褐变程度，减低乙醛、乙醇等异味物质的产生，从而改善果蔬的贮藏品质。高氧气调保鲜技术仍处于研究阶段，只有在对其抑制或减少微生物，抑制褐变作用、呼吸活性的生理机制，以及包装期间产品营养的损失和安全情况进行系统研究的基础上，探讨适于各种果蔬保鲜的高氧浓度范围和临界高氧浓度，才能真正实现高氧气调贮藏技术的商业化应用。

4. 果蔬预冷技术与应用

预冷是果蔬采后在运输和贮藏前尽快去除田间热、冷却到目标温度的过程。预冷作为冷链物流的"最先一公里"，若不及时预冷，后续环节都无法保证果蔬产品的质量。传统的预冷方法包括冰预冷、水预冷、强制通风预冷等，然而，在冷却效果、节能损耗以及可移动性等方面难以达到平衡。果蔬压差预冷是通过在包装箱两侧打孔，按一定的方式码垛放在风道两侧，苫布盖住货物压实，用风机强制循环冷风在箱体两侧产生压力差，使冷风从箱内穿过以强制对流形式将箱内果蔬热量带走并达到冷却的技术。其冷却速度比冷库冷却快 2 ~ 10 倍，比冷库预冷库节电 50%，果蔬从采收温度冷却到目标温度只需要 1 ~ 6h，具有冷却均匀的特点，可兼做冷藏库，适宜各种果蔬预冷。北京市农林科学院蔬菜研究中心作为国内最早从事压差预冷设备和技术研究创新的团队，首创国内分体式、一体式压差预冷装置。济南市果品研究院通过与日本电装（DENSO）合作研发，开发出可移动式快速预冷装备，果蔬果心温度 6 h 内降至 5℃以内，已在烟台樱桃、蒙阴蜜桃、海南火龙果、仙居杨梅、宁夏枸杞等果蔬上开展应用。

（三）学科重大进展及标志性成果

1. 杨梅枇杷果实贮藏物流核心技术研发及其集成应用

浙江大学陈坤松教授团队发明的"杨梅枇杷果实贮藏物流核心技术研发及其集成应用"获得 2013 年国家科技进步奖二等奖。项目发明了安全绿色的果实乙醇熏蒸防腐技术，既可有效控制果实腐烂，又不影响果实品质与食用安全；为了促使果实快速降温、延缓衰老与品质劣变速度，他们还创新了增强空气流动的新型预冷工艺，研制了控制物流微环境湿度的新型吸湿剂，研发了使用蓄冷保鲜冰袋的物流微环境非制冷低温维持技术。同时，研创了物流过程实时远程跟踪监测技术体系。在枇杷上，团队研究确定白肉枇杷果实适于 0℃贮藏而红肉枇杷不适宜，通过多年、多种温度组合的系统研究，发明了显著减轻红肉枇杷果实冷害木质化的 LTC（先 5℃锻炼 6 天，再 0℃贮藏的程序降温）技术，研创了 1-MCP 等防冷害辅助保鲜技术。这一技术成果已经在浙江仙居和宁波、福建龙海和莆田、四川双流等杨梅核心产区推广应用，杨梅果实和枇杷果实通过物流运送，腐烂率比以前下降了很多。相关技术成果应用已覆盖浙江、四川、福建、江苏、云南和重庆等主产省市，近三年累计推广应用果实 192 万吨，取得经济效益 46.6 亿元。

2. 多项绿色安全果实采后腐烂防治技术

病原微生物引起的腐烂是导致果蔬采后损失的主要原因之一。华南植物园蒋跃明研究团队获得了多种对水果采后真菌有强烈抑制作用的生物源物质（如茎泽兰等植物提取物和精油等），创新了水果采后保鲜处理工艺（如烟剂型保鲜剂、杨梅和葡萄雾化保鲜工艺等），研创出防治果实腐烂的生物保鲜技术，并在柑橘、杨梅、荔枝和番木瓜等果蔬品种上进行应用，采后腐烂率比传统保鲜技术减少 25% 以上，化学杀菌剂使用量减少 50% 以上，保证了控制果实腐烂的安全性。

3. 高效果蔬品质劣变控制技术

起源于热带、亚热带的果蔬具有呼吸代谢旺盛，对低温、高 CO_2 和低 O_2 敏感等特点，采后普遍存在衰老迅速、品质下降快、低温贮藏时易产生冷害等技术难题。针对上述问题，华南植物园蒋跃明研究团队从生物大分子氧化与修复、能量代谢、次生物质代谢与调控、信号分子合成与作用、不同贮藏条件下品质变化规律和生理应答机制等角度阐明了果蔬采后损失的机理及控制机制。在上述理论研究基础上，研发出利用信号分子（1-MCP、NO 和 AiBA）抑制衰老激素合成和诱导耐冷性的技术，使这些果蔬（柑橘、叶菜类、果菜类）保质期延长了 60% 以上，显著提高了果蔬保鲜效果。

三、本学科与国外同类学科比较

1. 冷链设施普及率低

我国果蔬冷链物流至今还未形成完整而独立的冷链体系。采后贮藏保鲜的果实不足总产量的 20%，而发达国家在 80% 以上。我国不仅在冷链物流管理体制上存在制度缺失和技术手段不足，条块分割、各自为政的现象普遍存在，而且在硬件上存在冷链技术设施落后、运输设备工具陈旧、现代信息技术装备缺乏的问题，导致果蔬流通环节损耗严重、物流效率低下，远不适应我国城乡经济快速发展和国民生活质量不断提高的需要。

2. 保鲜技术执行标准化程度低

保鲜技术以及保鲜剂的使用在推广应用过程中都有严格的说明及程序，而农民或相关工作人员在适用中一味追求利益的最大化，保鲜剂的过量使用、保鲜技术的非标准使用造成后期农产品品质的大量降低。

3. 传统的果蔬保鲜技术已不能满足人们对果蔬的安全和品质需求

例如，化学杀菌剂一直是控制果蔬采后病害的主要处理方法，然而，基于环境与健康等因素的考虑，化学农药残留问题已受到全社会的广泛关注，包括我国果蔬常因农药残留不符合国际标准而在出口方面受到很大的限制。一些早期发展的果蔬保鲜技术（如多菌灵、甲基托布津、苯菌灵和噻菌灵等杀菌剂、臭氧处理、高效乙烯脱除剂和脱除装置等）正逐步被新的杀菌剂或新的保鲜技术所取代。

四、展望与对策

（一）未来几年发展的战略需求、重点领域及优先发展方向

农产品采后保鲜增值空间大，经济效益显著。以农产品营养品质和微生物控制为导向，以绿色生态流通为核心，完善采收、保鲜、贮藏、运输、配送、销售为一体的保鲜流通体系，形成农产品冷链路径的"快速预冷、绿色杀菌、环境控制、寿命预测、追本溯源"的新型流通技术体系，形成标准化技术规程将是今后发展的重要方向。

（二）未来几年发展的战略思路与对策措施

1. 加强精准控温装备、设备等硬件建设

温度是决定农产品品质最关键的因素之一。然而，目前冷藏设施、装备的温度精度并不能达到预期效果，常见的冷库温度漂移可达到几度，限制了农产品长期贮存特别是高附加值产品的保存。加强精准控温装备、设备等硬件建设是提高农产品贮藏保鲜的关键。

2. 生物防治技术发展和应用前景广阔

生物防治没有化学防治所带来的环境污染，也没有农药残留及化学农药生产和使用的安全不确定性以及连续使用化学农药病原菌产生的抗药性等问题。同时，由于生物防治具有贮藏环境小、贮藏条件较好控制、处理目标明确、避免紫外线和干燥的破坏作用等优点，生物防治具有明显的发展应用前景，将会作为贮运保鲜综合技术的重要一环。

3. 实用保鲜技术应注重商业的可行性与技术的有效性

目前，商业应用的果蔬保鲜技术多种多样，但从商业可行性与技术有效性而言，实用保鲜技术推广应用还必须结合区域经济情况与果蔬种类、品种特性和生产成本等因素。从长远来看，随着现代生物技术的迅速发展，需要利用遗传工程技术选择培育对乙烯敏感性低的新品种。

4. 进一步加强我国特色果蔬保鲜技术的应用规模

考虑到我国果蔬生产的实际情况和特色果蔬经济效益，需要进一步加强我国特色果蔬保鲜技术应用规模，增加果蔬出口，并做好专利授权应用、技术转让和技术服务等，增加

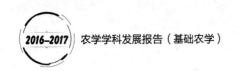

就业人数，进而提高果蔬产品的经济效益，促进果蔬产业的良性发展。

参考文献

［1］ Fai AEC, Souza MRAD, Barros STD, et al. Development and Evaluation of Biodegradable Films and Coatings Obtained from Fruit and Vegetable Residues Applied to Fresh-cut Carrot（Daucuscarota, L）［J］. Postharvest Biology and Technology, 2015（112）: 194-204.

［2］ Ferreira MSL, Santos MCP, Moro TMA, et al. Formulation and Characterization of Functional Foods Based on Fruit and Vegetable Residue Flour［J］. Journal of Food Science and Technology, 2015, 52（2）: 822-830.

［3］ Hussain P R, Rather S A, Suradkar P. Potential of Carboxymethyl Cellulose Coating and Low Dose Gamma Irradiation to Maintain Storage Quality, Inhibit Fungal Growth and Extend Shelf-life of Cherry Fruit［J］. Journal of Food Science Technology, 2016, 53（7）: 2966-2986.

［4］ Khalila HPSA, Davoudpoura Y, Chaturbhuj K, et al. A Review on Nanocellulosicfibres as New Material for Sustainable Packaging: Process and Applications［J］. Renewable and Sustainable Energy Reviews, 2016（64）: 823-836.

［5］ Nilanjana S B, Tadapaneni V, Vasudev R T. Improvement of Postharvest Quality and Storability of Jamun Fruit by Zein Coating Enriched with Antioxidants［J］. Food Bioprocess Technology, 2015（8）: 2225-2234.

［6］ Otoni CG, Espitia PJP, Avena-bustillos RJ, et al. Trends in Antimicrobial Food Packaging Systems: Emitting Sachets and Absorbent Pads［J］. Food Research International, 2016（83）: 60-73.

［7］ Chen Q, WEN Y, Qiu F X, et al. Preparation and Application of Modified Carboxymethyl Cellulose Si/Polyacrylate Protective Coating Material for Paper Relics［J］. Chemical Papers, 2016, 70（7）: 946-959.

［8］ Rao TVR, Nilanjana S B, Pinal B V, et al. Composite Coating of Alginate Olive Oil Enriched with Antioxidants Enhances Postharvest Quality and Shelf Life of Ber Fruit［J］. Journal of Food Science and Technology, 2016, 53（1）: 748-756.

［9］ Roman M J, Decker E A, Goddard J M. Biomimetic Polyphenol Coatings for Antioxidant Active Packaging Applications［J］. Colloids and Interface Science Communications, 2016（13）: 10-13.

［10］ Supapvanich S, Mitrsang P, Srinorkham P, et al. Effects of Fresh Aloe Vera Gel Coating on Browning Alleviation of Fresh Cut Wax Apple Fruit［J］. Journal of Food Science and Technology, 2016, 53（6）: 2844-2850.

［11］ 郭峰, 王毓宁, 李鹏霞, 等. 1-MCP 处理对采后红椒质构性能的影响［J］. 食品科学, 2015, 36（16）: 272-277.

［12］ 郭韵恬. PE 基纳米包装材料的研制及其性能研究［D］. 大连: 大连工业大学, 2015.

［13］ 姜楠, 王蒙, 韦迪哲, 等. 果蜡保鲜技术研究进展［J］. 食品安全质量检测学报, 2015, 6（2）: 596-601.

［14］ 李辉, 林毅雄, 林河通, 等. 1-甲基环丙烯控制采后"油（木奈）"果实腐烂与抗病相关酶诱导的关系［J］. 热带作物学报, 2015, 36（4）: 786-791.

［15］ 梁洁玉, 朱丹实, 冯叙桥, 等. 果蔬气调贮藏保鲜技术研究现状与展望［J］. 食品安全质量检测学报, 2013, 4（6）: 1617-1625.

［16］ 刘欢. 聚 L 乳酸/壳聚糖抗菌膜的制备及性能研究［D］. 合肥: 合肥工业大学, 2015.

［17］ 刘建志, 杨晓清, 张师, 等. 马铃薯废渣复合涂膜剂保鲜性能研究［J］. 包装工程, 2015, 36（11）: 55-60.

［18］ 苏明慧, 昌晗晶, 金昌盛, 等. 豌豆淀粉膜的制备与应用［J］. 浙江农业科学, 2016, 57（9）: 1511-

1514.

［19］ 隋思瑶，王毓宁，马佳佳，等．活性包装技术在果蔬保鲜上的应用研究进展［J］．包装工程,2017,38（9）：
　　　 1-6.

［20］ 田世平，罗云波，王贵禧．园艺产品采后生物学基础［M］．北京：科学出版社，2011.

［21］ 吴小华，颉敏华，赵波，等.1-MCP处理对花牛苹果虎皮病发生机理及控制效应研究［J］．食品工业科技，
　　　 2015，36（15）：316-320.

［22］ 肖玮，孙智慧，刘洋，等．果蔬涂膜保鲜包装材料及技术应用研究进展［J］．包装工程，2017，38（9）：
　　　 7-12.

［23］ 许文才，付亚波，李东立，等．食品活性包装与智能标签的研究及应用进展［J］．包装工程,2015,36（5）：
　　　 1-10.

［24］ 杨新泉，司伟，李学鹏，等．我国食品贮藏与保鲜领域基础研究发展状况［J］．中国食品学报，2016，
　　　 16（3）：1-12.

［25］ 张艺馨，尚玉臣，张晓丽，等.1-MCP在果蔬应用上的研究进展［J］．中国瓜菜，2016，29（11）：1-6.

撰稿人：王志东　张　洁　关文强　刘　伟　林　琼

作物栽培与生理

一、引言

本专题在保障我国粮食安全、农业供给侧结构调整、转方式调结构的新背景下，重点分析了近年来（2015—2017 年）作物栽培学科围绕机械化、规模化、资源高效、绿色生态的发展特点；回顾了作物高产高效栽培理论与技术、精确化与标准化栽培技术、机械化与轻简化栽培技术、肥水高效利用技术、清洁化（生态安全）栽培技术、信息化与智能化栽培、保护性耕作与秸秆还田栽培、抗逆减灾栽培技术、周年高产高效栽培模式与配套技术区域化集成应用 9 个方面的重要进展及其标志性成果；比较了作物栽培生理学科在资源高效利用、产量潜力挖掘、规模化生产与技术服务以及生物技术与信息技术应用等方面的国内外研究进展与差距；提出了适应我国现代农业新要求、新变化，以转方式、调结构为主线，推进农机农艺融合、良种良法结合、产学研农科教结合，突破生产技术瓶颈，集成推广区域性、标准化适用技术模式，提高土地产出率、资源利用率和劳动生产率，不断增强我国大面积作物的生产水平；展望未来 5 年作物生产的发展要求和作物栽培学科的发展趋势，提出应重点加强作物高产高效栽培生理、质量安全与优质栽培、机械化与轻简化技术、节水抗旱与高效施肥、抗逆减灾栽培、信息化智能化栽培、产量品质形成及其生态生理生化与分子机制 7 个方面的研究。

二、近年最新研究进展

（一）发展历史回顾

1. 我国作物生产中粮食生产地位突出，近年高度重视粮食生产绿色生态可持续发展

自 2004 年起，我国连续发布十一个指导"三农"工作的中央一号文件，始终将"确保国家粮食安全""强化农业科技支撑"列为政策重点。2008 年，国家发布《国家粮食安

全中长期规划纲要（2008—2020）》，将粮食安全工作提高到国家战略高度统一部署，制订实施新增500亿千克粮食规划，全面推进粮食生产。近年落实新形势下国家粮食安全战略要求，以转变农业发展方式为主线，以农业科技创新为驱动，以增加粮食有效供给为目标，牢固树立增产理念、效益理念、绿色理念，坚持生产生态并重的需求导向、行政科研推广联动的协作导向、循序渐进的梯次导向，推进资源要素高效利用、农机农艺深度融合、生产生态相互协调，促进粮食生产持续稳定发展。

2. 城镇化和农村劳动力转移及土地流转加快，使作物生产逐渐向专业化、集约化、规模化发展

一是工业化、城镇化的引领推动作用更加明显，为农业实现规模化生产、集约化经营创造有利时机；城市人口增加、生活水平提高、扩大内需战略的实施，为扩大农产品消费需求、拓展农业功能提供了更为广阔的空间；二是政策支持更加强化，综合国力和财政实力增强，强农惠农富农政策力度加大，种粮补贴、农机补贴等更到位，支持现代农业发展的物质基础更加牢固；三是科技支撑更加有力，科技创新孕育新突破，现代农业发展的动力更加强劲；四是外部环境更加优化，关心农业、关注农村、关爱农民的氛围更浓厚，形成合力推进现代农业发展新局面，农民的积极性、创造性得到进一步激发和释放；五是坚持集成创新与机制创新相结合，高产创建平台上打造的升级版要把集成创新与机制创新协同推进，创新服务方式，提升科技生产水平和社会化组织程度。

3. 资源短缺，环境污染趋重，需要更科学地改善环境与提高资源利用效率

耕地、水资源的约束更突出。2013年，耕地18.18亿亩，已逼近18亿亩红线，人增地减矛盾更突出。近几年粮食增产，播种面积增加的贡献占三成以上，多是以减少油棉等面积为代价。水资源人均占有量少、时空分布不均。北方水少地多，南方水多地少，水资源与人口、耕地、生产力布局不相匹配。随着粮食生产重心北移，问题的影响愈加突出，未来水资源的承载能力十分有限。过量使用化肥农药、重金属和农药残留超标、环境污染、生态失衡、农产品品质较差和质量安全问题十分突出。坚持粮食增产与资源节约相结合。既要攻关技术瓶颈、集成推广高产高效技术，又要推进节水、节肥、节药。

4. 气象灾害频繁与农业灾害趋重，严重制约了农作物的高产高效

全球气候变暖，反常与极端天气事件发生几率增加，干旱、低温冻害、洪涝等气象灾害频繁发生，导致农作物病、虫、草害等发生规律出现诸多新变化，对作物生产构成极大威胁。2015年7—8月，长江中下游水稻生产遭遇几十年未遇的高温热害天气。2017年夏季，黄淮海区域也遭遇了高温干旱天气，影响了秋熟作物的高产形成。

（二）学科发展现状及动态

1. 作物高产高效栽培理论与技术

（1）水稻高产高效栽培理论与技术。扬州大学凌启鸿、张洪程教授等阐明了系统优化水稻群体生长动态，精确稳定前期生长量，合理增加中期高效光合生产量，增强后期物质生产积累能力、籽粒灌浆充实能力和群体支撑能力的超高产形成规律，并配套形成超高产栽培技术模式，在云南、江苏和新疆等地创造了一批超高产典型或纪录。最近两年各地创造的水稻高产纪录有：云南永胜县涛源亩产1229.97千克（2015）、个旧市百亩产1067.5千克（2016），江苏兴化稻麦两熟百亩连续5年亩产超900千克（2012—2016）、最高田1017.7千克（2015），河北邯郸市永年区广府镇杂交稻亩产1082.1千克（2016）。

（2）小麦高产高效栽培理论与技术。山东农业大学、河南农业大学系统阐明了多穗型和大穗型小麦品种的产量形成特点以及增加开花至成熟阶段的干物质积累和向穗部的分配可延缓小麦衰老、提高粒重的小麦超高产高效栽培规律。提出实现小麦超高产共性技术和重穗型品种实施"窄行密植匀播"、多穗型品种实施"氮肥后移"等关键技术。在河南兰考县爪营乡樊寨村5亩连片高产攻关田亩产小麦812.8千克，刷新了黄淮麦区小麦单产新纪录，修武县郇封镇小位村小麦高产攻关田亩产821.4千克（2014）。

（3）玉米高产高效栽培理论与技术。中国农业科学院作物栽培与生理创新团队围绕密植高产挖潜，构建了玉米冠层耕层协调优化理论体系，创新了"三改"深松、"三抗"化控及"三调"密植等关键技术，建立了"深耕层—密冠层""控株型—促根系"及"培地力—高肥效"的密植高产高效技术模式。近3年在东北和黄淮海等7省区地累计推广12239.65万亩，累计增产83.39亿千克，累计节本增效143.16亿元。通过十余年系统研究，探明了产量潜力突破最佳群体与区域光辐射量资源的定量匹配关系，明确了密植高产群体质量指标与控制倒伏、提高整齐度、防止早衰的调控途径，提出了"增密增穗、水肥促控与化控两条线、培育高质量抗倒群体和增加花后群体物质生产量与高效分配"的玉米高产突破途径与关键技术，于2009年、2011年、2012年、2013年连续5次在新疆创造1360.1千克/亩、1385.4千克/亩、1410.3千克/亩、1433.6千克/亩、1511.74千克/亩高产纪录的基础上，2017年又在新疆奇台总场创造1517.11千克/亩的全国玉米高产新纪录，使我国玉米单产水平跨上了单季亩产"吨半粮"（1500千克/亩）的新台阶。

山东农业大学、吉林省农科院等通过揭示生态因素（光、温、水）对玉米生长发育和高产优质高效的影响，明确了限制玉米产量提高的主要障碍因素，集成创新夏玉米精量直播晚收高产栽培技术规程，在泰安、德州和枣庄等地累计推广应用400余万亩，创造社会经济效益1.2亿元。乾安县赞字乡父字村百亩连片全程机械化玉米超高产田平均亩产达到1136.1千克（2014），2014年20万亩实打验收786.3千克/亩，2015年30万亩实打验收801.7千克/亩。

（4）玉米密植高产全程机械化绿色生产技术。玉米密植高产全程机械化绿色生产技术以耐密品种、合理密植、群体质量调控为核心，配套精量点播、滴水出苗、化学调控、机械施肥、绿色防控、秸秆还田、机械收获、烘干收储等关键技术。实施后连续多次创造全国和主要玉米产区的高产纪录，并实现高产高效协同提高。玉米密植绿色高产全程机械化生产技术建立了全新的玉米栽培理念，即以玉米籽粒生产效率为目标，通过选用脱水快的品种降低含水量，实现田间籽粒直接收获并降低烘干成本；通过全程机械化降低劳动力投入；通过增密种植实现增产、降低生育期缩短对产量的影响；通过绿色防控、秸秆还田、化肥减少实现绿色生产；该项技术于2013—2016年连续4年被农业部遴选为全国玉米主推技术，制定的相关技术标准分别被新疆维吾尔自治区、甘肃省、宁夏回族自治区、河南省等省市区颁布。

（5）棉花大面积高产栽培技术的集成与应用。新疆农业科学院围绕我国干旱区水资源短缺与利用效率低并存、高产棉田重演性差、植棉比较效益下滑等突出问题，攻克和突破了棉花高产优质高效栽培、水肥高效利用耦合调控、重大虫害综合防治、关键机具和全程机械化、专用棉区域布局标准化生产等理论和技术的一系列重大难题，以传统"矮密早"实践为基础，创建了"适矮、适密、促早"、水肥精准、增益控害、机艺融合等为要点的棉花高产栽培标准化技术体系；建立了攻关田—核心区—示范区—辐射区"四级联动"的技术集成与推广体系，有力支撑了棉花产业技术的健康持续发展。

（6）科研、科普相结合，推动科技向现实生产力转化。中国农业科学院作物栽培与生理创新团队组织全国来自玉米相关学科、不同产区的500余位专家和技术人员联合创作了玉米田间种植系列手册和挂图，作品以生产流程为主线、模块化设计，以生产问题为切入点、典型图片再现生产情景的表现形式，实用性强，满足了不同民族玉米种植户对种植技术的需求；其创作理念、表现方式、普及渠道为农业科普创作提供了有益借鉴。手册重印21次，合计出版91万册；挂图重印16次，合计出版165.4万张，已推广应用至我国所有玉米产区，推动了我国现代玉米生产理念与技术的普及。

2. 作物精确化与标准化栽培技术

随着生育进程、群体动态指标、栽培技术措施的精确定量的研究不断深入，推进了栽培方案设计、生育动态诊断与栽培措施实施的定量化和精确化，有效促进了我国栽培技术由定性为主向精确定量的跨越，为统筹实现作物"高产、优质、高效、生态、安全"提供了重大技术支撑。扬州大学主持创立了生育进程、群体动态指标、栽培技术措施"三定量"与作业次数、调控时期、投入数量"三适宜"为核心的水稻丰产精确定量栽培技术体系，使水稻生产管理"生育依模式、诊断有指标、调控按规范、措施能定量"，被农业部列为全国水稻高产主推技术。中国农科院作物所创立的"作物产量分析体系构建及其高产技术创新与集成"成果，提出产量性能定量分析方程和作物"结构性、功能性及其同步协调"高产挖潜途径，以玉米为主建立不同区域特色的技术体系，取得了显著的经济与社会效益。

3. 作物栽培机械化与轻简化

（1）水稻栽培机械化。水稻生产工序繁多、机械化作业难度大，其中栽插环节的机械化严重滞后，成为最薄弱的环节。2015年，全国水稻机械化种植水平在38%以上，其中东北垦区水平最高，已基本实现全程机械化，以毯苗机插为主；南方稻区，形成了毯苗机插、钵苗机插（摆）、机械直播等3套机械化高产栽培方式与技术。①在毯苗机插栽培技术方面，针对南方多熟制地区季节紧、机插稻生育期缩短、植伤重、生长量小难以高产的技术难题，中国水稻所研发了新型上毯下钵秧盘，减轻了植伤，促进了早发。扬州大学研究了稻麦（油）两熟制机插稻生育与高产形成规律，创新建成了水稻机械化高产栽培"三化"理论与技术，即标准化培育壮秧、因种定量精确化机插与"早促—早控—早攻"模式化动态调控大田高产群体的管理技术，推进了江苏机插水稻的发展。2016年单产稳定在9t/hm²以上，处于较高水平。②在钵苗机插栽培技术方面，江苏常州亚美柯机械设备有限公司从日本全面引进并国产化水稻钵苗高速插秧机及配套育秧盘，吉林鑫华裕农业装备有限公司研制新型钵苗插秧机，分别与扬州大学、吉林通化农科所等单位进行农机农艺融合创新，钵苗机插栽培技术已在多个水稻主产区示范应用，初步证明具有较大增产潜力和生产适应性。③在机械直播栽培技术方面，南方稻麦两熟制地区研制出秸秆切碎、条耕、条播、施肥、镇压作业一次性完成的新机械，建立了机直播稻精确定量栽培农艺，实现了丰产高效。罗锡文院士等研发出同步开沟起垄、施肥和喷药的水稻精量穴直播机及其配套技术体系，解决人工撒播弊端，在多地示范取得显著效果。实现改人工无序撒播为有序穴播、改平面种植为垄作、改撒施肥为深施肥，播种均匀，协同达到节水、节肥、节种和省工，提供了一种先进的轻简栽培技术及配套机具。

（2）小麦机械化栽培技术。近年来，于振文院士提出小麦深松少免耕镇压节水栽培新技术，节水增效、增产稳产效果显著。为此，不同小麦主产区针对自身特点，研究形成了多种本土化的小麦机械化栽培技术。在黄淮海小麦主产区，形成了深松深耕或少免耕沟播或机条播栽培技术模式、机械条播镇压栽培技术模式、玉米秸秆还田下小麦机械播种栽培技术；在长江中下游稻麦区，形成了稻茬少免耕机条播栽培技术、机械（半）精量播种施肥一体化栽培技术、水稻秸秆还田小麦机条播栽培技术；在东北春小麦区，形成了深松保墒蓄水机械播种栽培技术。

（3）玉米机械化栽培技术。近年来，玉米种植面积不断增加，在国家惠农政策的大力支持下，玉米种植和收获机械的研制和推广示范加快，有力推动了我国玉米栽培机械化发展。①我国玉米机械化种植与管理技术受气候差异和传统种植农艺影响，主要有春玉米和夏玉米两大类，农艺方面有套作、平作、垄作等，玉米品种多种多样，尤其是种植行距纷繁多杂，长期缺乏规范统一的农艺标准，给玉米栽培机械化的推广造成很大困难。近几年，针对玉米种植机械化难题，攻克了玉米机械精量播种、单粒精播技术，并建立了玉米机械精量播种深施肥技术、机械播种覆膜高产高效栽培技术、免耕覆盖机械播种综合配套技术等多种配套栽培技术；②在玉米收获机械化方面，2004年我国玉米机械收获水平仅为2.5%，制约了玉米全价增值利用。近年来，突破了玉米籽实与秸秆收获关键技术装备，2016年我国玉米机械化收获比例提高到83%左右，提升了我国玉米机械化收获装备技术水平，推动了玉米收获技术进步和机械化水平的提高。

4. 作物肥水高效生理与技术

（1）作物肥料高效利用技术。我国肥料用量大、利用效率低，小麦、水稻和玉米氮肥农学效率分别为 $10.4kg \cdot kg^{-1}$、$8.0kg \cdot kg^{-1}$ 和 $9.8 kg \cdot kg^{-1}$，氮肥利用率分别为 28.3%、28.2% 和 26.1%，远低于国际平均水平。近年，我国在作物营养吸收利用与氮、磷、钾等肥料运筹管理上做了大量研究，取得重要进展，为作物高产高效栽培提供了技术支撑。凌启鸿等提出水稻精确定量施肥技术，解决了高产水稻总施氮量精确定量及各生育期定量施用问题。许轲针对小麦精确定量施肥开展研究，结果显示相比农户常规施肥，小麦精确施肥大幅度减少氮肥施用量，肥料利用率提高 10% 以上。近年来，大田作物缓/控释肥、生物肥、有机复合肥、功能性肥等新型肥料研究和推广加快，其中缓/控释肥料被认为是最为快捷方便的减少肥料损失、提高肥料利用率的有效措施。

（2）作物水分高效利用技术。我国水资源十分短缺，供需矛盾突出。预计到 2030 年，人均水资源将下降 25% ~ 30%。因此，通过农业、化学、水利等措施减少农田灌溉水的损失、提高农作物水分利用效率是农业节水的总任务。水稻灌溉所需用水量占我国总用水量的 54% 左右，占农业总灌溉用水量的 62.5%。发展节水灌溉对保证我国水资源的合理高效利用及社会经济的可持续发展具有重要意义。研究发现，水稻花后适度土壤干旱可以协调植株衰老、光合作用与同化物向籽粒转运的关系，促进籽粒灌浆，这为解决水稻植株衰老与光合作用的矛盾以及既高产又节水的难题提供了新的途径和方法。通过适度土壤干旱或施用低浓度外源脱落酸（ABA）等方法适度提高水稻体内 ABA 水平，可以增强稻茎和籽粒中糖代谢关键酶活性，提高同化物装载与卸载能力，研究结果揭示了 ABA 调控物质转运和籽粒灌浆的酶学机制，为通过水分或激素调控促进籽粒灌浆、提高水稻产量提供了新的酶学依据。扬州大学杨建昌教授等人以该内容为核心的成果于 2016 年获得教育部自然科学奖一等奖，并入围 2017 年国家自然科学奖二等奖。

小麦水分高效利用研究中，针对黄淮海区域特点和传统高产技术的弊端，中国农业大学研究建立了冬小麦节水高产高效技术体系，形成 3 种节水高效栽培模式。与传统高产技术相比，每公顷节约灌溉水 $1500m^3$，水分利用效率提高 20%。在玉米水分高效利用上形成了调亏灌溉技术和控制性分根交替灌溉技术。王振昌博士认为分根区交替灌溉能促进玉米根系生长，提高根系表面积、根冠比和根系导水率；同时，还研究建立了玉米喷灌技术，特别是在水资源不足、透水性强的地区，采用喷灌可节水 20% ~ 30%、增产 10% ~ 20%。

5. 作物清洁化（生态安全）栽培与技术

扬州大学等针对我国水稻高产高效条件下存在的优质清洁生产问题与突出的技术瓶颈，率先建立了适合中国国情的水稻优质清洁生产技术体系及理论体系，并以"试验区—示范区—辐射区"联动模式与"企业 + x + 农户""链式"产业化开发有力推进了清洁稻米产业化。山东农业大学主持完成的"优质小麦无公害标准化生产关键技术研究与示范推广"成果，创建了适用于不同产量水平下的"2+1"（连续两年旋耕或耙耕，第三年深松或深耕）或"3+1"（连续三年旋耕或耙耕，第四年深松或深耕）的秸秆还田耕作模式和以"一增双减"为核心的节氮降污水肥耦合技术，已在黄淮海地区大面积推广应用。山东农业大学等完成的"玉米无公害生产关键技术研究与应用"成果探明了玉米生产中长期大量单一投入化肥使环境污染、土壤功能衰退、产量品质降低的机理，研究提出了通过小麦玉米双季秸秆还田、有机无机肥配合施用和培肥地力等技术；建立了黄淮海区域玉米病虫草害无害化防控技术体系和适合我国玉米生产的"玉米无公害优质生产技术信息化服务平台"。

6. 作物信息化与智能化栽培

随着现代作物栽培学与新兴学科领域的交叉与融合，作物栽培管理正从传统的模式化和规范化向着定量化和智能化的方向迈进，重点在作物栽培方案的定量设计、作物生长指标的光谱监测、作物生产力的模拟预测三个方面取得了显著的研究进展，推动了我国数字农作的发展。南京农业大学等主持完成"基于模型的作物生长预测与精确管理技术"成果创建了具有动态预测功能的作物生长模型及具有精确设计功能的作物管理知识模型；提出了基于模型的精确作物管理系统，实现了作物生长与生产力预测的数字化及作物管理方案设计的精确化，推进了精确栽培和数字农作的发展。"稻麦生长指标光谱监测与定量诊断技术"成果围绕作物主要生长指标的特征光谱波段和光谱参数、定量监测模型、实时调控方法、监测诊断产品等开展了深入系统的研究，集成建立了基于反射光谱的作物生长光谱监测与定量诊断技术体系。该技术在江苏、河南、江西、安徽、浙江、河北、湖南等我国主要稻麦生产区进行了示范应用，节氮约7.5%，增产约5%。据不完全统计，近5年累计推广有效面积4920.21万亩，新增效益24.28亿元。

7. 保护性耕作与秸秆还田栽培

农田保护性耕作与高产高效栽培相结合，在我国不同农区建立适用的保护耕作栽培综合增产技术，如东北平原春玉米区常年覆盖微集雨保护性耕作新模式；东北西部灌溉区玉米深松保护性耕作技术模式、玉米旋耕保护性耕作技术模式；东北中南部山地丘陵区玉米秋旋垄密植技术模式、玉米免耕早播密植技术模式；黄淮海小麦主产区黄淮海水浇地麦区深松深耕机条播技术模式、少免耕沟播技术模式；长江上游成都平原免耕水稻保护性耕作技术模式；双季稻保护性耕作技术体系等，大面积应用取得显著的生态效益和增产效果。

玉米调土强根高产高效栽培技术通过深松（耕）加深了耕层厚度，降低了土壤紧实度，改善了土壤的通透性，促进了根系的纵深分布，提高了根系的吸水吸肥能力，增强了玉米的抗旱性和抗倒性；通过秸秆还田补充了土壤养分，改善了土壤结构，增加了土壤持续供肥能力；通过后施控释氮肥和深施磷肥，延缓了后期根系衰老，延长了籽粒灌浆，提高了玉米粒重，增加了玉米产量。

8. 抗逆减灾生理与栽培技术

由于全球的温室效应和环境恶化，使得农业上自然灾害频繁发生，严重威胁作物生产的稳定和发展。为此，我国作物栽培科技人员加强研究了作物对逆境响应的机制和应对逆境的调控技术，创建了一批抗逆减灾栽培技术。例如，在大气 CO_2 浓度升高与作物（品种、病虫和杂草）和非生物因子（肥料、水分、温度和臭氧）关系研究上取得重要进展，并提出水稻生产的应对策略。

稻田是全球甲烷（CH_4）和氮化亚氮（N_2O）的主要排放源之一。中国稻田 CH_4 排放总量每年约为 5 ~ 13 Tg。稻田 CH_4 排放与稻田土壤产甲烷古菌、甲烷氧化细菌数量变化以及水稻的生长状况关系密切。农田 N_2O 排放主要发生在水稻生长期的施肥和排水阶段，稻田淹水阶段几乎无 N_2O 排放。土壤含水量较低的情况下，N_2O 的产生主要来自于硝化过程；土壤含水量较高时，N_2O 主要通过反硝化过程产生。最新的研究结果显示，高产水稻品种有利于降低稻田甲烷排放。水稻生物产量提高 10%，可使中国稻田年甲烷排放量降低7.1%，其主要原因在于高产水稻品种根系发达，有利于向水稻根际壤输送氧气，促进甲烷氧化，进而降低甲烷排放。

玉米生产上突出了抗旱、耐温度逆境以及弱光的相关形态与生理机制的研究，在弱光影响夏玉米产量的生理特性及其调控研究的基础上，提出选用 ASI 小、雄穗分支适宜的耐密植玉米品种；合理密植，避免冠层中下部过度遮阴；适期播种，避开花粒期遭遇多雨寡照天气，建立了不同区域玉米抗逆减灾的配套技术。在大田淹水影响夏玉米产量的生理特性及其调控研究的基础上，提出玉米前期怕涝，淹水时间不应超过 2 ~ 3 天；生长后期对涝渍敏感性降低，淹水不得超过 5 ~ 7 天；通过 6-BA 和 Nitrapyrin 调控可以有效缓解渍涝胁迫，为夏玉米的高产、稳产、抗逆栽培提供了重要科技支撑。

9. 作物周年高产高效栽培模式与配套技术区域化集成应用

随着全球气候变化，一方面双季稻和北方寒地水稻安全种植北界明显北移，水稻种植面积不断扩大；另一方面小麦玉米两熟制不断向北扩展，变一熟为两熟，大幅提高了周年产量。同时，在作物周年协调高产高效关键技术上取得了重大突破，建立了进一步挖掘资源内涵两（多）熟制协调高产高效理论与技术体系，有效提高了资源利用率和作物周年产量。以水稻小麦高产高效为主攻目标，紧扣稻麦周年持续增产增效的重要技术瓶颈，重点以水稻种植方式与关键技术创新为突破口，进而构建新型的稻麦周年高产高效模式与配套的现代化生产技术体系。河南农业大学等针对黄淮区光温等资源特点，明确黄淮区小麦、玉米超高产生育和养分吸收特征，提出了小麦"双改技术"与夏玉米"延衰技术"，创建出小麦—夏玉米两熟亩产半粮吨栽培技术体系，实现了周年光热水资源高效利用和小麦夏玉米均衡增产。近年来，以提高双季稻产量和资源利用率为目标，进行了双季稻高产高效栽培技术研究并取得重要进展，如广东建立了"三控"高产栽培技术、江西建立了双季稻"壮秧、壮株、防早衰"高产栽培技术、湖南建立了"三定"高产栽培技术，促进了双季稻的发展。

（三）学科重大进展及标志性成果

"十二五"以来，针对制约我国主要农作物"优质、高产、高效、生态、安全"一系列关键性、全局性、战略性的重大技术难题，作物栽培科技人员从创新材料、创新技术、创新栽培理论的角度出发协同攻关。本学科 2015—2017 年获国家科技进步奖 5 项，取得了新的重要研究进展，超高产纪录不断刷新，作物栽培关键技术及理论创新研究取得重大突破，为我国作物增产增收和提质增效提供了重要技术支撑与储备。

（1）扬州大学杨建昌等主持完成的"适度土壤干旱促进水稻同化物转运和籽粒灌浆"获国家自然科学二等奖（2017）。

（2）中国农业科学院作物科学研究所赵明等主持完成的"玉米冠层耕层优化高产技术体系研究与应用"获国家科技进步奖二等奖（2015）。

（3）中国农业科学院作物科学研究所李少昆等主持完成的"玉米田间种植系列手册与挂图"获国家科技进步奖二等奖（2015）。

（4）新疆农业科学院棉花工程技术研究中心等，承担的"新疆棉花大面积高产栽培技术的集成与应用"获国家科技进步奖二等奖（2015）。

（5）南京农业大学曹卫星等主持完成的"稻麦生长指标光谱监测与定量诊断技术"获国家科技进步奖二等奖（2015）。

（6）中国农业科学院作物科学研究所赵广才研究员主持完成的"小麦高产创建技术集成与示范推广"荣获 2016 年度全国农牧渔业丰收奖一等奖。

（7）中国农业大学王志敏教授主持的"冬小麦节水省肥高产栽培技术体系及其应用"于 2015 年通过中国农学会评价，整体技术处于国际先进水平，在利用非叶器官光合耐逆机制构建高效群体和周年水氮一体高效利用技术方面研究处于国际领先水平。

三、本学科与国外同类学科比较

耕地减少、资源短缺和生态环境风险加大是我国农业发展始终面临的三大挑战。我国人均耕地和淡水资源分别是世界平均水平的 1/3 和 1/4，农业灌溉水有效利用系数仅为 0.47，远低于发达国家的 0.7 左右。我国耕地的 78.5% 属于中低产田，其中 38.7% 被侵蚀、36.3% 干旱缺水、26.2% 耕层浅薄、10.9% 渍涝盐碱化。同时，化学农药、化肥等长期大量不合理使用造成农业污染问题日趋严重。我国传统农作物生产技术模式以"高投入、高产出"为特征，不仅影响环境质量，而且增加生产成本。高产、高效、绿色、生态成为新形式下发展的根本目标。

保障粮食安全，关键要提高单产，迫切需要在作物新品种选育和超高产栽培理论与技术上取得重要突破。由于生产条件和栽培技术等原因，作物良种的增产潜力未被充分挖掘，现实作物产量与高产纪录差距悬殊。例如，我国水稻、玉米的全国平均单产仅达到高产纪录的 30% ~ 35%。国内外大量研究和生产实践表明，农作物新品种对单产提高的贡献率在诸项农业技术中占 30% 以上，作物栽培管理对提高作物产量和品质的贡献率达 30% ~ 40%。国内外研究机构围绕作物高产、优质、高效、抗逆的作物生理生态机制开展了大量而卓有成效的研究。例如，日本东京大学、德国霍恩海姆大学等在环境友好型作物高产、氮高效利用机制、作物水分胁迫生理、作物耐盐胁迫机制、分子生理等方面取得了大量研究成果。我国作物生理学家在以水分胁迫为中心的逆境生态生理、作物同化物高效转运和籽粒灌浆和作物生长发育与产量、品质的关系及机制等方面进行了大量研究，为高产高效栽培与育种提供了理论与技术支撑。

进入 21 世纪以来，生物技术、信息技术等新技术向作物学领域不断渗透和交融，促进了作物科学的迅速发展。作物栽培学研究已从作物个体、群体逐步上升到农田生态系统，与信息学等学科交叉形成了精确化、数字化、轻简化和工程化的全新栽培管理体系。应对全球气候变化对作物栽培提出了新的挑战。同时，我国随着经济的发展、农村劳动力的不断转移，在政府与市场的双从引导下，传统的"微农"分散经营快速向规模化经营转变，为此，我国的作物栽培必须适应作物生产经营主体的转变，加快以机械化生产为特征的栽培耕技术研究，实现以机械化、信息化为主的规范化、定量化、规模化、集约化栽培以及设施农业栽培、化学调节剂应用、技术推广服务体系的突破，推进作物生产现代化。

四、展望与对策

为满足人口持续增长带来的粮食需求和人们生活水平提高对优质安全农产品的持续增长，作物栽培科学必须围绕"高产、优质、高效、生态、安全"综合目标，强化研究适应规模化经营的作物机械化、信息化、集约化、生态化等栽培技术，大幅度提高作物单产水平与作物生产综合效益。同时，适应现代农业供给侧结构调整的新要求、新变化，以"转方式、调结构"为主线，推进农机农艺融合、良种良法结合、行政科研结合、产学研农科教结合，突破生产技术瓶颈，集成推广区域性、标准化适用技术模式，提高土地产出率、资源利用率和劳动生产率，不断增强我国大面积作物生产水平。作物栽培与生理学所涉作物生产各个环节，当前研究主要方向与重点大致有以下几方面。

1. 加强作物高产高效栽培技术及理论研究

主攻主要粮食作物高产高效栽培理论与技术，挖掘作物史高产与高效的潜力，并探索转化为作物大面积高产高效的新途径，为作物高产高效可持续提供强有力的技术支撑。未来需重点研究水稻、小麦和玉米高产群体及个体的源库形成与协调机理，根系形态建成和生理（根冠信号传递）及冠根协调机制，穗粒发育的酶学机制和激素机理，品质形成特点与机理，同化物质和养分的运输和分配规律，不同产量水平作物碳、氮代谢过程及其机理；在高产高效栽培技术研究方面，需重点研究作物高产扩库强源促流的定量施肥与精准灌溉技术、周年资源优化和资源高效利用技术、机械化轻简化栽培技术和抗逆增效技术，实现作物高产、优质、高效、绿色生态技术的集成和标准化。

2. 加强作物质量安全与优质栽培技术研究

针对目前作物高产过多依赖化学投入品，破解农产品安全和优质栽培的难题，在作物无公害、绿色、有机栽培关键技术上取得新突破。农产品既要主攻高产，又要改善品质，实现专用化栽培、标准化栽培、绿色可持续栽培，还需着重研究：①根据市场需求的品质标准与绿色生态，研究气候、土壤、水质和营养元素对品质形成过程的影响及其生理生态机理；②研究作物优质和高产形成影响因素的同一性和矛盾性，为优质高产栽培提供协调途径；③根据当地生态条件，探索本地优质高产绿色的栽培配套技术，制定品牌农产品生产技术标准。

3. 加强作物机械化与轻简化栽培技术研究

加强研究和推广作物高产高效全程机械化生产技术，大幅度提升生产集约化规模化程度，创新与完善机械播种、机械插秧、机械施肥、机械施药、机械收获等关键技术环节。按照作物高产高效的要求，加快研发新型农业机械，加强农机农艺融合，形成农机农艺配套技术。加强研究以水稻机插和玉米机收粒为重点的全程机械化技术体系，研发适合不同生态区、不同种植模式、不同生产环节的配套机具。运用作物高产栽培生理生态理论，进一步研究轻简栽培原理与技术精确定量化，建立"简少、适时、适量、绿色"轻型化精准高产高效技术体系。

4. 加强作物节水抗旱与高效施肥技术研究

加强研究作物高产需水规律与水分高效利用机制，建立不同区域抗旱增效的技术途径和高效节水管理模式，促进我国华北、西北和西部等广大地区的旱农可持续发展和水资源的高效利用。进一步研究作物干旱缺水的自控调节机理，研究根据田间水分信息的节约供水技术，用尽量少的水产出尽可能多的作物产量。同时，加强主要作物新形势下需肥规律与省肥节工施肥技术研究，加强秸秆还田条件下土壤生产力与配套施肥技术关系研究。

5. 加强作物抗逆减灾栽培技术研究

重点研究作物生产力对气候变化的响应与适应以及未来气候变化条件下提高主要粮食作物综合生产力的原理与途径；研究气候变暖对区域作物生产的影响及作物生产管理对策；研究作物群体状况对逆境的响应和抗逆机制、作物抗逆栽培理论及模式；研究建立抗逆、安全、高效新型农作制模式与技术；研究应对全球气候变暖和 CO_2、O_3 浓度持续增高作物的适应性与高产栽培对策；重点研究作物栽培（模式）对温室气体排放的调控机理，建立作物高产低碳减排绿色生态技术体系。

6. 加强作物信息化智能化栽培技术研究

重点研究开发作物实用栽培管理信息系统以及远程和无损检测诊断信息技术、作物生长模拟与调控等。研发集信息获取、处方决策、精准变量作业的农业机械，以农作物生产要素与生产过程的信息化与数字化为主要目标，发展农业资源的信息化管理、农作状态的自动化监测、农作过程的数字化模拟、农作系统的可视化设计、农作知识的模型化表达、农作管理的精确化控制等关键技术，进一步研制综合性数字农作技术软硬件系统，实现农作系统监测、预测、设计、管理、控制的数字化、精确化、可视化、网络化，推动我国作物精确栽培与数字农作的发展。

7. 加强作物栽培生态生理生化及分子水平研究

加强作物生长发育调控叶龄模式机理、作物产量形成的光合性能机制、作物"源、库、流"协同机理、作物群体质量形成机理的生理生化研究。同时，利用基因组学、蛋白组学等新技术，从激素、酶学、分子等微观角度开展作物生长发育、产量品质形成及其生理生化机制的功能研究。重点开展作物机械化轻简化栽培生态生理基础、作物高产高效生态生理基础、作物高产优质协调形成机理、作物肥水高效利用机制、作物对重金属和有机污染物响应及其机理、作物逆境分子和生态机理、作物气候变化的响应机制等方面研究。

总之，在目前农业供给侧结构改革、调结构转方式的新形势下，作物生产现代化必须更加依靠科技创新驱动，实现作物提质增效。因此，作物栽培与生理学科更要加强学科本身现代化建设，提高基础理论创新水平与科技成果转化能力。同时，要加强作物栽培生理与高新技术及相关学科相互交叉渗透，抓住作物生产中迫切需要解决的难点与热点问题，不断加强攻关创新并有效地加以解决，不断提高区域化作物生产集成技术水平，推动我国作物高产高效与绿色可持续发展，为保障农产品有效供给和保障粮食安全做出重大贡献。

参考文献

[1] Lin P, Hua Q, Li C F, et al. Optimized tillage practices and row spacing to improve grain yieldand matter transport efficiency in intensive spring maize [J]. Field Crops Research, 2016 (198): 258-268.

[2] Jiang Y, van Groenigen K J, Huang S, Higher yields and lower methane emissions with new rice cultivars [J]. Global change Biology, 2017 (23): 4728-4738.

[3] 汤明土，马巨单. 我国农业节水灌溉存在的问题及对策浅析 [J]. 华北国土资源, 2014 (6): 114-115.

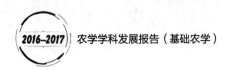

［4］张婧婷. 多因子变化对中国主要作物产量和温室气体排放的影响研究［D］. 北京：中国农业大学，2017.

［5］李晶，王明星，王跃思，等. 农田生态系统温室气体排放研究进展［J］. 大气科学，2003（4）：740–749.

撰稿人：赵　明　李从锋

作物生态与耕作

一、引言

作物生态学是研究作物与环境的相互关系及其作用机制的一门应用基础学科，也是农业科学的一个分支。作物生态学以作物生态系统为研究对象，以作物与环境的相互关系及协同原理为研究内容，揭示不同环境因素下的作物生理活动和能量转换等过程，并阐明作物适应环境的能力与模式，主要包含以下几个研究方面：作物生态系统的结构与功能、作物生态系统的能量转化和物质循环规律、作物生产潜力分析、作物生态适应性与分布、作物逆境生产以及作物生态系统的合理调控。随着现代生态学理论与方法的创新和拓展，作物生态学的理论和技术正在得到不断的充实和提高，并促进了农业生态、农田生态以及作物生理生态等方面的发展，在农业生产管理与环境资源利用方而发挥着日益显著的作用。

耕作制度，也称农作制度（farming system），是农业生产的基本性制度，指一个地区或生产单位作物种植制度以及与之相适应的养地制度的综合技术体系，内容包括熟制、作物布局、种植方式、轮连作等种植制度，以及土壤耕作、地力培育、农田保护等养地制度。制宜地采用科学的耕作制度，可以充分地利用和有效地保护土地资源，获得较高的经济效益和生态效益，促进农业生产的可持续发展。

作物生态学是作物栽培与耕作学的理论基础，两者既相互独立又密切联系。当前，我国农业和农村经济发展正面临一个历史性的变革时期。农业生产目标由追求产量与效益增长向追求绿色、高产、高效协同提高的方向发展；农村产业结构由单纯种养业向一、二、三产业全面发展；农业增长方式开始由劳动、资源密集向技术、资金密集转变。在这一背景下，利用作物生态学原理，改进耕作制度，保持农田生态系统健康，实现作物高产、优质、高效、生态、安全生产，降低农业生产的环境代价，已经成为当前研究的热点问题。

二、近年的最新研究进展

（一）发展历史回顾

1. 作物生态学

作物生态学是由生态学与农业学科交叉发展而来的一门应用基础性学科，其出现与发展仅有不足百年的历史。作物生态学的介绍最早见于 1922 年出版的《作物生态学研究》。此后，各国学者开始着手研究作物与环境的关系及其分布，如 Klages 在 1942 年出版《作物生态地理学》，研究作物与自然环境以及社会环境之间的关系；Wielse 在 1963 年出版的《作物生态适应性与分布》一书中论述了环境因素与作物分布的关系，并提出适应性的定义；1965 年沼田贞提出了应用生态学的概念，而在 1970 年代美国植物生理学家 Loomis 研究了在不同生态条件下研究作物生理与光合作用的过程，提出作物生态学以植物生理和生态学为理论基础；1992 年 Loomis 与 Conner 合著出版了《作物生态学—农业系统的生产力与管理》，首次系统地阐述了作物生态学的基本理论、主要内涵和方法技术及其与农业系统生产力管理的关系，确立了较为完整的作物学体系。近几十年来，作物生态学的研究内容与研究方法手段不断完善，促进了农业生态学、农田生态学、农业系统学以及作物生理生态学等的快速发展。

2. 耕作制度

与作物生态学相比较，耕作制度的实践与研究已经有上千年的历史。中国是一个农业历史悠久和以精耕细作著称的国家，汉代就有了轮作和复种，而西欧在中世纪仍以三圃制（一种典型的休闲制）为主。1950 年以来，我国通过耕作制度改革，提高复种指数，有力地促进了各种农作物的增产，而在当前农业生产条件下，将传统精耕细作与现代农业技术特别是农业机械化相结合，因地制宜地提高复种指数，实行复种轮作制，是我国耕作制度发展的基本方向。从近现代耕作学研究的趋势来看，除农学在轮作栽培方面有大量的论著外，有的学者还从区域的角度开展了相关研究，如 A.N. 达克哈姆和 G.B. 梅斯菲尔德于 1970 年出版的《世界耕作制度》一书中，系统分析了耕作制度的区位因素和耕作制度的分类，论述了耕作制度的区位、集约度、稳定性和效益，以及食物和粮食生产发展趋势等问题。H. 鲁森伯格的《热带耕作制度》对各主要热带的耕作制度特点、类型、地理分布等都做了论述。耕作制度的研究涉及的学科、领域甚广，以生态学观点研究耕作制度是20 世纪 70 年代以来的重要进展。生态学观点认为，农作物与外界环境因子是一个统一的系统，耕作制度应按照物质能量循环的规律，建立在合理的生态平衡的基础上，这是保证农业持续增产的首要前提。耕作制度是一门应用性较强的学科，并为解决农业生产中的实际问题服务，当前我国耕作制度的研究主要集中在围绕推进农业结构调整和转变农业生产方式，建设符合区域社会经济发展需求的现代农制。

（二）学科发展现状及动态

1. 作物轮作

轮作是指在季节间或年际间，在同一块田地上有顺序地轮换种植不同种类作物的一种种植方式，是巧妙利用作物间生物学特性的互补实现用地与养地相结合的一种有效生产措施。轮作在中国历史悠久，早在西汉时就有文字记载。经过长期的经验总结，形成了北方旱地以禾谷类作物、经济作物与豆类作物、绿肥作物轮作，南方水田以水稻为主与旱地作物轮换种植的水旱轮作等多种形式的轮作种植方式。作物轮作具有改善土壤理化性状、提升土壤肥力、减轻或防治病虫草害等方面的优点，对于农业可持续发展具有重要意义。

欧洲各国在 8 世纪以前盛行二圃式休闲轮作，并逐渐向 3 年、4 年周期轮作发展，以草粮轮作为主要种植模式。目前，国际上研究并应用于生产的主要轮作体系包括：禾本科与豆科作物轮作、农牧轮作（即农作物与饲草轮作）、能源作物与农作物轮作和休闲轮作等。关于轮作的系统研究始于 20 世纪中期，经历了草田轮作与土壤肥力学说、连作障碍的毒素说、矿质营养说等重要的研究阶段并不断深入。围绕高产稳产轮作模式构建及机制研究一直是有关轮作制研究的重要内容，集中在作物种植序列的评价模型建立、轮作农田土壤和作物的水肥分布特征、光温资源利用效率，评估肥料利用率及模型、轮作农田病虫草害的防控的克生机制等方面。随着国际上粮食生产能力的不断提升及生态环境问题的加重，关于轮作节减排等新型功能的开发与研究得到关注。如通过轮作增加农田生物多样性以减少水氮流失、减少农药投入以降低农业生产对环境产生的负面效应的研究，对农业的可持续发展产生了积极的影响。通过科学轮作增加土壤固碳量以应对当前重点关注的气候变化问题方面的研究逐步增加。为应对能源危机，在美国及欧洲部分地区将能源作物引入到短期的轮作系统并研究其效益与机制也逐渐开展。目前，国外开展轮作研究的机构主要有美国马铃薯协会与圣保罗学院、美国农业部土壤排水研究中心、俄亥俄州立大学、加拿大农业生态研究服务中心、英国纽卡斯尔大学、澳大利亚研究与发展研究所、墨西哥国立理工学院土壤生态学实验室、印度理工学院耕作制度研究所等。

尽管我国轮作的生产实践较早，但对轮作制进行系统研究始于 20 世纪 60 年代。截至目前，国内针对不同区域、不同作物的轮连作生产模式及配套技术开展了大量研究，从农田尺度上对轮作种植方式的作物生长、土壤肥力、水分和养分利用、土壤环境、温室气体排放以及病虫害等多方面的效应开展了系统研究并总结提出了区域特色的作物轮作与连作种植模式与生产技术集成，相关机理研究也在不断深入（表 2）。国内在轮作制度研究方面工作较多的单位主要有中国农业大学、中科院相关院所、中国农业科学院、华中农业大学、西北农林科技大学、甘肃农业大学等多家单位。

表 2   中国不同农作区轮连作研究现状

区域	主要轮作模式	主要研究内容	研究单位	存在的问题
东北地区	玉米连作（主要）、玉米—大豆轮作和大豆连作	土壤碳氮特征、微生物生态分布、农田温室气体排放	中国科学院黑龙江农业现代化研究所、吉林省农业科学院、东北农业大学、中国农业大学	水资源短缺、作物比例失衡、土壤瘠薄
西北黄土高原区	春小麦、制种玉米、制种油葵、小麦/玉米带田、小麦套种大豆、玉米马铃薯轮作	土壤碳平衡、节水高效、克服连作障碍	西北农林科技大学、甘肃农业大学	荒漠化、水土流失
华北平原	冬小麦—夏玉米两熟	节水、高产、土壤培肥	中国农业大学、中国农业科学院、河北农业大学、河南农业大学	地下水漏斗、耕层变浅、土壤有机质含量降低、土壤污染
长江中下游地区	稻—麦、稻—油、稻—肥的一年两熟和一年三熟	高产高效、土壤培肥、大田温室气体排放	浙江大学、湖南农业大学、华中农业大学、南京农业大学	土壤养分含量降低、氮肥利用效率低、水肥资源配置不合理

2. 作物间套作

间套作指在同时或者某段时间内在同一地块种植至少两种或者两种以上作物的种植模式。早在公元前1世纪之前的西汉《氾胜之书》就有相关记载，在公元6世纪《齐民要术》中，进一步记述了桑园间作绿豆、小豆、谷子等豆科和非豆科作物间作；明代《农政全书》中有了关于大麦、裸麦和棉花套作，麦类作物和蚕豆间作，清朝的《农蚕经》记述了麦与大豆的套作，至建国前，玉米与豆类间作在全国各地已都有分布。经历了两千多年，间套作从过去的低投入低产出，演变为高投入高产出的现代农业模式，在现代农业中仍然具有一定的地位。

当前作物间套作方面研究主要集中在以下几个方面：一是在耕作栽培技术研究的基础上更加关注生态学原理的挖掘和应用。过去的研究重点在作物行间距和株距、密度、作物种间配置、品种选择等农艺措施方面，在生产中发挥了重要作用。近20年加强了作物种间相互作用，特别是种间竞争作用和种间促进作用，生态位分离和资源的补偿利用等生态学原理的理解和认识。二是研究重点由地上部相互作用向地下部相互作用转移。关于间作对各种资源利用的研究，过去大多集中在地上部，例如光热资源的竞争和互补利用。近年来对地下部种间相互作用更加关注，如根系的分布、水分和养分等地下部资源的吸收和单作的差异及其机制等。三是从现象观察到更多的关注机制和过程的理解。近20年来的研究，从微观过程上入手，从生态学种间竞争和种间促进作用为切入点，从过程上理解间作优势。四是以高产为目的向以降低环境风险、促进农业可持续发展为目的转变。近年来的研究更加关注资源的高效利用从而降低环境风险，更加关注农田生态系统的长期可持续性。五是研究方法不断发展和完善。在田间原位和室内培养研究中采用完全分隔、尼龙布分隔和不分隔间作作物根系的方法能够分离地上部和地下部种间相互作用对间作优势的贡献，被广泛应用。随着相关学科研究手段的发展，分子生物学的手段也在间套作研究中得到了广泛的应用，如在间作蚕豆结瘤固氮的基因表达和土壤微生物多样性确定等方面成功应用。

3. 土壤耕作

土壤耕作（soil tillage）是通过农机具的机械力量作用于土壤，调整耕作层和地面状况，以调节土壤水分、空气、温度和养分的关系，为作物播种、出苗和生长发育提供适宜的土壤环境的农业技术措施。土壤耕作是农业生产重要活动之一，对作物生产及环境都有巨大的影响，因此，建立合理的土壤耕作制度具有重要的意义。土壤耕作发展历程最早可以追溯到石器时代的"刀耕火种"，而随着历史的进步，土壤耕作也逐渐从人畜耕作发展到机械耕作。目前，土壤耕作的研究已从过去单一的技术发展到综合技术体系及其效应的研究，突出表现在从单一耕法的使用，到松、旋、免、翻等土壤耕作制的研究；从简单的技术效应研究到整体技术体系构建的研究，从只追求产量效应到兼顾其他生态环境效应的研究。

综合国际研究成果，土壤耕作的研究呈现以下趋势：一是土壤耕作向轻简化、作业一体化方向发展，随着机具的更新，进一步简化土壤耕作环节，提高农田生产效率，少耕、免耕等保护性耕作的研究成为全球的重要领域；二是土壤耕作与气候、土壤等自然条件的适应性研究不断深入，综合考虑气候、土壤条件，选择适当的土壤耕作技术做到趋利避害，调节好气候、作物、土壤之间的矛盾，构建适宜的全球各区域的土壤耕作制成为国际上的研究重点；三是土壤耕作技术的生态效应越来越受到人们的重视，过去的研究多只注重耕作技术对土壤理化性状及作物产量的影响，随着气候变化，耕作措施对土壤的固碳减排效应及其生态系统服务价值成为了国际上的研究热点；四是以保护性耕作、地表覆盖、作物轮作及农田水肥综合管理的保护性农业成为新的重要研究方向。

随着我国农业生产条件的改善和适应现代农业高效、集约、持续发展的需要，改革传统土壤耕作措施，使其朝着现代化与集约化方向发展势在必行。我国国内的土壤耕作研究主要表现出以下发展趋势。一是机械化土壤耕作将成为我国土壤耕作的主体，农业生产机械化是我国农业实现现代化的重要条件之一，机械化规模经营是我国农业发展的必然趋势，目前适宜我国不同区域不同作物的机械化土壤耕作技术的已经初具规模；二是区域保护性耕作技术研究成为土壤耕作研究的重点，随着我国农村经济的发展，农业劳动力转移到其他产业是必然趋势，农业劳动力迫切需求省工高效的土壤耕作技术，少耕、免耕等轻简型的土壤耕作已经成为我国土壤耕作技术越来越受到人们的重视；三是土壤耕作技术的多功能性及生态系统服务价值的研究成为了研究热点，虽然土壤耕作仅作用于土壤，但其通过改变土壤理化性状，进而影响了土壤质量、作物产量及土壤固碳减排等生态效应，因此，关于土壤耕作技术的固碳减排、生物多样性的影响及生态系统服务价值的评估成为我国该方向的重要方面，并取得了一定的成果，为适应气候变化，构建气候智慧型农业提供了理论基础和技术支撑；四是土壤轮耕制的研究成为土壤耕作研究的新热点。虽然少耕、免耕等技术有突出的生态效应，但长期单一的土壤耕作措施对土壤质量有不利的影响，如耕层变浅、土壤紧实等，因此，构建以少耕、免耕为主体的翻、旋、免、松等适宜不同种植制度的土壤轮耕制是当前研究的重要内容。

4. 农田固碳减排

农田土壤有机碳库是陆地碳库的重要组成部分，其含量高低受气候条件和人类活动的共同影响。由于农田土壤有机碳贮量巨大，其较小幅度的变化就可能影响到碳向大气的排放，并以温室效应影响全球气候变化。因此，自20世纪80年代以来，农田固碳减排日益成为全球有机碳转化研究的热点，也是国际全球变化问题研究的核心内容之一。增加农田土壤有机碳固定，不仅可以提高土壤生产力、减少温室气体排放，而且对保障国家粮食安全具有举足轻重的作用，明确农田土壤有机碳储存与转化机制，对于正确评价作物生产对全球气候变化的影响具有十分重要的理论与实践意义。影响农田土壤有机碳储存与转化的因素众多，其中以气候条件、土壤性质、种植作物与品种、种植制度以及耕作栽培管理措施等影响最为关键。特别是当前农业种植水平不断提高、农业种植方式不断变化以及农业机械作业与肥料等化学能投入不断增加，导致农田土壤碳储存、转化和温室气体排放特征与动态变化发生了显著改变，并影响到农田固碳减排。

发达国家在农田固碳减排方面的研究主要集中于耕作与秸秆管理、肥料优化以及减排新材料应用等方面。如美国通过采用作物轮作、保护性耕作以及秸秆还田等措施，尽可能减轻土壤的物理性扰动，提高土壤团聚体稳定性，同时增加农田中的有机物料，进而增加土壤有机碳含量。在肥料管理方面，农业生产中肥料、生物固体及其他来源中的氮素并不会完全被作物吸收，氮素残留量可能导致 N_2O 的排放。因此，通过减少渗漏和挥发流失，提高氮肥利用率可减少 N_2O 排放，从而间接地减少氮肥生产导致的温室气体排放量。美国主要是采用精确施肥技术来实现农田减排，即在精确估计作物化肥需求量的基础上调整氮肥施用比率，利用不同控释、缓释肥料或硝化抑制剂等新肥料、新材料，在作物吸收之前且氮肥流失量最小的时候对作物进行精确定位施肥，使之处于最容易被作物根部吸收的位置，使氮肥的利用率达到很高的水平，进而减少温室气体排放。发展中国家的固碳减排研究主要集中在稻田温室气体减排、有机肥施用以及种植模式优化等方面。如通过实施稻田中期排水或水旱交替来控制稻田的甲烷产生和挥发，研究表明，这种做法不会导致作物生产的显著减产。鼓励施用有机肥，减少化肥施用，也可降低 N_2O 排放。此外，改变土地利用方式，通过增加生物燃料种植面积、农林复合农业，有利于减少温室气体排放，达到固碳减排效果。

我国土壤碳密度偏低，反映了我国生态系统总体质量较低，应对与抵御气候变化的自然能力较弱，同时稻田种植面积大，温室气体排放量高，为我国提供了固碳减排的巨大空间。近年来，我国学者在种植模式、水肥管理以及耕作措施的固碳减排潜力与途径方面开展了大量研究。一是在种植模式优化方面，通过禾本科和豆科作物的轮作/间作，可以起到一定的固碳减排效应。如对东北黑土区增施有机肥条件下的长期不同种植模式研究表明，与玉米连作相比，玉米—大豆轮作可显著增加土壤微团聚体有机碳储量，增强农田微生物多样性，降低土壤有机碳分解速率，其固碳效应显著。对不同间作模式的温室气体排放监测表明，玉米‖油菜、玉米‖小麦、大豆‖小麦、玉米‖豌豆的单位面积温室气体排放均显著低于玉米单作，特别是大豆‖小麦的单位面积温室气体排放显著低于其他种植模式。来自我国双季稻区稻田 N_2O 排放的测定结果也显示，与单施化肥相比，种植紫云英绿肥可显著降低 N_2O 排放。二是在肥料管理方面，通过合理选用氮肥品种，可有效降低 N_2O 排放，如液氮 N_2O 的转化率为 1.63%，铵态氮肥为 0.12%，尿素为 0.11%，硝态氮肥为 0.03%，而缓释/控释肥料由于其能够减缓或控制养分的释放，因此能够更有效地减少 N_2O 的排放。在肥料施用时进行合理的养分配比、改表施为深施、有机肥与化肥混施等，以提高氮肥利用率。如基于 32 年的长期施肥定位试验，发现南方丘陵黄泥田不施肥（CK）、单施化肥（NPK）、化肥+牛粪（NPKM）、化肥+全部稻草还田（NPKS）处理下，有机碳含量比初始条件增加 1.84 ~ 5.26 g/kg。而新型肥料试验也表明，硝化/脲酶抑制剂均可以显著降低土壤 N_2O 排放和 CH4 吸收，与单独尿素处理，尿素中添加硝化/脲酶抑制剂 N_2O 排放降低了 25.1% ~ 48.3%，CH_4 吸收量降低了 13.9% ~ 29.7%。三是在水分管理方面，不同水分管理方式对稻田 CH_4 排放有显著影响，推广干湿交替和烤田相结合的栽培能够显著降低稻田 CH_4 排放量。如采用间歇灌溉后，东北稻田 CH_4 平均排放量比对照减少了 32.5%，华东稻田的 CH_4 排放量减少 13% ~ 60%，华中早晚稻的 CH_4 平均排放通量分别比淹灌降低了 64.0% 和 35.4%。四是在耕作与有机物料还田方面，大量实验证明秸秆还田能增加土壤有机碳的含量，且不同耕作方式影响不同，免耕最有利于土壤有机质的积累。除固碳外，保护性耕作具有显著的减排效果。如免耕秸秆还田使稻田 CH_4 和 N_2O 平均排放速率比翻耕还田和旋耕还田分别降低了 24.3%、27.0% 和 42.1%、16.7%，同时使 CH_4 排放峰值比翻耕还田和旋耕还田分别降低 67.0% 和 54.3%。此外，秸秆不同还田模式对农田温室气体排放和碳固定具有不同影响。李新华等（2015）研究发现，在玉米生长季，CO_2 和 N_2O 累计排放量表现为秸秆过腹还田（CGS）>秸秆直接还田（CS）>秸秆不还田（CK）>秸秆—菌渣还田（CMS），CH_4 的累计吸收量表现为 CGS>CK>CMS>CS；秸秆不同还田模式也影响土壤和植物的碳储量，耕层土壤有机碳储量表现为 CGS>CMS>CS>CK。从减缓全球变暖的角度，推荐秸秆过腹还田模式，该模式也有利于形成粮食—秸秆—饲料—牲畜—肥料—粮食良性循环，实现农田固碳减排。

（三）学科重大进展及标志性成果

1. 作物轮作与间套作

（1）利用间套作控制病害。云南农业大学朱有勇课题组系统地揭示了稻瘟病敏感品种和抗病品种间作可以显著控制敏感品种糯稻的稻瘟病，糯稻的病指下降了94%，产量增加了89%。其机制主要是水稻品种多样性支持了病原的多样性，增加了系统的稳定性。同时，对病原菌的稀释作用、阻挡作用，以及作物冠层的通风、透光和湿度等物理条件的改善也是提高抗病的重要机制，并且获得了国家级科技奖励。他们的研究还发现合理的作物种间搭配能够降低病害，如玉米和马铃薯间作，玉米叶枯病下降了30.4% ~ 23.1%，马铃薯晚疫病下降了32.9% ~ 39.4%，这些研究结果在云南及西南地区大面积推广应用，取得了良好的生态和社会效益，获得国家级科技奖励。

（2）种间相互作用与养分高效利用的机制。中国农业大学间套作研究团队明确了禾本科/豆科作物间作体系种间根系氮素竞争使得禾本科作物获得更多的土壤矿质氮，同时使豆科作物固定更多的大气氮素，是这种体系氮素高效利用的主要机制之一，在国际上发表了一系列文章。最新研究还发现，玉米根分泌物中的黄酮类物质作为信号物质强化了蚕豆的结瘤和固氮过程，是这个体系氮素高效利用的新机制，研究表明蚕豆不仅能够自己活化利用土壤中难溶性磷素，还能促进与之相间作的玉米的磷营养。主要机制是蚕豆相对于玉米具有更强的质子和有机酸释放能力，使蚕豆能够较好的活化利用土壤中的难溶性磷，从而有利于玉米的磷营养。单子叶禾本科植物与双子叶植物由于其吸收铁的机制不同，二者间作后明显改善了双子叶植物如花生的缺铁症状。

（3）间套作全程机械化管理。华南农业大学罗锡文课题组和四川农业大学杨文钰课题组针对四川省"小麦—玉米—大豆"多熟带状间作，分别运用微型、小型和中型动力机械对"100-100"带宽模式进行了机械化作业研制，实现了西南地区丘陵地区小地块带状复合种植模式的耕地、播种、管理和收获等农业生产环节的机械化作业，效率高，质量好。证明间套作的机械化生产是可行的。因此，迫切需要在更多间套作模式和更广泛区域上进行试验和试制，从而实现更大范围间套作生产的全程机械化。

2. 土壤耕作

经过长期的研究，我国在土壤耕作方面取得了大量的成果。系统总结近年来我国土壤耕作方面的研究进展，主要包括土壤耕作制度及生态效应方面。

（1）构建了适宜不同区域保护性耕作制度。在我国的东北平原、华北平原、农牧交错风沙区、南方长江流域均开展了保护性耕作技术攻关和示范推广，取得了保护性耕作的土壤耕作、农田覆盖、稳产丰产、固碳减排等关键的技术和原理研究方面的重要进展，已经建立了与不同区域气候、土壤及种植制度特点相适应的新型保护性耕作技术体系，为大面积应用保护性耕作技术提供了示范样板和技术支撑，取得了显著的经济、生态和社会效益。

（2）明确了土壤耕作措施的缓解气候变化的技术效应。阐明了通过免耕、秸秆还田、免—旋—松—翻合理轮耕措施促进农田土壤固碳减排能力提高的技术效应，探索了不同气候、土壤和种植制度条件下土壤碳库的管理和温室气体减排策略及作用原理，并提出发展以保护性农业为核心的气候智慧型农业，为我国农业低碳和可持续发展提供了理论支撑。

3. 农田固碳减排

（1）阐明了稻田温室气体排放机制。基于大田试验与 Meta 分析结果表明，提高光合产物向水稻籽粒分配可降低光合产物向根系分配，降低土壤碳有效性，进而降低 CH_4 排放；同时，高光合产物向籽粒分配可以间接提高光合作用和生物量积累，提高植株氮吸收，降低土壤氮的有效性，进而降低 N_2O 排放潜力。

（2）明确了保护性耕作的温室减排效应。对耕作方式的 Meta 分析表明，与翻耕相比，采用稻田采用免耕可显著降低 30% 以上的 CH_4 排放，但却显著增加了 N_2O 排放量。而免耕条件下，采用减少 N 肥用量，降低农田土壤湿度，可显著降低 N_2O 排放量。

（3）形成了水稻高产与稻田减排的耕层调控关键技术及配套栽培模式。中国农业科学院作物科学研究所和中国农业大学等科研院所通过品种选用、耕作改制、栽培措施更新以及农艺农机配套等关键技术研究，开展了高产低碳稻作模式的技术集成和示范推广，以实现水稻高产和稻田减排的协同。2010—2013 年在我国主要稻区进行了大面积应用，累计推广应用 380 万公顷，增产稻谷 196.3 万吨，节本增收 57.6 亿元，温室气体减排 368.2 万吨（CO_2 当量）。该成果获得 2014—2015 年度中华农业科技奖二等奖。

三、本学科与国外同类学科比较

（一）作物轮作

国外相关研究对象多为具有较强的控制条件的农场式规模化种植方式，实验地可控性强、轮作周期长，机械化配套技术成熟，在较高研究手段支持条件下的机理研究较为深入，在相关模型构建较为成熟，特别是理论研究与生产实践结合紧密。我国轮作方面的研究优势在于作物轮作类型与模式丰富，技术体系相对多样。但是，在研究层面，在轮作效应机制与微观机理方面尚处于跟从国际研究热点水平，研究内容创新性及方法手段创新度不够。受社会经济、地理与气候因子等多重因素影响，对轮作模式的机械化配套技术研究不足，造成了技术成果难以应用于生产。

（二）作物间套作

国内在间套作研究方面有我们的优势。例如，云南农业大学在间套作控制作物病害研究和应用方面在国际上具有领先地位；中国农业大学在作物种间相互作用提高养分资源利用效率方面，特别是在氮、磷和铁的高效利用研究中在国际上具有引领作用。间套作机械化虽然在国内也是刚刚起步，但是在国际上具有引领作用。四川农业大学在小麦—玉米—大豆间作套种的机械化应用方面走在了前面。此外，中国科学院的相关研究所、福建农林大学、甘肃农业大学、山东农业大学、山东农科院、辽宁农科院等单位在不同的方向上都各有特色。与发达国家相比，很多方面还有很大差距。例如，欧盟委员会2017年启动了一个大项目"应用间作套种重新设计欧洲的农作体系"，有12个欧盟国家参与，从基础研究、应用研究，到推广、如何为农民提供有效的咨询等。而我们国内还没有这样一个大的间套作项目，在国家层面上从各个环节进行布局。农作系统对气候变化的反应的研究，可能是农业应对全球变化的重要知识储备，国际上研究比较热门，而我们还缺乏相关的研究。农作系统的生产力长期稳定性和可持续性在国际上研究较多，而我们还缺乏在不同区域上的长期定位试验来研究间套作的长期效应。间套作模拟模型研究方面对于定量化产量潜力和资源利用以及区域适应性方面具有重要价值，但这方面我们还有很大的差距。间套作如何通过地上地下互反馈调节影响土壤肥力还有待深入研究。

（三）土壤耕作

虽然我国土壤耕作研究取得了一些成果，但由于相关研究起步较晚，气候、土壤及种植制度多样等原因，与国外研究相比尚存在一定差距：①与土壤耕作技术相配合的表土覆盖技术（绿色覆盖）、作物轮作以及土壤养分管理（水肥管理）措施配套技术研究不足，制约了保护性农业的发展；②虽然保护性耕作及保护性农业技术在国内不断推广应用，但缺乏相应的技术规范和标准，同时缺乏全国保护性农业布局的研究和整体效果的评价；③缺乏全国宏观上对保护性农业、土壤轮耕措施的选择在不同区域应用的区域性差异的分析以及驱动因素的探讨；④虽然国内已在不同区域开展了土壤耕作技术的研究试验，但缺乏对其长期效应的探索，试验方法与监测标准也存在差异，管理不规范，试验手段和设备也较为落后；⑤由于部分技术环节不十分到位，推广应用较为迟缓，尤其是大面积大规模作业机具发展缓慢。

（四）农田固碳减排

中国在国际上被视为温室气体排放大国，在向低碳经济转型中，同样不能忽视农业土地利用及其农业土壤固碳减排对缓解气候变化的贡献。近年来，我国在农田土壤固碳减排的机制与途径以及固碳减排的单项技术模式方面取得了较大进展，但在农田系统的综合固碳减排效应，以及土壤碳周转对气候变化的反馈机制等方面的研究与国外相比，还存在一定差距。此外，在农田固碳减排的政策制定方面，也亟待开展相关研究。

四、展望与对策

（一）未来几年发展的战略需求、重点领域及优先发展方向

1. 作物轮作

"轮作休耕"是落实国家"藏粮于地"重大战略重要举措，通过科学轮作实现农田自我休养生息、保持耕地质量是人多地少类型国家解决粮食需求与耕地质量不足矛盾的重要途径；是促进节能减排，应对当前气候变化与农业生产资源投入过量的有效途径之一；是推动农业种植结构调整、转变农业发展方式的重要方式。根据我国的国情，研究和推广轮作休耕制度，需要坚持轮作为主、休耕为辅，以保障国家粮食安全和不影响农民收入为前提，加大政策扶持、强化科技支撑；分类实施、突出重点区域，在严重的地下水超采区、土壤污染区、水土流失区域尽快推行休耕与轮作；在进行试点区域研究与推广工作的同时，逐步构建国家耕地轮作休耕制度整体规划。

2. 作物间套作

我国目前种植业生产中存在的主要问题是，种植业结构单一，豆科作物面积持续下降，特别是在粮食主产区情况更为严重；化学肥料特别是氮肥用量过高，由此而造成的环境风险日益变大；连作障碍问题突出；土壤肥力下降等。因此，如何充分发挥豆科作物的生物固氮潜力和培肥地力的作用，在粮食主产区种植体系中通过间套作纳入豆科作物，增加农田生物多样性将是重要的农业可持续发展的重大需求和发展思路。

国家层面上对间作套种作为高效利用资源和可持续发展的种植模式给予了高度重视。《国务院办公厅关于加快转变农业发展方式的意见（国办发〔2015〕59号）》中特别强调，"大力推广轮作和间作套作。支持因地制宜开展生态型复合种植，科学合理利用耕地资源，促进种地养地结合"。但在技术层面上还有很多问题需要研究。

3. 土壤耕作

在现代农业集约、高效、可持续的发展形势下，构建资源高效利用、环境友好型的轻简化、机械化的土壤耕作制是我国农业发展的战略需求。因此，针对不同区域气候、土壤和种植制度的差异，通过农艺措施的改良带动农业机械全程化、规模化使用，改善土壤耕层结构、维持和促进作物生长、降低农业生产的环境代价、增强对气候变化的缓解和适应能力以实现地力培育和农田生产的可持续性。

4. 农田固碳减排

自2007年国务院发布《国家应对气候变化方案》以来，我国政府制定并实施了一系列适应气候变化政策，有力推动了我国适应气候变化工作的快速发展。政府高度重视应对气候变化工作，"十二五"期间，把推进绿色低碳发展作为生态文明建设的重要内容，积极采取强有力的政策行动，有效控制温室气体排放，增强适应气候变化能力，推动应对

气候变化各项工作取得了重大进展。农业部推动实施"到 2020 年化肥使用量零增长行动"和"到 2020 年农药使用量零增长行动"，大力推广化肥农药减量增效技术，推进农企合作推广配方肥，推动农村沼气转型升级，提高秸秆综合利用水平，实施保护性耕作等，减少农业温室气体排放。但目前我国农田温室气体排放水平仍然较高，土壤碳库和当前固碳速率较低，固碳减排潜力大，有必要继续加强农田固碳减排研究，提高我们农田固碳减排水平。

（二）未来几年发展的战略思路与对策措施

1. 作物轮作

（1）新型轮作休耕模式构建与研究。以解决突出的生产限制因素为目标，重点进行东北、西北春玉米与豆科作物（包括豆科牧草作物）轮作模式、南方稻田水旱复种轮作模式以及华北地区一年两熟制下的年内复种轮作模式的创新构建。

（2）轮作制度效应机理与机制研究。应用国际前沿研究方法和技术手段，重点开展轮作固碳减排效应及机理、轮作培肥地力效应及机制、轮作作物间克生效应及机理，为轮作模式构建与推广提供理论依据。

（3）轮作休耕的绿色补贴政策研究。重点对可大面积示范推广轮作模式的经济、生态服务价值进行科学评估，为进行模式优化筛选以及制定系统的农业生态补偿政策提供依据。

（4）轮作休耕制度区划研究。

2. 作物间套作

（1）间套作的全程（播种和收获）机械化和配套除草技术是间套作大面积应用的瓶颈。

（2）作物种间相互作用与产量优势、光热、水分和养分高效利用的关系。间作优势的主要来源是地上和地下部的种间相互作用，因此对于这些过程的深入理解，将有利于设计新的间作套种种植体系。

（3）间套作与农业可持续发展，包括产量的时间和空间稳定性、土壤肥力的长期变化等。

（4）间套作对气候变化的适应性。研究如何组合搭配抗逆性不同作物搭配构建抗逆性更强的种植体系，从而有利于农业应对气候变化、增强可持续发展的能力。

（5）作物种间地下部信号传递。植物之间在地下部存在着错综复杂的相互关系，其中包括植物与植物、植物与微生物、微生物与微生物的互作过程和机制以及根系分泌物的角色等。

（6）作物地上部多样性与土壤生物多样性的互反馈调节。在农田生态系统水平上，地上部作物多样性和地下部生物多样性的互反馈调节的过程对于农田生态系统生产力和稳定性以及可持续性具有重要的科学和实践意义，但是这方面的研究和认识还非常有限。

（7）间套作控制病虫害控制的机制。

（8）间套作作物结构功能模型和基于气候、土壤和作物特性间套作模型的建立。

3. 土壤耕作

（1）区域土壤耕作制以及相配套机具的研发。针对我国不同区域土壤、气候及种植模式多样及我国农业生产规模化的需求，重点研究适宜不同气候、土壤及种植制度的轻简化、机械化的土壤耕作制。

（2）区域土壤轮耕制的构建。针对单一耕作措施的弊病，以稳产、保产增效为关键研究，建立适宜不同区域特点以少、免耕技术为主体的翻、旋、免、松等多样化的土壤耕作制，缓解环境压力，强化生产可持续性和系统生态服务价值。

（3）保护性农业长期效应研究与评价、技术推广的组织机制与偿政策研究。重点围绕保护性农业农田固碳减排、病虫草害变异规律及作物响应研究，探明免耕、秸秆还田、作物轮作、合理水肥管理等保护性农业技术的影响机理及其响应机制，并在此基础上，针对保护性农业内涵认识不一、技术分布零散、缺乏的统一评价机制，开展区域规划以及生态服务补偿政策等相关研究，加快区域保护性农业技术的应用与推广。

4. 农田固碳减排

（1）加强农田碳循环和碳汇效应研究。在今后的研究中应全面考虑农田生态系统的整体固碳减排效应，加强对土壤碳的固定、积累与周转及其对气候变化的反馈机制研究，为正确评估土壤碳固定在温室气体减排中的作用和加强农业碳汇相关技术体系提供依据。

（2）加强农田管理技术体系创新。在我国当前种植模式下，通过现有农田管理措施的改善来增加土壤固碳效应的空间已经很小，稻田土壤进一步固碳的潜力有限。要想进一步提高稻田土壤固碳的潜力，必须针对现有的技术模式，进行种植系统的调整和优化，实现农田管理技术体系的创新突破，减少农田土壤的 CO_2 净排放。

（3）加强农田生物固碳减排技术研究。生物固碳作为一种目前最安全、有效、经济的固碳减排方式，已经引起了国际社会的普遍关注，成为众多学科交叉研究的热点领域之一。如生物质能源利用、微生物活性肥料、农林复合系统、草原土壤固碳等研究。

参考文献

［1］Anderson R L. Integrating a complex rotation with no-till improves weed management in organic farming. A review［J］. Agronomy for Sustainable Development, 2015（35）：967-974.

［2］Derpsch R, Franzluebbers A J, Duiker S W , et al. Why do we need to standardize no-tillage research?［J］. Soil and Tillage Research, 2014（137）：16-22.

［3］Jat M L, Dagar J C, Sapkota T B, et al. Chapter Three – Climate Change and Agriculture：Adaptation Strategies and Mitigation Opportunities for Food Security in South Asia and Latin America［J］. Advances in Agronomy, 2016（137）：227-235.

［4］Jiang Y, Huang X, Zhang X, et al. Optimizing rice plant photosynthate allocation reduces N_2O emissions from paddy fields［J］. Scientific Reports, 2016（6）：29333.

[5] Khatri-Chhetri A, Aryal J P, Sapkota T B, et al. Economic benefits of climate-smart agricultural practices to smallholder farmers in the Indo-Gangetic Plains of India [J]. Current Science, 2016 (110)： 1251-1256.

[6] Kou T J, Cheng X H, Zhu J G, et al. The influence of ozone pollution on CO_2, CH_4, and N_2O emissions from a Chinese subtropical rice-wheat rotation system under free-air O_3 exposure [J]. Agriculture, Ecosystems and Environment, 2015 (204)： 72-81.

[7] Kuhn N J, Hu Y X, Bloemertz L, et al. Conservation tillage and sustainable intensification of agriculture： regional vs. global benefit analysis [J]. Agriculture Ecosystems and Environment, 2016 (216)： 155-165.

[8] Lal RA. System approach to conservation agriculture [J]. Journal of Soil and Water Conservation, 2015 (70)： 82-88.

[9] Li B, Li Y Y, Wu H M, et al. Root exudates drive interspecific facilitation by enhancing nodulation and N_2 fixation [J]. Proceedings of the National Academy of Sciences of the United States of America, 2016 (113)： 6496-6501.

[10] Lipper L, Thornton P, Campbell B M, et al. Climate-smart agriculture for food security [J]. Nature Climate Change, 2014 (4)： 1068-1072.

[11] Long T B, Blok V, Coninx I. Barriers to the adoption and diffusion of technological innovations for climate-smart agriculture in Europe： evidence from the Netherlands, France, Switzerland and Italy [J]. Journal of Cleaner Production, 2016 (112)： 9-21.

[12] Ma B L, Zheng Z M, Morrison M J, et al. Nitrogen and phosphorus nutrition and stoichiometry in the response of maize to various N rates under different rotation systems [J]. Nutrient Cycling in Agroecosystems, 2016 (104)： 93-105.

[13] Murungweni C, Van Wijk M T, Smaling EMA, et al. Climate-smart crop production in semi-arid areas through increased knowledge of varieties, environment and management factors [J]. Nutrient Cycling in Agroecosystems, 2016 (105)： 183-197.

[14] Paustian K, Lehmann J, Ogle S, et al. Climate-smart soils [J]. Nature, 2016 (532)： 49-57.

[15] Pittelkow C M, Liang X, Linquist B A, et al. Productivity limits and potentials of the principles of conservation agriculture [J]. Nature, 2015 (517)： 365-368.

[16] Sindelar A J, Schmer M R, Jin V L, et al. Crop rotation affects corn, grain sorghum, and soybean yields and nitrogen recovery [J]. Agronomy Journal, 2016 (108)： 1592-1602.

[17] Singh R J, Meena R L, Sharma N K, et al. Economics, energy, and environmental assessment of diversified crop rotations in sub-Himalayas of India [J]. Environmental Monitoring &Assessment, 2016 (188)： 79-92.

[18] Soman C, Li D, Wander M M, et al. Long-term fertilizer and crop-rotation treatments differentially affect soil bacterial community structure [J]. Plant and Soil, 2017 (413)： 145-159.

[19] Xiong H C, Kakei Y, Kobayashi T, et al. Molecular evidence for phytosiderophore- induced improvement of iron nutrition of peanut intercropped with maize in calcareous soil [J]. Plant, Cell & Environment, 2013 (36)： 1888-1902.

[20] Zhang H L, Lal R, Zhao X, et al. Opportunities and challenges of soil carbon sequestration by conservation agriculture in China [J]. Advances in Agronomy, 2014 (124)： 1-36.

[21] Zhao X, Liu S L, Pu C, et al. Crop yields under no-till farming in China： A meta-analysis [J]. European Journal of Agronomy, 2017 (84)： 67-75.

[22] Zhao X, Liu S L, Pu C, et al. Methane and nitrous oxide emissions under no-till farming in China： a meta-analysis [J]. Global change biology, 2016 (22)： 1372-1384.

[23] Zuber S M, Behnke G D, Nafziger E D, et al. Crop rotation and tillage effects on soil physical and chemical properties in Illinois [J]. Agronomy Journal, 2015 (107)： 971-978.

[24] 蔡艳, 郝明德. 轮作模式与周期对黄土高原旱地小麦产量、养分吸收和土壤肥力的影响 [J]. 植物营养

与肥料学报，2015，21（4）：864-872.

［25］郭金瑞，宋振伟，彭宪现，等. 东北黑土区长期不同种植模式下土壤碳氮特征评价［J］. 农业工程学报，2015，31（6）：178-185.

［26］李隆. 间套作强化农田生态系统服务功能的研究进展与应用展望［J］. 中国生态农业学报，2016，24（4）：403-415.

［27］李新华，朱振林，董红云，等. 秸秆不同还田模式对玉米田温室气体排放和碳固定的影响［J］. 农业环境科学学报，2015，34（11）：2228-2235.

［28］刘星，邱慧珍，王蒂，等. 甘肃省中部沿黄灌区轮作和连作马铃薯根际土壤真菌群落的结构性差异评估［J］. 生态学报，2015，35（12）：3938-3948.

［29］刘巽浩，陈阜，吴尧. 多熟种植——中国农业的中流砥柱［J］. 作物杂志，2015（6）：1-9.

［30］吴维雄，罗锡文，杨文钰，等. 小麦—玉米—大豆带状复合种植机械化研究进展［J］. 农业工程学报，2015，31（S1）：1-7.

撰稿人：陈　阜　张卫建　宋振伟　张海林　李　隆

ABSTRACTS

Comprehensive Report

Advances in Basic Agronomy

Thanks to continuous support of national scientific and technological plans/projects, along with unremitting efforts of scientific researchers, and joint efforts of domestic agricultural colleges and institutes to tackle major issues in the area of agricultural environment protection, agricultural products processing, farming and cultivation, significant research progress has been made in sub-disciplines of basic agronomy, including control and restoration of environment quality in agricultural production area, agriculture to cope with climate change, agrometeorology and agricultural disaster reduction, facility cultivation, food processing, agro-products quality and safety, food nutrition and function, fruit and vegetable fresh-keeping, crop cultivation and physiology, and crop ecological and cultivation and so on.

Major issues in basic agronomy discipline has been tackled. Targeting the forefront of international science and technology, breakthroughs have been witnessed in the basic theories and methods in mechanism of increasing green house gas sequestration sink and emission reduction in agriculture, mechanism of agrometeorological disaster, the formation mechanism and control technology of fungal toxin during the agricultural products storage processing, safety control theory of agricultural products processing, high-yield and high-efficiency crop cultivation theory etc. The progress enables the discipline to seize the commanding heights of modern agricultural science and technology, and significantly enhanced the academic level and international influence.

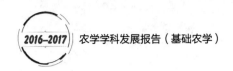

Oriented for national demands, in view of the major bottleneck problems which restricted agricultural transformation and upgrading in China, a series of core technologies, common technologies and a complete set of matched technologies in agriculture research and technology development were settled, including of soil contamination control and restoration, energy efficiency improvement and nutrition quality control of intelligent plant factory, rapid nondestructive detection technology for agricultural products, nutritional and functional components analysis and detection, physiology and technology for high fertilizer and water use efficiency, etc. They had obtained a series of core independent intellectual property rights with significant industrialization prospect, and have a high degree of leading, wide coverage and high correlation for agricultural development and high-tech industries.

Serving the main battle of "issues of agriculture farmer and rural area", for solving the overall, orientational, and critical technical problems in agriculture and agro-economic development, a series of technology system with great scientific significance, highly effective progresses and obvious times feature were achieved, among in agrometeorological disaster monitoring and early warning, risk assessment and prevention-controlling, prevention and control of continuous cropping obstacle facilities vegetables, crop high-yield cultivation and so on. They are leading the leap-forward development in agricultural science and technology. The ability of innovation in basic agronomy research was improve dramatically, which is helpful in effective scientific support, strong technical reserve and technical guarantee for sustainable development in agriculture and country.

Written by Mei Xurong, Liu Buchun, Lv Guohua

Reports on Special Topics

Advances in Control and Restoration of Environment Quality in Agricultural Production Areas

The quality and safety of agricultural products is a hot issue in current society. Good environment of producing quality is an important guarantee for food safety. Therefore, it is imperative to comprehensively improve and control the environmental quality. Two aspects of environmental quality control and restoration of planting and livestock breeding areas were introduced in this paper. The early work of environmental quality control and restoration of planting industry is mainly focused on the investigation and quality control of the ecological environment of agricultural products. With the development of agricultural production pollution control and restoration work in agricultural environment have received widespread attention in recent years, the 3S technology has been widely used in the prevention and control of non-point source pollution in planting industry, the technical theory of "source reduction, process interception, terminal repair and recycling" has been recognized by many scholars. Soil and plastic film pollution control related research has also been widely carried out. Some achievements in the control of farmland non-point source pollution system in plain river network area, combined with control of nitrogen and phosphorus loss in mountain and hilly areas, control and management of farmland non-point source pollution in northern irrigation district and combined remediation technology of compound contaminated soil have been made in China. Compared with developed

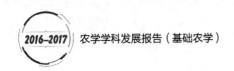

countries, various laws and regulations in our country are not perfect. The relevant management work is not in place, and the implementation of the responsibility is not specific. In the future, our country should give priority to the development of environment-friendly fertilizer and realizing the emission reduction of nitrogen and phosphorus through the recycling and utilization of pollutants, reusing of agricultural waste resources, developing soil remediation preparations and biodegradable plastics film to replace ordinary film PE film. In addition, pollution prevention regulations and local standards for planting non-point source pollution should also be formed. The precise control of pollution source should be strengthened. Functional repair materials, joint repair technologies to remediate contaminated soil, recycle agricultural plastic film should be developed in the future. With the development of livestock and poultry industry in our country, the problems of environmental quality control and restoration of livestock and poultry breeding industry have been paid much attention by the society. In recent years, a lot of research work has been done in the field of pollution prevention and control of livestock and poultry breeding, such as the accumulation of heavy metal and antibiotics, integrated breeding model of livestock and poultry, reuse of cultivated waste. Some achievements have been made in the co-processing treatment of carbon, nitrogen and phosphorus in livestock and poultry waste water, utilization of microbial fermentation bed for breeding waste and pollution control and efficiency technology of livestock and poultry breeding in northern cold areas. Compared with developed countries, our country is gradually establishing and improving related laws and regulations, though there are still imperfections and inadequacies in the implementation of them. In the future, our country should actively promote the healthy breeding model, improve the ecological award, and promote the system of incentive and promotion. Meanwhile, we should carry out zoning of livestock breeding and environmental management work, promote the demonstration project of ecological planting and farming environment technology, realize pollution control and industrial upgrading through the circular economy model, consummate the standard system of waste water treatment and discharge, improve the pollution load accounting for livestock and poultry breeding.

Written by Zhu Changxiong, Geng Bing, Yan Ghangrong, Yang Jian jun

Advances in Agriculture to Cope with Climate Change

Human wellbeing, especially food security, was impacted by the ongoing climate change. Thus, addressing climate change in agriculture is becoming particularly important and drawing global attention. This report reviewed the development history, status quo and progress of addressing climate change in agriculture on three subdisciplines.

(1) Adaptation to climate change impacts in agriculture, aiming to avoid risk and take advantage of climate change. Chinese scientists took part in the United Nations Framework Convention on Climate Change (UNFCCC) negotiations from 1990s. Agriculture models were localized by Chinese Academy of Agricultural Sciences (CAAS). CAAS took the leadship in building up the global climate change impacts prediction system with divers of regional climate model in China. And the global climate change impacts on agriculture were assessed quantitatively on different temporal scale. The framework and support system were built up and synchronized with the international for adaptation to climate change impacts.

(2) Mitigation of climate change impacts in agriculture, aiming to reduce greenhouse gases (GHGs) emission sources or increase GHGs sequestration sinks. Chinese scientists have devoted to study the dynamic of GHGs emission and carbon sequestration techniques in agriculture since 1980s. Great progresses were achieved on methane mitigation in paddy fields, nitrous oxide mitigation in farmland, methane mitigation from intestinal fermentation of animals and fecal wastes management, and carbon storage increasing in grassland.

(3) Climate smart agriculture, aiming to sustainably increase agriculture productivity and incomes, adapt and build resilience to climate change, and reduce and/or remove GHGs emissions. Climate smart agriculture was originally developed by Food and Agriculture Organization of the United Nations and officially presented and at the Hague Conference on Agriculture, Food Security and Climate Change in 2010. Global Alliance for Climate-Smart Agriculture was founded in 2014 and became the global leading organization on climate smart

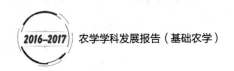

agriculture, which developed agricultural strategies to secure sustainable food security under climate change from local to national and international levels.

China had key breakthroughs and remarkable achievements on addressing climate change in agriculture. Research organizations and research bases were established for climate change studies in China, with so many researchers. Some achievements were accredited internationally on adaptation to climate change impacts in agriculture: technical assessment framework building up for climate change impacts; the improved adaptation ability; the developed adaptation technology and demonstrated for application. Developed for over three decades, Chinese technology reached international standard on mitigation of climate change impacts in agriculture: carbon sequestration and mitigation technology was studied and applied with the advantage of biochar; quantitative assessment was implemented on soil organic carbon dynamic and soil carbon sequestration potential of farmland; GHGs monitoring and mitigation technology got breakthroughs on ruminants farming and fecal wastes management. Climate smart agriculture was actively promoted, as climate smart agriculture project had launched in China with international cooperation. However, the rural situation was the main challenge to climate smart agriculture.

The 13th five-year plan period is the key stage for China to accomplish the goal of controlling greenhouse gas emissions by 2020 and 2030. Addressing climate change in agriculture faced new opportunities and challenges, as the promotion of low carbon development and controlling carbon emissions were officially presented on the fifth plenary session of the 18th CPC central committee. The future development of addressing climate change in agriculture calls for top design of science and technology innovation, original innovation capability, proprietary intellectual property rights in relative disciplines, integrating research team and talent attraction, information and resource sharing platform, lasted technology localization, policy support for techniques extension, promoting international cooperation and communication.

Written by Qin Xiaobo, Han Xue, Ghen Minpeng, Hu Guozheng
Gao Qingzhu, Chen Fu, Zhang Weijian

Advances in Agricultural Meteorology and Agricultural Disaster Reduction

In recent years, with the new technologies such as modern sensing, information and biology rapid development and penetrating deeply in the field of agrometeorology, the index systems and models for agrometeorological disaster monitoring, early warning and assessment have gradually established and perfected. In practice, the theory and method of agricultural climate resource utilization and agrometeorological disaster risk governance are extended, improved, broken and updated. The study of risk management of agrometeorological disasters is an important part of the research on the comprehensive governance of natural disaster risk in China. At present, a complete professional structure of branches has formed in the field of agrometeorological research in China. The main crop agrmeteorological simulation model study formed characteristic. The field such as agroclimate, agrometeorological disaster , agrometeorological forecasting and so on reached the international advanced level. On the whole, major scientific facilities, research equipment and means, basic information accumulation, basic theoretical research and other aspects need to be strengthened in the field of agrometeorology in China. In the future, Major strategic requirements for agrometeorology and disaster reduction are presented in the field of agricultural supply side reform and agricultural green development. There will be many hot topics in the field of agrometeorology, such as to develop accurate and rapid monitoring and early warning technologies of agrometeorology, to strengthen the coupling of multi-dimensional monitoring technology such as remote sensing and numerical weather forecast with crop models. to carry out a study on the precise division of agricultural climate resources, building a climate smart agriculture system, to explore the mechanism of disaster and prevention and control of agrometeorological disasters, to establish a comprehensive governance technology system for agrometeorological disasters and so on.

Written by Liu Buchun, Wu Yongfeng, Liu Yuan

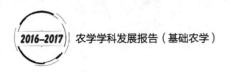

Advances in Facility Cultivation

Facility cultivation is an innovative agricultural system that can use the marginal, barren, or non arable land to produce high-quality foods. Compared with traditional field production, the facility cultivation is highly productive and profitable, and playing a vital role in the process of modern agricultural development and enhancing socio-ecological sustainability.

Based on engineering, facility cultivation includes three parts: facilities structure engineering, environment engineering and facility cultivation system. Now the facility cultivation area in China is the largest in the world, and China has independently developed a typical greenhouse called Chinese solar greenhouse (CSG) which is primarily located in northern China from 32 to 41°N latitude. Most CSG function via mechanisms of passive energy storage and release. The northern walls of CSG intercept solar radiation and store heat energy during the day and release it at night. With the development of key technologies, such as structure, material, cultivation and other auxiliary equipment, CSG could ensure the production of vegetables with being frost-free even during cold nights. It saves more than 4 million tons of standard coal every year. According to different local climate and crop demand, the technology of environmental control and drip irrigation of integral control of water and fertilization has developed dramatically over the last year. With the application of new technologies, CSG was improved from the passive energy storage and release to actively control. Based on the regional context, various facilities for breeding and cultivation technology, lots of cultivated varieties with resistance to disease, low temperature and weak light were developed to realize low energy consumption, high quality and high output in the greenhouse production. Tomato and cucumber yields achieved more than 30 kg/m².

LED light system, light - temperature control system, nutrition control system and automatic environment intelligent control system were developed for the plant factory, which significantly enhanced Chinese international status in this field.

The key technology and application for prevention and control of continuous cropping obstacle in protected vegetable plants led by Zhejiang University placed second in the National Science and Technology Progress Award. The achievement for key technology of energy efficiency improvement and nutrition quality control in intelligent plant factory led by Institute of Environment and Sustainable Development in Agriculture, Chinese Academy of Agricultural Sciences, placed second in the Beijing Science and Technology Progress Award.

In the future, the key research areas include: (1) Optimization of greenhouse structure and the development of innovative materials. (2) Development of the software and hardware for greenhouse intelligent control based on the crop model. (3) Development of key equipment for comprehensive supporting technology in high efficiency greenhouse production. (4) Research on energy saving and efficient utilization in greenhouse. (5) Research on greenhouse management robot.

Through the above research projects, the complete technical system will be gradually formed in the facility cultivation development in China. Many independent intellectual property rights and new technologies will be obtained in this field.

Written by Zhang Yi, Yang Qichang

Advances in Food Processing

In China, the discipline of food science and technology has entered a stage of rapid development with the advance of the strategy of the strong manufacturer and healthy China. At present, more than 200 professional schools have set up majors and courses of food in China. The ability of independent innovation has been greatly enhanced, and the level of science and technology has been greatly improved. A group of scientific and technological achievements with high level and independent intellectual property rights emerged in various areas including grain and oil processing and nutrient conservation, meat processing and nutrient conservation, fruit and vegetable processing and nutrient conservation, food packaging and equipment, quality and

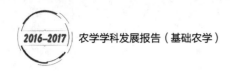

safety and control. Innovation has been accelerated through whole industrial chain collaboration. The development of the discipline has resulted in the rapid development of agricultural products processing industry in China. In recent years, the enterprises engaged in agricultural products processing are rapidly expanding in the aspects of the number, size, and business income and so on. Industrial agglomeration has been accelerated. The structure of industry is optimized and upgraded, and the trend of integration has become increasingly obvious. However, as the largest nation in terms of food manufacturing in the world, investment supports should be strengthened in the area of developing science and technology research in agricultural products processing. The scientific research of the discipline is relatively weak, and core technology and equipment of the industry are either still in the stage of "follow run" or "run together". The development of the food processing should meet the requirements of national strategy and industrial development. The research of food science and technology should focus on the major areas including food processing and manufacturing, machinery and equipment, quality and safety, cold-chain logistics, nutrition and health and others. The original innovation ability should be strengthened. Recycling and efficient use of resources should be encouraged. The development of food science and technology will promote the development trend of the industry from the number-growth to the quality-improvement, from factors-driven to innovation-driven development. This also will promote the sustainable and healthy development of agricultural products processing industry.

Written by Wang Feng, Gu Fengying, Wei Jiani

Advances in Agro-products Quality and Safety

Research on Agro-products quality and safety during processing is the study on raw materials, process, and quality problems of agro-products. With the development of agro-products processing industry, agro-products quality and safety research has become an important area which related to the development of agro-products processing industry and health of consumers.

This report comprehensively introduces the safety disciplines of agro-products processing quality from three aspects: the development history, the present situation and the research progress, and the discipline prospect and the countermeasures. This report comprehensive expounds the present development situation and progress of agro-products processing quality and safety field from four aspects: agro-products processing quality safety risk assessment, agro-products processing quality inspection and standardization, agro-products processing quality and safety traceability technology, agro-products processing quality safety and process control including chemical hazards and nutrients control. During the "12th five-year period", scientists in the field of agro-products quality and safety processing in our country had made gratifying achievements, especially in the process of storage fungi toxin formation mechanism and control technology, agricultural commodities and processing raw materials of heavy metal pollution survey, agro-products processing quality safety and process control theory and control technology, and agro-products processing quality safety risk assessment. Therefore the standardization of agro-products processing also got great improvement, laying a solid foundation for realizing agricultural standardization.

In the future, work of the agro-products quality and safety processing will follow the national development strategy, take further research on key areas including nutritional quality assessment and maintain, process hazards assessment and control, on-line monitoring technology and equipment. Comprehensively promote collaborative innovation, vigorously boost industrial upgrading, and promote the agro-products quality and safety processing areas for further stride development.

Written by Guo Boli, Fan Bei, Shan Jihao, Wei Shuai, Liu Jiameng

Advances in Food Nutrition and Function

The bioactive components contained in food not only provide necessary energy and nutrients for human beings to keep health, but also play an important role in the prevention and treatment of many diseases. Therefore, food nutrition and function has attracted quite a lot of interests in the

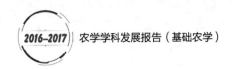

food science research area. Food nutrition and function subject is a kind of subject which focuses on the relationship between the bioactive components contained in food resources and the health of human beings, and utilization of bioactive components in food. Theoretically, this subject is a quite comprehensive subject, including many subjects (food science, medicine, pharmacy, chemistry, biology, and other disciplines) and making use of basic knowledge and scientific research achievements.

With the rapid development of China's economy and the continuous improvement of people's living standard, the number of people with chronic diseases, diabetes and other chronic metabolic diseases, such as obesity, nutritional imbalance and other "modern civilized diseases" are growing in an explosive fashion. As people now become more and more conscious of their health, demands for the information about the nutrient content and health impacts of food contained in their daily diet are growing. The government has recently put forward the "Healthy China 2030" program and new technological demands for the manufacture of nutritional and functional food are rising up in the nutrition and health industry. Therefore, researches on food nutrition and function are greatly meaningful for promoting the efficient development of food industry, strengthening the utilization of food resources, and improving the nutrition and health situation of people beings.

The major research advances in the recent two years in the subject of food nutrition and function, the important achievements with international comparison, and the development perspective in the future were introduced. Food nutrition and function discipline in China has been developed rapidly in recent years. Researchers focused on the key scientific issues of international nutrition science and functional food production, to provide theoretical and technical support for the development of nutritional and functional food industry in China.

Study on food nutrition and function in the subject is mainly distributing in the following directions: (1) homeostasis and delivery of bioactive components contained in food; (2) analysis technology of nutrients and functional components in food; (3) design of personalized nutritional and functional food based on big data; (4) quality improvement and manufacturing technology of nutritional and functional food; (5) efficacy evaluation technology of nutritional and functional food.

China has got into the period of rapid development of the nutrition and health industry, and nutrition and health problems have become the basic issues of national and social economic development. In order to meet the new requirements of people's health situation, "Health China" strategy requires that the researchers need to basing on the international food nutrition and functional research frontier, focus on improving the nutrition and health of scientific and technological innovation, establish food nutrition and function of scientific and technological innovation system and meet the diverse needs of different groups of consumer health nutrition and then provide theoretical and technical support for the design of accurate nutrition and the creation of functional food.

Written by Wang Yan, Zhou Sumei, Zheng Jinkai, Zhong Kui, Zhao Chengying

Advances in Fruit and Vegetable Fresh-keeping

Interest in the postharvest behavior of fruits and vegetables has a history as long as mankind's. In the 1930s, most of the physiological effects of ethylene on plants had already been described, and after this period ethylene became the objects of numerous studies due to commercial interest related to its action on the ripening and conservation. Once we moved past mere survival, the goal of postharvest preservation research became learning how to balance consumer satisfaction with quantity and quality while also preserving nutritional quality.

The major research advances in the recent two years in the subject of food nutrition and function, the mark achievements, contrast with abroad, and the development priorities in the future. It focuses on how to maintain both sensorial and nutritional fruit quality parameters while also extending shelf life. It presents a wide range of technological applications for postharvest strategies, including 1-MCP, bioactive coatings, Ultraviolet-C and MAP.

Exploring future directions, the chapter concludes with coverage of emerging technologies. It offers a firm grounding in the basic knowledge of postharvest research, technology, and applications. It gives the guides for overcoming the problems in postharvest biology in China.

Written by Wang Zhidong, Zhang Jie, GuanWenqiang, Liu Wei, Lin Qiong

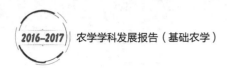

Advances in Crop Cultivation and Physiology

Under the new background of ensuring national food security and undergoing agricultural supply-side structural reform, the characteristics of crop cultivation subject around the mechanization, large-scale, resource efficiency and green ecological development were analyzed in recent years (2015—2017). The advances and milestones are introduced from the following nine aspects, i.e., high-efficient and high-yield crop cultivation theory and technology, accurate and standardized cultivation technology, mechanized and simplified cultivation technique, the technology of water and fertility efficient utilization, clean production (ecological security) cultivation techniques, informatization and intelligent cultivation, conservation tillage and residue returning cultivation, stress-resistance techniques and anniversary of the cultivation mode and regional matching integration technology application. The compare of crop cultivation and physiology subject in the efficient utilization of resources, yield potential exploiting, large-scale production and technical services, and biotechnology and information technology application, as well as the domestic and foreign research progress and the gap were compared. Thereby, the main line of new demand to adapt to the modern agriculture, the new change in our country was put forward to promote agricultural machinery production, agricultural integration that combines the seed regulation and technology breakthrough. Moreover, technology integration was appraised to promote regional and standardized mode, improve land productivity, resource utilization, and the labor productivity, and finally improve crop production level in China. In the next five years, the development of crop production requirements and the development trend of crop cultivation discipline should be stressed to improve the quality of the high-efficient and high-yield crop cultivation physiology, the safety and high quality of cultivation, mechanized and simplified technology, drought-resistant and fertilization cultivation, stress-resistance cultivation, informatized and intelligent cultivation, production and quality formation and its eco-physiological, biochemical and molecular mechanism should be the main research direction.

Written by Zhao Ming, Li Congfeng

Advances in Crop Ecological and Cultivation

Crop ecology is an applied basic subject which focusing on the relationship between crops and environment, as well as a main branch of agricultural science. The purpose of crop ecology is to investigate the relationship and its coordination principle of crop and environment, to reveal the crop physiological activity and energy conversion process under different environmental factors and conditions. With the development of modern ecology, the theory and technology of crop ecology are constantly enriched and improved, which increased the development of agricultural ecosystem, agro-ecosystem and crop physiology and ecology. Farming system is the fundamental system of agricultural production, which is the integrated technical system of crop planting system and corresponding technology system including multiple cropping system, cropping pattern, rotation system, soil tillage, soil fertility fostering, and so on. The essential characteristics of farming system are the theoretical integration and technological sustainability. The purpose of farming system is to provide production modes and the supporting technologies for modern agricultural development through coordinating the relationships between agricultural production and resources, environment, market, technology and food security.

The crop ecology is the theoretical basis of farming system. During the past decades, Chinese agriculture has got a lot of great progresses, and the study of farming system has contributed a lot to these successes. However, China is also facing a lot of new challenges from food security, ecological safety, natural resource shortage and environmental pollution. Modern farming system need be innovated to achieve the integrated purpose of crop production: high yield, high efficiency, high quality, ecological security and food safety. More efforts need to be paid on the theoretical innovation and technology promotion of farming system according to the theory of crop ecology. Currently, study on the development and trends and strategies of crop ecology and farming system focus on the crop rotation, intercropping, soil tillage, and soil carbon sequestration and greenhouse gases (GHGs) reduction.

Crop rotation is the practice of growing a series of dissimilar or different types of crops in the same area in sequenced seasons. Crop rotation helps in reducing soil erosion, increasing soil

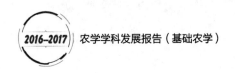

fertility and crop yield as well as mitigating the buildup of pathogens and pests.

Intercropping is a multiple cropping practice involving growing two or more crops in proximity. The most common goal of intercropping is to produce a greater yield on a given piece of land by making use of resources or ecological processes that would otherwise not be utilized by a single crop.

Soil tillage is the agricultural preparation of soil by mechanical agitation of various types, such as digging, stirring, and overturning. Optimal tillage could reduce soil erosion, increase soil water and nutrient content, and increase crop yield, and so on.

Soil carbon sequestration is the process involved in carbon capture and the long-term storage of atmospheric carbon dioxide in soil which could mitigation the effect of greenhouse gases emission on climate warming.

However, though agronomists have got large successes in increasing crop yield at field scale, China is facing the serious ecological environment problems in farmland. It is urgent to increase crop yield with integrate high nature resources efficiency and low environmental costs. Therefore, it is necessary and significant to make innovations of regional farming modes and support technology in the following years.

(1) To study new farming modes for high yields both in seasonal and annual crops through key technique innovation and integrated system.

(2) To study new farming systems for high yield with high resources use efficiency and environmental health.

(3) To construct new modes and mechanisms of experimental demonstration and extension through integrating scientific research, production demonstration and industrial developing.

Written by Chen Fu, Zhang Weijian, Song Zhenwei, Zhang Hailin, Li Long

索　引